SAMMLUNG GÖSCHEN BAND 1201/1201a

EINFACHE VERSUCHE ZUR ALLGEMEINEN UND PHYSIKALISCHEN CHEMIE

Zusammengestellt

von

DR. EITEL DEHN
Berlin

371 Versuche mit 40 Abbildungen

WALTER DE GRUYTER & CO.
vormals G. J. Göschen'sche Verlagshandlung · J. Guttentag, Verlagsbuchhandlung · Georg Reimer · Karl J. Trübner · Veit & Comp.
BERLIN 1962

Den Herren Prof. Dr. G. Jander, Privatdozent Dr.-Ing. E. Blasius und Dr. H. Surawski von der Technischen Universität Berlin bin ich für die zahlreichen Anregungen und Ratschläge für die Gestaltung des vorliegenden Bandes zu Dank verpflichtet.

Der Verfasser

 — Archiv-Nr. 11 12 01. — Satz und Druck: Deutsche Zentraldruckerei AG., Berlin SW 61. — Printed in Germany.

Inhaltsverzeichnis

Zur Beachtung!

Versuche, die besondere Vorsicht fordern (Chlor, Kohlenmonoxid, Knallgasprobe, Hochspannung usw.) sind durch einen dicken Strich am Rande gekennzeichnet.

Abkürzungen

absol. absolut
alkoh. alkoholisch
App. Apparat, Apparatur
At.-Gew. Atomgewicht

bes. besonders, insbesondere
Best. Bestimmung
best. bestimmt, bestimmen
Bldg. Bildung
bzgl. bezüglich

D. Dichte (Spezif. Gew.)
Darst. Darstellung
Dest. Destillation
dest. destilliert, destillieren

Eig. Eigenschaft
Einfl. Einfluß
Einw. Einwirkung
EMK Elektromotorische Kraft
entspr. entsprechend
Entw. Entwicklung

F Schmelzpunkt
Fl. Flüssigkeit
fl. flüssig

Geh. Gehalt
gesätt. gesättigt
Gew. Gewicht
Ggw. Gegenwart
Gl. Gleichung

Herst. Herstellung

Koeff. Koeffizient
Koll. Kolloid
koll. kolloid, kolloidal
Konz. Konzentration
konz. konzentriert
Kp Siedepunkt
krist. kristallisiert, kristallin

lösl. löslich
Lösungsm. Lösungsmittel
Lsg. Lösung

Min. Minute, Minuten
mkr. mikroskopisch
Mol. Molekül
mol. molar, molekular
Mol.-Gew. Molekulargewicht

n normal (nur zur Konz.-Bezeichnung)
nachst. nachstehend
Nachw. Nachweis
Nd. Niederschlag

Präp. Präparat
Prod. Produkt

Red. Reduktion
red. reduziert, reduzieren
Rk. Reaktion

sd. sieden(d), siedet
Sek. Sekunde, Sekunden
Std. Stunde, Stunden

Temp. Temperatur

ungesätt. ungesättigt
unlösl. unlöslich
Unters. Untersuchung
UV Ultraviolett

Verb. Verbindung
verd. verdünnt

Verf.	Verfahren	Wrkg.	Wirkung
Verh.	Verhalten	wss.	wässerig
Vers.	Versuch	Z.	Ordnungszahl
Vol.	Volumen	Zers.	Zersetzung
vorst.	vorstehend	zers.	zersetzen(d), zersetzt
W.	Wasser	Zus.	Zusammensetzung

Durch Verdoppelung der Endbuchstaben wird der Plural ausgedrückt, z. B. Lsgg. = Lösungen, Ndd. = Niederschläge (aber nicht Substst.).

Bei den Wörtern chemisch, physikalisch, spezifisch anorganisch, organisch usw. ist die Endsilbe „isch" fortgelassen.

In Überschriften werden die Abkürzungen nicht gebraucht; auch das letzte Wort eines Satzes wird nicht abgekürzt.

Kurzzeichen der Maßeinheiten

A	= Ampère	ln	= natürlicher Logarithmus
C	= Coulomb	lg	= Briggscher Logarithmus
°C	= Grad Celsius (t)	mA	= Milliampere
cal	= Grammkalorie	mg	= Milligramm
cm	= Zentimeter	mm	= Millimeter
cP	= Zentipoise	mμ	= Millimikron = 10^{-6} mm
e	= Basis des natürlichen Logarithmus	μ	= Mikron = 10^{-3} mm
g	= Gramm	Ω	= Ohm
g-atom	= Grammatomgewicht	Torr	= mm-Druck einer Quecksilbersäule
g-mol	= Grammolekulargewicht	V	= Volt
γ	= Gamma = 10^{-6} g	val	= Grammäquivalentgewicht
°K	= Grad Kelvin (T)	W	= Watt
kcal	= Kilokalorie = 1000 cal		
l	= Liter		

Abkürzungen in den Literaturzitaten

Zeitschriften:

B. = Berichte der Deutschen Chemischen Gesellschaft.

P. = Zeitschrift für den physikalischen und chemischen Unterricht, Herausgeber F. POSKE, (1887 bis 1943). Verlag Julius Springer, Berlin.

Ubl. = Unterrichtsblätter für Mathematik und Naturwissenschaften (1895—1943), Verlag Otto Salle, Frankfurt/Main.

MNU. 1943, MNU. 1944 = Mathematik und Naturwissenschaften im Unterricht (1943—1944). Gemeinschaftsverlag Salle-Springer-Teubner.

MNU. = Der mathematische und naturwissenschaftliche Unterricht (seit 1948). Ferd. Dümmlers Verlag, Bonn, und Hirschgraben-Verlag, Frankfurt/Main.

Pr. = Praxis der Physik — Chemie — Photographie im Unterricht der Schulen (1952—1957); seit 1958: Praxis der Naturwissenschaften, Teil A: Physik — Chemie; ab Jahrgang 4 (1955) sind Physik und Chemie geteilt. Aulis-Verlag, Köln und Frankenberg/Eder.

Beispiel:

H. SCHRÖDER, Pr. 9 (60) Ph. 141—48 bedeutet:
Autor: H. Schröder, Praxis der Naturw., Jahrg. 9 (1960), Teil A, Physik, Seiten 141—148.

Bücher:

H. RHEINBOLDT, Unterr.-Verss. **1953** = H. Rheinboldt, Chemische Unterrichtsversuche. 4. Aufl. Theodor Steinkopf, Dresden/ Leipzig 1953.

P. RISCHBIETH, Quant, Verss. **1928** = Paul Rischbieth, Quantitative chemische Versuche. Verlag von Boysen und Maasch, Hamburg 1928.

E. SAUER, Kolloidchem. Prakt. **1953** = Eberhard Sauer, Kolloidchemisches Praktikum, 2. Aufl. Verlag für angewandte Wissenschaften, Wiesbaden 1953.

Empfohlene Literatur

J. EGGERT, Lehrbuch der physikalischen Chemie. 8. Aufl. S. Hirzel, Stuttgart 1960.

L. LANGHAMMER, Versuche zur physikalischen Chemie. Fr. Vieweg u. Sohn, Braunschweig 1957.

W. SCHULZE, Allgemeine und physikalische Chemie I. 5. Aufl. Sammlung Göschen, Band 71. 1960.

W. SCHULZE, Allgemeine und physikalische Chemie II. 4. Aufl. Sammlung Göschen, Band 698/698a. 1956.

ULICH-JOST, Kurzes Lehrbuch der physikalischen Chemie. 10.—11. Aufl. Dr. Dietrich Steinkopff, Darmstadt 1957.

Ferner:

ARENDT-DÖRMER, Technik der Experimentalchemie. 6. Aufl. Quelle u. Meyer, Heidelberg 1954.

DANE-WILLE, Kleines chemisches Praktikum. Verlag Chemie G.m.b.H., Weinheim/Bergstr. 1960.

HOLLEMAN-WIBERG, Lehrbuch der anorganischen Chemie. 47.—56. Aufl. Walter de Gruyter & Co., Berlin 1960.

JANDER-SPANDAU, Kurzes Lehrbuch der anorganischen und allgemeinen Chemie. 6. Aufl. Springer-Verlag, Berlin 1960.

I. Gesetz von der Erhaltung des Stoffes und der Energie

Schon 1759 konnte der Turiner Pater BECCARIA durch Verbrennen von Metallen im abgeschlossenen Luftraum zeigen, daß das Gesamtgewicht unverändert bleibt, die Metalloxide aber schwerer sind. Daß das Gew. einer chem. Verb. gleich dem der sie bildenden Stoffe ist, hat A. L. LAVOISIER (1743—1794) als erster klar ausgesprochen.

Neben diesem Grundgesetz von der Erhaltung des Stoffes ist noch ein zweites von Bedeutung, das der Heilbronner Arzt J. R. VON MAYER 1842 theoret. entdeckt u. der engl. Physiker J. P. JOULE 1842—1850 experimentell bewiesen hat u. dessen allg. Bedeutung H. VON HELMHOLTZ 1847 in einer grundlegenden Arbeit niedergelegt hat: „In einem abgeschlossenen System, in dem sich beliebige mechan., therm., elektr., opt. oder chem. Vorgänge abspielen, bleibt die Gesamtenergie unverändert." Durch das von A. EINSTEIN (1879—1955) aufgestellte Äquivalenzgesetz, nach welchem Masse in Energie u. Energie in Masse verwandelt werden können, ist es notwendig geworden, die beiden Gesetze zu einem einzigen *Gesetz von der Äquivalenz zwischen Masse u. Energie* zusammenzufassen. Die bei einer Rk. auftretende Energie beeinflußt im allg. die Masse u. damit das Gew. nur unwesentlich. Bei einer Knallgasreaktion werden z. B. pro Mol (18 g) rund 60 000 cal frei, so daß ein Massendefekt von ca. $3 \cdot 10^{-9}$ g eintritt. Gasleuchtröhren haben eine Strahlungsenergie bis zu 10^9 W-Sek. ($= 10^{-5}$ g); die gleiche Energie wird der Leuchtröhre elektr. zugeführt; ihre Masse bleibt darum auch theoret. unverändert.

1. Verbrennen von Stahlwolle
(nach BECCARIA)

2 Jenaer Milchflaschen, eine davon mit einer Öffnung am Boden, in die ein Stopfen mit kurzem Hahnrohr u. 2 Kup-

ferdrahtzuleitungen hineinpaßt (Abb. 1). Die Enden der Zuleitungen sind im Innern durch eine kurze Schleife aus Chromnickeldraht (0,5—0,6 mm) verbunden. 4 Klemm-

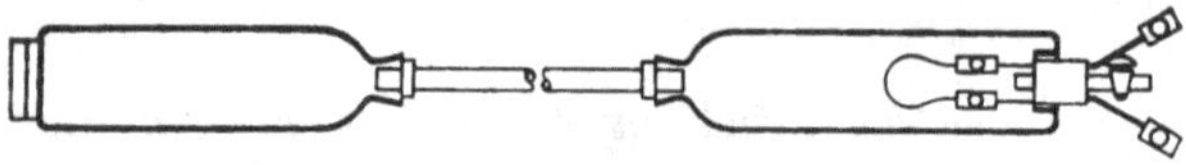

Abb. 1.

schrauben. An den Boden der anderen Milchflasche ist eine kleine passende Pappschachtel gekittet. Uhu oder ähnlicher Klebstoff. Langes Glasrohr (40—60 cm lang). 2 einfach durchbohrte Gummistopfen. Fadenschlinge. Waage mit Geww. Volt- und Amperemeter. Stahlwolle. Kupferblech.

1. Die beiden mit sauerstoffreicher Luft (ca. 50 % Sauerstoff) gefüllten Milchflaschen werden durch das lange Glasrohr mittels der beiden Gummistopfen verbunden. Um die Mitte des Glasrohres wird ein Faden geschlungen u. mit Klebstoff befestigt. In die Milchflasche mit der Bodenöffnung bringe man 2—3 g Stahlwolle u. als Schutz gegen abschmelzendes Eisenoxid ein Kupferblech. In die Pappschachtel am Boden der anderen Milchflasche lege man soviel Kupferblechscheibchen, daß beide Milchflaschen nach dem Aufhängen an dem Arm einer Waage im Gleichgewicht bleiben. Nach dem Tarieren der Waage nehme man die App. herunter u. verbrenne mit Hilfe des Chromnickeldrahtes die Stahlwolle bei einer Spannung von 1—2 V (5—10 A). Hängt man nach dem Abkühlen den App. wieder an den Waagearm, so bleibt die Waage selbst im Gleichgewicht. Das Gesamtgewicht hat sich nicht geändert. Die Milchflasche aber, in der die Verbrennung stattgefunden hat, ist schwerer geworden. Die Gewichtsänderung beträgt etwa 0,2 g bei einem Sauerstoffverbrauch von ca. 185 ml, wie man durch Einströmenlassen von W. feststellen kann.

Nach B. Malewski, MNU **8** (55/56) 260—261.

2. Abbrennen eines Vacublitzes

Osram Vacublitz XM 1. Waage mit Geww. Pertrix- Batterie 22,5 V.

2. Der Vacublitz wird vor u. nach der Zündung gewogen. Es tritt keine Gewichtsänderung ein.

Bieling, Pr. 4 (55) Ch. 80.

Die durch das Glas entweichende Lichtstrahlung kann bis etwa 10 W-Sek. = 10^9 erg = $1{,}113 \cdot 10^{-12}$ g betragen. Die zur Zündung benutzte Energie ist verschwindend klein.

W. Gerlach, Pr. 5 (56) Ch. 8.

II. Gasgesetze

1. Gesetz von Boyle-Mariotte

Boyle (1662) u. Mariotte (1676) fanden unabhängig voneinander, daß das Prod. aus dem Vol. v eines Gases u. seinem zugehörigen Druck p bei gleichbleibender Temp. konstant bleibt, wenn der Druck geändert wird:

$$p \cdot v = p_1 \cdot v_1 = p_2 \cdot v_2 = \ldots\ldots = k$$

Aus den ersten beiden Gleichungen folgt $v/v_1 = p_1/p$, aus der zweiten und dritten Gleichung $v_1/v_2 = p_2/p_1$ usw. Die Volumina eines Gases stehen also bei verschiedenen Drukken im umgekehrten Verhältnis zu diesen.

a) Meldesche Röhre

70 cm langes, ca. 2 mm weites Glasrohr. Bunsenbrenner. Barometer. Lineal. Vertikalmaßstab (s. Abb. 2). Draht. Kurzes Schlauchstück. Stativ mit Klammer. — Quecksilber. Festes Paraffin. Salpetersäure. Äthanol. Diäthyläther. Röhrchen, das mit P_2O_5 bestäubte Watte enthält.

3. Durch das 70 cm lange, schwach erwärmte Rohr, das man vorher durch Salpetersäure, W., Alkohol u. Äther gut gereinigt hat, sauge man einen trockenen Luftstrom, den man erhält, indem man an das vordere Ende des Rohres ein Röhrchen mit P_2O_5-Watte anschließt. Dann schmelze man das Rohr ab, ohne daß die Verbrennungsgase hineingelangen können, u. tauche das offene Ende in Quecksilber. Nach dem Abkühlen u. Aufrichten des Rohres wird es möglich sein, mittels eines dünnen Stahldrahtes, dessen Ende man vorher in geschmolzenes Paraffin getaucht hat, einen ca. 8 cm langen Quecksilberfaden so tief in das Rohr zu bringen, daß er nach dem Umkehren noch ca. 5 cm des unteren Rohrendes frei läßt. Dann befestige man das Rohr mittels Draht auf einem Lineal u. spanne dieses so in ein Stativ, daß es durch Drehen in verschied. Lagen gebracht werden kann. Dabei darf der abgeschlossene Luftraum nicht durch Anfassen erwärmt werden.

Man messe jedesmal die Länge l des abgeschlossenen Luftraumes u. mit dem Vertikalmaßstab die Höhe h der Quecksilbersäule, die zusammen mit dem jeweiligen Barometerstand b den Druck $p = b \pm h$ ergibt. Ist die Rohröffnung nach oben gerichtet, dann ist h zu b zu addieren; im anderen Falle muß h von b subtrahiert werden. Man trage l, h u. p in eine Tabelle ein, errechne für jede Stellung das Prod. $l \cdot p$, bilde den Mittelwert u. bestimme den Fehler in %. Schließlich trage man die p- u. l-Werte in ein rechtwinkliges Koordinatensystem ein; man erhält eine gleichseitige Hyperbel.

Statt mit Luft kann man den Vers. auch mit trockenem Wasserstoff, mit Stadtgas oder anderen trockenen Gasen ausführen.

B e i s p i e l : Versuch mit Stadtgas ($t = 18°$; $b = 742$ Torr)

Lage der Röhre	l cm	h mm	p Torr	$l \cdot p$
senkrecht, Öffnung oben	17,1	370	1112	19 015,2
waagerecht	25,6	—	742	18 995,2
senkrecht, Öffnung unten	50,9	370	372	18 934,8

Nach A. Keller, P. 27 (14) 85—88.

U-Röhre mit engem geschlossenen und weitem offenen Schenkel

U-Röhre (Abb. 2). Hohler Glasstab für den weiten Schenkel. Stativ mit Klammern. Vertikalmaßstab. Quecksilber. Barometer.

4. Man gieße in den weiten Schenkel soviel Quecksilber, daß es auch im engen einige cm hoch steht, klemme das

Rohr senkrecht an ein Stativ u. lese am Vertikalmaßstab die Quecksilberhöhen h u. die Länge l des abgeschlossenen Luftraumes ab. Bringt man jetzt einen dicken Glasstab in den weiten Schenkel, so ändern sich die Quecksilberhöhen je nach der Tiefe des Eintauchens. Man lese jedesmal die Quecksilberhöhen h_1 u. h_2 u. die zugehörigen Luftraumlängen l ab, addiere die Differenz $h_1 - h_2$ zum jeweiligen Luftdruck b Torr ($p = b + [h_1 - h_2]$) u. zeige, daß für alle Werte $p \cdot l =$ konstant ist.

Hahn-Koch, Physikal. Schülerübungen, Verlag B. G. Teubner, Leipzig-Berlin, 1926, S. 69—70.

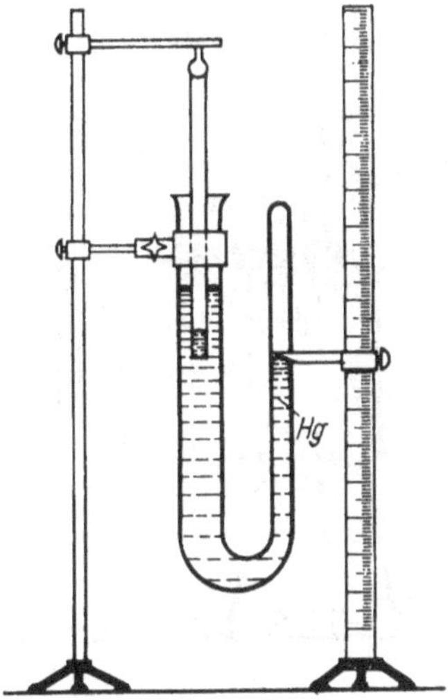

Abb. 2.

2. Gesetz von Gay-Lussac (1802)

a) Spannungskoeffizient

Erwärmt man ein beliebiges Gas vom Druck p_0 bei konstantem Volumen, so steigt der Druck auf den Wert

$$p = p_0 (1 + \alpha t).$$

Nachweis des Spannungskoeffizienten α

Erlenmeyerkolben. Doppelt durchbohrter Stopfen. Zweimal rechtwinklig gebogenes Kapillarrohr. Langer Schlauch mit Steigrohr. Ventil aus Glasrohr, Schlauch u. Quetschhahn. Vertikalmaßstab. Becherglas. Dreifuß mit Asbestdrahtnetz. Bunsenbrenner. Thermometer. Stativ mit Klammern.

5. Der Erlenmeyerkolben (Abb. 3) wird durch das Kapillarrohr mit dem längeren Schlauch u. dem Steigrohr verbunden. Schlauch u. Steigrohr werden mit W. gefüllt u. so

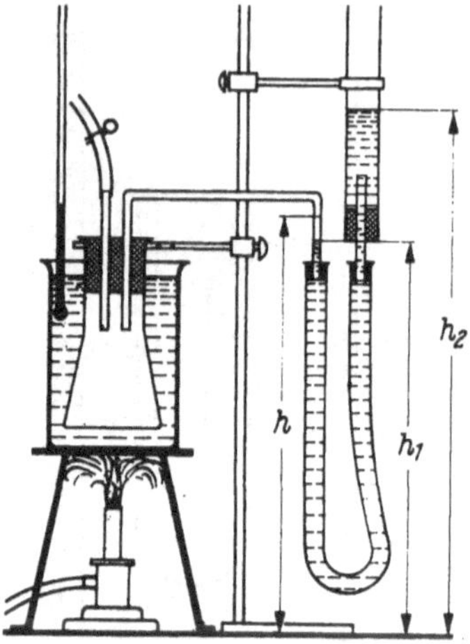

Abb. 3.

eingestellt, daß für jede Messung das W. im Kapillarrohr den vorher markierten Stand h behält. Man erwärme den Kolben im Wasserbad, lese bei verschiedenen Temp. den Überdruck am Steigrohr ab u. berechne aus zwei Messungen den Spannungskoeffizienten α.

Beispiel: Bei einem Luftdruck $b = 729{,}3$ Torr oder $p_0 = 729{,}3 \cdot 13{,}6 = 9918$ mm Wassersäule erhält man für $t_1 = 18{,}3°$ die Niveaudifferenz $h_1 - h = -101$ mm u. für $t_2 = 27{,}8°$ die Differenz $h_2 - h = +220$ mm.

Aus $p_1 = p_0 (1 + \alpha t_1)$ u. $p_2 = p_0 (1 + \alpha t_2)$ folgt

$$\frac{p_1}{1 + \alpha t_1} = \frac{p_2}{1 + \alpha t_2}$$

oder $p_1 + \alpha \cdot p_1 \cdot t_2 = p_2 + \alpha \cdot p_2 \cdot t_1$ u. daraus

$$\alpha = \frac{p_2 - p_1}{p_1 t_2 - p_2 t_1} = \frac{h_2 - h_1}{p_1 t_2 - p_2 t_1} = \frac{220 + 101}{9817 \cdot 27{,}8 - 10138 \cdot 18{,}3} =$$

$$= \frac{321}{272\,913 - 185\,525} = \frac{321}{87\,388} = \frac{1}{272}.$$

Mit jedem idealen Gase erhält man denselben Wert $\alpha = 1/273{,}2$.

F. Voit, Pr. 6 (57) Ph. 44—46.

b) Ausdehnungskoeffizient

Erwärmt man das Vol. v_0 eines beliebigen Gases von 0° auf $t°$ bei unverändertem Druck, so wird das neue Vol.

$$v = v_0 (1 + \alpha t).$$

Der Ausdehnungskoeffizient α ist zahlenmäßig gleich dem Spannungskoeffizienten α. α ist eine universelle Konstante vom genauen Wert $\alpha = 1/273{,}2$.

Nachweis des Ausdehnungskoeffizienten

Reagenzglas mit Stopfen u. Glasrohr. Reagenzglashalter. Porzellanschale. Meßzylinder. Thermometer.

6. Ein trockenes Reagenzglas mit Stopfen u. Glasrohr wird an einem Halter in kochendes W. gehalten, bis die darin befindliche Luft die Wassertemp. angenommen hat. Dann verschließe man es mit dem Finger, nehme es schnell heraus u. tauche es sofort in eine Schale mit W. von Zimmertemperatur. Es dringt soviel W. ein, wie der verdrängten Luftmenge entspricht. Aus dem Inhalt v_{100} des Reagenzglases u. seinem Vol. v_t nach dem Eindringen des W. kann man α bestimmen.

Beispiel: Inhalt des Luftraumes im Reagenzglas bei 100°:

$$v_{100} = v_0(1 + \alpha\, t_1) = 14{,}5\ \text{ml},$$

bei 22° Zimmertemp. $v_{22} = v_0(1 + \alpha\, t) = 11{,}5\ \text{ml}$

Aus

$$\frac{v_{22}}{v_{100}} = \frac{1 + \alpha \cdot 22}{1 + \alpha \cdot 100} = \frac{11{,}5}{14{,}5}$$

oder

$$14{,}5 + \alpha \cdot 319 = 11{,}5 + \alpha \cdot 1150$$

folgt

$$\alpha\,(1150 - 319) = 14{,}5 - 11{,}5\,; \quad \alpha = \frac{3}{831} = \frac{1}{277}\,.$$

W. Möller, MNU 2 (49) 175—176; W. Stender, MNU 4 (51/52) 251.

3. Zustandsgleichung der Gase

Setzt man für $t°$ die absol. Temp. $T = 273 + t$ ein, so wird

$$p\,v = p_0\,v_0\left(1 + \frac{1}{273}\,t\right) = p_0\,v_0 \cdot \frac{T}{273} = \frac{p_0\,v_0}{273} \cdot T = R \cdot T.$$

Da 1 Mol jedes Gases bei 0° u. 760 Torr 22,4 l einnimmt, kann man $v_0 = 22{,}4$ l u. $p_0 = 760$ Torr $= 1$ at setzen.

Dann erhält man $R = 1 \cdot 22{,}4\,l \cdot at/273 = 0{,}082\,03\,l \cdot at$. ($l \cdot at$ = Literatmosphären).

Für n Mole ist dann $p \cdot v = n \cdot R \cdot T$. Beträgt das Gew. der Gasmenge m g u. ist M das Mol.-Gew., so wird $n = m/M$ u. man erhält $p\,v = (m/M) \cdot R \cdot T$.

4. Reduktion trockener und feuchter Gasvolumina auf den Normalzustand

a) Reduktion eines trockenen Gasvolumens

Aus $p \cdot v = p_0 \cdot v_0\,(1 + \alpha\,t) = p_0 \cdot v_0 \cdot (273 + t) : 273$ erhält man

$$v_0 = \frac{273 \cdot p \cdot v}{p_0(273 + t)} = \frac{273 \cdot p}{760\,(273 + t)} \cdot v\,.$$

Aus dem Reduktionsfaktor $f_t = 273 \cdot p/760\,(273 + t)$ kann man für t = 10—30° u. p = 700—780 Torr die f-Werte berechnen u. tabell. auswerten, so daß man für jedes v schnell den v_0-Wert erhalten kann.

b) Nachweis des Wasserdampfdruckes in feuchten Gasen

Waschflasche mit Stopfen u. Glasrohr. Gummischlauch. Hahnmanometer. Ampulle. Porzellanschale. Quecksilber.

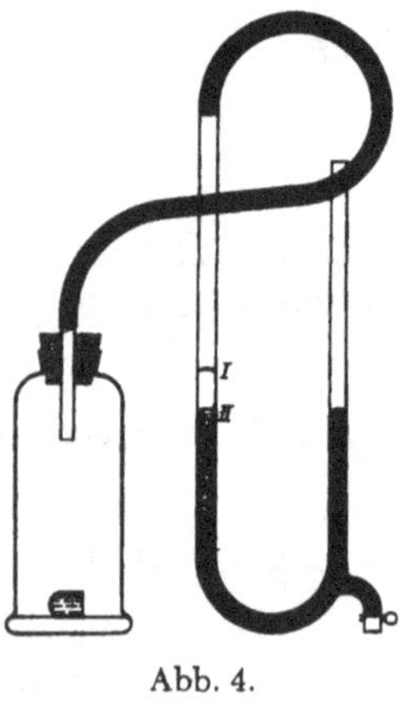

Abb. 4.

7. Man verbinde eine Waschflasche durch Gummistopfen, Glasrohr u. Schlauch mit einem Hahnmanometer (Abb. 4), lasse in die Waschflasche vorsichtig eine mit W. gefüllte Ampulle gleiten und überzeuge sich durch Ablassen von Quecksilber aus dem Hahn, daß der App. dicht ist. Durch Zugießen von Quecksilber stelle man beide Schenkel auf dasselbe Niveau I ein. Wird jetzt die Ampulle in der Waschflasche durch Schütteln zertrümmert, dann steigt das Quecksilber im rechten Schenkel. Hat man durch Zugießen das Quecksilber im linken Schenkel wieder auf I eingestellt, so zeigt der Überdruck die Wasserdampftension an. Läßt man nun wieder Quecksilber abfließen, bis es in beiden Schenkeln gleich hoch steht (II), so entspricht die Volumenzunahme der verdampften Wassermenge.

S. Genelin, P. **36** (23) 189—190.

Zwischen 15 u. 30° C beträgt der Wasserdampfdruck p_w:

Temp.	15°	16°	17°	18°	19°	20°	21°	22°	23°	24°
Hg mm	12,8	13,6	14,5	15,5	16,5	17,5	18,6	19,8	21,1	22,4

Temp.	25°	26°	27°	28°	29°	30°
Hg mm	23,8	25,2	26,7	28,3	30,0	31,8

c) Reduktion eines feuchten Gasvolumens

Wird ein Gas über W. aufgefangen, dann ist der im Gasraum herrschende Druck b gleich dem vom Gas ausgeübten Druck p, vermehrt um den Dampfdruck des Sperrwassers p_w, dessen Wert gleichfalls von der Temp. abhängt.

Herrscht im Gasraum der gleiche Druck wie in der umgebenden Luft, so gilt $b = p + p_w$ oder $p = b - p_w$, u. der Reduktionsfaktor f_w erhält jetzt die Form

$$f_w = \frac{273\,(b - p_w)}{760\,(273 + t)} = \frac{273\,b}{760\,(273 + t)} - \frac{273\,p_w}{760\,(273 + t)}\,.$$

Zeichnet man für jedes b zwischen 700 u. 780 Torr die zugehörigen $273\,b/760\,(273 + t)$- u. $273\,p_w/760\,(273 + t)$-Kurven für die Temp. von 10—30° als Abszissen, so erhält man für die verschied. Drucke als Parameter eine Schar von Kurven, aus denen man die f_t- bzw. f_w-Werte für jedes b ablesen kann.

F. C. G. Müller, P. **23** (10) 354; F. Hofmann, MNU **5** (52/53) 50; MNU **6** (53/54) 39; W. Göttel, MNU **10** (57/58) 425.

Aufgabe: 1 l Gas von 20° u. 740 Torr befindet sich einmal im trockenen u. einmal im feuchten Zustand. Reduziere es auf Normalvolumen:

$$\text{a)}\quad v_0 = \frac{273 \cdot 740}{760\,(273 + 20)} \cdot 1000 = \frac{202\,020}{222\,680} \cdot 1000 = \frac{10\,101}{11\,134} \cdot 1000 = $$
$$= 907\ \text{ml}\,;$$

b) $$v_0 = \frac{273 \cdot (740 - 17{,}5)}{760\,(273 + 20)} \cdot 1000 = \frac{273 \cdot 722{,}5}{760 \cdot 293} \cdot 1000 =$$

$$= \frac{197\,242{,}5}{222\,680} \cdot 1000 = 886\text{ml}\,.$$

Die Differenz beträt 21 ml = 2,1 %.

B. Malewski, Pr. 7 (58) Ph. 183—184.

III. Verbindungsgesetze

Aus der klass. Atomtheorie haben sich Gesetzmäßigkeiten herausgebildet, die auch heute noch ihre Gültigkeit haben, vorausgesetzt, daß die auf die natürlich vorkommenden Isotopenverteilung bezogenen Atomgew. zugrunde gelegt werden. Die einheitliche Zus. aller Moleküle einer Verb. hat zu folgenden Gesetzen geführt:

1. Gesetz der konstanten Proportionen (J. L. Proust 1799),
2. Gesetz der multiplen Proportionen (J. Dalton 1803),
3. Gesetz der Verbindungs- oder Äquivalentgewichte, das durch die Unterss. von J. J. Berzelius 1808—1812 seine Grundlagen erhalten hat.

Anschließend wird 4. der Begriff der Oxydationszahl erklärt.

1. Gesetz der konstanten Proportionen

a) Feste Volumenverhältnisse

Verbinden sich zwei Gase A u. B miteinander: A + B = C, so stehen ihre Volumina im einfachen ganzzahligen Verhältnis zueinander.

α) $2\,H_2 + O_2 = 2\,H_2O;\ 2\,CO + O_2 = 2\,CO_2$

8. Man schließe etwa gleiche Volumina Wasserstoff u. Sauerstoff, bzw. Kohlenmonoxyd u. Sauerstoff in ein Knallgaseudiometer über Quecksilber oder konz. NaCl-Lsg. ein, lasse den Induktionsfunken überspringen u. zeige, daß die Volumina der miteinander reagierenden Gase das Verhältnis $V_a : V_b = 2 : 1$ ergeben u. auch mit dem Reaktions-Produkt C, sofern es ebenfalls gasförmig ist, in einem festen ganzzahligen Volumenverhältnis stehen.

Beispiele:

Nr.	Gase	Vol. ml	Rückst. ml	Verbr. Vol. ml	Endvol. ml	Vol.-Verhältn.
1	H_2	17,1	—	17,1	—	$H_2 : O_2$
	O_2	21,8	13,5	8,3	—	= 2 : 1
2	CO	20	—	20	20,7	$CO : O_2 : CO_2$
	O_2	10,3	—	10,3		= 2 : 1 : 2

W. Bahrdt, P. **23** (10) 70.

β) $H_2 + Cl_2 = 2\,HCl$

9. Man fülle etwa doppelt soviel Wasserstoff wie Clor (Abzug) ins Knallgaseudiometer u. verfahre wie in Vers. 8.

Beispiel:

Gase	Vol. ml	Rückst. ml	Verbr. Vol. ml	Endvol. ml	Vol.-Verhältn.
H_2	28,2	12,4	15,8	—	$H_2 : Cl_2$
Cl_2	16,4	—	16,4	—	= 1 : 1

W. Bahrdt, l. c.

b) Feste Gewichtsverhältnisse

In chem. Verbb. stehen die Elemente zueinander in festen Gewichtsverhältnissen.

α) $2\,Mg + O_2 \rightarrow 2\,MgO$

Waage mit Geww. Porzellantiegel mit Deckel. Dreifuß mit Tondreieck. Bunsenbrenner. Magnesiumband. Verd. Salpetersäure.

10. Verschied. Längen Magnesiumband, dessen Oberfläche man vorher blank gerieben hat, werden gewogen, in ca. 1 cm lange Streifen geschnitten u. im bedeckten Porzellantiegel zuerst vorsichtig, dann immer stärker erhitzt, bis der Inhalt ganz weiß erscheint. Dann wird bei geöffnetem Deckel noch ca. 10—15 Min. durchgeglüht, um gebildetes Magnesiumnitrid in Oxid zu verwandeln, u. nach dem Abkühlen gewogen. Um sicher zu sein, daß alles Magnesium in Magnesiumoxid verwandelt worden ist, gebe man noch einige Tropfen Salpetersäure zu, erwärme vorsichtig unter dem Abzug, glühe den Tiegel bis zur Gewichtskonstanz u. stelle die Gewichtszunahme prozentual fest.

Man kann das gewogene Magnesiumband auch direkt im Tiegel mit verdünnter Salpetersäure oxydieren u. dann glühen.

Beispiel:

Mg:	0,400 g	0,600 g	0,075 g
MgO:	0,660 g	0,991 g	0,125 g
Gew.-Zunahme:	0,260 g	0,391 g	0,050 g
Zunahme in %:	65	65	66,7

F. Schulte, Pr. 1 (52) 19; R. Braune, Pr. 4 (55) Ch. 39.

β) Reduktion von Metalloxiden

11. Im Porzellanschiffchen wird das Oxid, z. B. CuO, gewogen u. im Verbrennungsrohr im Wasserstoffstrom bis zur Gewichtskonstanz erhitzt. Der Gewichtsverlust steht zum Gew. des Oxides in einem festen Verhältnis.

Beispiel:

CuO:	0,977 g	1,000 g	1,234 g
Cu:	0,782 g	0,795 g	0,989 g
Gew.-Verlust:	0,195 g	0,205 g	0,245 g
Verlust in %:	20	20,5	20

H. Krischt, Pr. 1 (52) 74.

γ) Synthese von Bleichlorid

Waage mit Geww. Wasserbad. Abdampfschalen. Uhrgläser. Porzellantiegel. Dreifuß mit Tondreieck. — Blei in Stücken. Salzsäure. Salpetersäure.

12. Gewogene Bleistückchen werden in Abdampfschalen mit je 10 ml Salpetersäure (Säure : Wasser = 1 : 2) auf dem Wasserbad erhitzt, nachdem man die Schalen mit Uhrgläsern bedeckt hat. Nach dem Lösen des Bleis u. sorgfältigem Abspritzen der Uhrgläser werden die Lsgg. in gewogenen Porzellantiegeln mit je 5 ml verd. Salzsäure versetzt u. bis zur Trockene eingedampft. Dann wird der Rückstand mit je 3 ml konz. Salzsäure aufgenommen, wieder eingedampft u. schließlich über kleiner Flamme auf dem Tondreieck bis zur Gewichtskonstanz erhitzt. Die Masse darf dabei nicht schmelzen. Die aufgenommenen Chlormengen stehen zu denen des Bleies im konstanten Verhältnis.

Beispiel:

Pb:	0,400 g	0,500 g	0,600 g
$PbCl_2$:	0,537 g	0,670 g	0,805 g
Cl_2:	0,137 g	0,170 g	0,205 g
% Cl_2:	34,25	34	34,17

F. Schulte, l. c., S. 20—21.

δ) Bildung von Metallsulfiden

δ_1) $2\,Cu + S \rightarrow Cu_2S$

13. Ein gewogenes Kupferblech wird im bedeckten, vorher gewogenen Porzellantiegel mit einem Überschuß von Schwefel ca. 10 Min. erhitzt u. nach dem Erkalten gewogen. Ein geringer Teil des gebildeten Cu_2S geht auch bei aufgelegtem Deckel meist in CuO über ($Cu_2S + 2\,O_2 = 2\,CuO + SO_2$), wobei aber die Umlagerung ohne Gewichtsänderung erfolgt, da 1 Mol Sauerstoff ebensoviel wiegt wie 1 Grammatom Schwefel (32 g).

Nach einer mündlichen Mitteilung von R. Scheer-Berlin wird ein Kupferblech beim Einbringen in eine Lsg. von Schwefel in Schwefelkohlenstoff quantitativ in Cu_2S verwandelt.

Beispiele:

Cu::	0,991 g	1,252 g	0,996 g
Cu_2S:	1,242 g	1,561 g	1,249 g
S:	0,251 g	0,309 g	0,253 g
% S:	25,4	24,7	25,4

F. Schulte, l. c., S. 21.

δ_2) Auch Silber u. Blei lassen sich auf gleiche Weise in ihre Sulfide überführen.

F. Schulte, l. c., S. 20; B. Malewski, MNU 9 (56/57) 32.

2. Gesetz der multiplen Proportionen

Bilden dieselben Elemente mehrere Verb. miteinander, so stehen die Massen des einen Elementes oder der einen Elementgruppe, die sich mit ein u. derselben Masse des anderen Elementes verbinden, zueinander in einem ganzzahligen Verhältnis.

a) Wasser — Wasserstoffperoxid ($H_2O—H_2O_2$)

Nach der Gl. $2\,KMnO_4 + 3\,H_2SO_4 + 5\,H_2O_2 \rightarrow K_2SO_4 + 2\,MnSO_4 + 8\,H_2O + 5\,O_2\uparrow$ geben 2 Mole $KMnO_4$ (= 1 Mol Mn_2O_7) in saurer Lsg. 2½ Mole Sauerstoff an oxydierbare Körper ab, so daß z. B. der Wasserstoff des H_2O_2 nach der Gl. $H_2|O_2| + O = H_2O + O_2\uparrow$ vom Sauerstoff des $KMnO_4$ vollständig oxydiert wird. 1 ml 0,1 *n* $KMnO_4$-Lsg. (die *n*-Lsg. enthält 158,03 : 5 = 31,606 g/l) entspricht 0,1008 g oder 0,1008 : 0,0899 = 1,12 ml Wasserstoff. Aus dem Verbrauch an Permanganat kann also unmittelbar der Wasserstoffgeh. des H_2O_2 errechnet werden. Gleichzeitig wird der gesamte im H_2O_2 vorhandene Sauerstoff freigemacht.

Filtrierkolben (Nutsche) mit aufgesetzter Titrierbürette. Meßpipette. Gasbürette oder Kolbenprober (Abb. 5). Verbindungsschlauch. — 3 %ig. H_2O_2-Lsg. 30 %ig. Schwefelsäure. 0,1 n $KMnO_4$-Lsg.

14. Ein Gemisch aus ca. 2 ml einer 3%ig. H_2O_2-Lsg., 20 ml dest. W. u. 20 ml einer 30 %ig. Schwefelsäure werden im Filtrierkolben aus einer aufgesetzten Bürette mit einer 0,1 n $KMnO_4$-Lsg. bis zur bleibenden Rotfärbung titriert. Dabei werden v_1 ml $KMnO_4$-Lsg. verbraucht u. gleichzeitig v_2 ml Sauerstoff in einer angeschlossenen Gasbürette oder einem Kolbenprober aufgefangen. Wird v_1 mit 1,12 multipliziert, so erhält man den entspr. Wasserstoffwert V_1, während sich aus $v_2 - v_1$ nach dem Reduzieren auf Normalvol. der Sauerstoffwert V_2 ergibt. Das Volumenverhältnis ist $V_1 : V_2 = 1 : 1$, für Wasser dagegen 2 : 1 (s. Vers. Nr. 8).

Beispiele:

0,1n $KMnO_4$ v_1 ml	Gesamtvol. v_2 ml	$v_2 - v_1$ ml	$V_2 = v_2 - v_1$ reduz.	$V_1 = v_1 \cdot 1,12$ ml
40,7	'90	49,3	45,44	45,58
40,9	90,4	49,5	45,87	45,81

W. Seeger, P. **41** (28) 182—183.

b) Kohlenoxid — Kohlendioxid ($CO—CO_2$)

15. Man fülle einen Kolbenprober (Abb. 5) mit 100 ml Luft u. leite diese über erhitztes Kupfer in einen zweiten Kolbenprober u. wieder zurück. Volumenabnahme: x_1 ml. Nun fülle man den einen Prober mit CO (durch Erhitzen von Na-formiat) u. leite es mehrfach über das erhitzte CuO u. wieder zurück, bis das CuO völlig reduziert ist. Da das Vol. im Prober unverändert bleibt, folgt, daß aus 1 Vol. CO 1 Vol CO_2 entsteht. In der Kalipipette werden x_2 ml CO_2 absorbiert. Da dieser Wert doppelt so groß wie x_1 ist, folgt, daß die Sauerstoffvolumina in CO u. CO_2 sich wie 1 : 2 verhalten.

Beispiel: Sauerstoffgeh. des CuO: x = 20,8 ml,
Volumen des CO_2: x_2 = 43,8 ml.

Nach P. Rischbieth, P. **31** (24) 189.

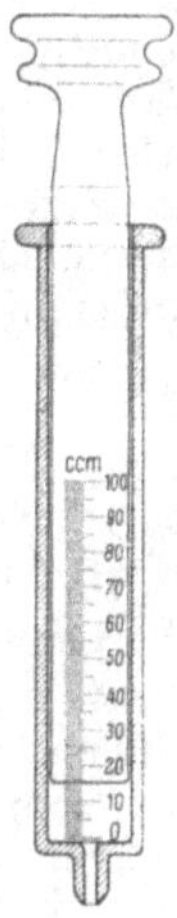

Abb. 5.

c) Kupfer (I)-oxid — Kupfer (II),oxid ($Cu_2O — CuO$)

16. *Herstellung von Kupfer (I)-oxid:* Man verreibe frisch reduziertes Kupferpulver u. gut getrocknetes Kupfer (II)-oxid im Verhältnis Cu : CuO = 63,57 : 79,57 in einer Reibschale u. glühe das Gemisch ca. 30 Min. lang über dem Teclubrenner in einem waagerecht eingespannten Reagenzglas mit aufgesetztem Bunsenventil. Das Bunsenventil ist ein kurzer, auf ein Glasrohr gezogener Gummischlauch mit einem feinen, ca. 5 mm weiten Längsschnitt u. einem kurzen Glasstab als Verschluß. Nach dem Abkühlen zeigt sich das Kupfer (I)-oxid als violette Masse, die im Glase festsitzt. Nach dessen Zertrümmern wird das Oxid gepulvert u. am besten gleich in kleine Röhrchen eingeschmolzen. Die violette Farbe dürfte durch den Verteilungsgrad zu erklären sein.

R. Scharf, P. **47** (34) 203; H. Golombeck, Pr. **1** (52) 314

c_1) Reduktion durch Wasserstoff

17. Über zwei Schiffchen mit gewogenen Mengen beider Kupferoxide im Verbrennungsrohr wird trockner Wasserstoff geleitet. Nach negativer Knallgasprobe wird das Rohr vorsichtig erhitzt, bis die Red. einsetzt (Wasserbildung). Dann nimmt man zunächst die Flamme weg, damit möglichst kein Kupferspiegel am Rohr entsteht, erhitzt ev. nochmal u. läßt dann das Rohr im Wasserstoffstrom erkalten. Die auf gleiche Kupfermengen berechneten Sauerstoffmengen verhalten sich wie 1 : 2.

R. Scharf, l. c., S. 204; H. Engesser, Pr. **1** (52) 113.

c_2) Oxydation von Kupfer und Kupfer(I)-oxid durch Salpetersäure

18. Um ein gewogenes Kupferblech völlig zu oxydieren, übergießt man es im Reagenzglas mit konz. Salpetersäure. Das so entstandene Kupfernitrat wird eingedampft u. durch Glühen in CuO übergeführt. Ebenso behandelt man Cu_2O. Die vom Kupfer aufgenommenen Sauerstoffmengen sind doppelt so groß wie die vom Cu_2O aufgenommenen Mengen.

Beispiel:

Gew. des Cu:	0,240 g	Gew. des Cu_2O:	2,256 g
Gew. des CuO:	0,300 g	Gew. des CuO:	2,501 g
Gew.-Diff.:	0,060 g	Gew.-Diff.:	0,245 g
Diff. in %:	25	Diff. in %:	10,86

R. Braune, Pr. **4** (55) Ch. 39—40.

d) Eisen(II, III)-oxid — Eisen(III)-oxid (Fe_3O_4 — Fe_2O_3)

19. Man reduziere Stahlwolle im Wasserstoffstrom u. glühe gleiche Mengen einmal an der Luft u. einmal nach Zersetzen durch konz. Salpetersäure, der man ein paar Tropfen Salzsäure zugesetzt hat, bis ein gleichmäßig rotbraunes Pulver vorliegt. Die Sauerstoffaufnahmen verhalten sich wie 8 : 9.

Beispiel: 1,68 g Stahlwolle zeigt nach einfachem Glühen eine Gewichtszunahme von 0,64 g u. nach Behandlung durch Salpetersäure eine von 0,72 g.

B. Malewski, MNU **10** (57/58) 131—132.

c) Bleioxid — Mennige — Bleiglätte — Blei

$$(PbO_2 \xrightarrow{540^\circ} Pb_3O_4 \xrightarrow{750^\circ} PbO \xrightarrow{\text{in } H_2} Pb)$$

Elektrisch beheiztes Supremaxrohr mit Thermometer oder Thermoelement. Waage mit Geww. Porzellanschiffchen (unglas.). 2 Kolbenprober (100 ml). Wasserstoffentwickler. Verbindungsschlauch. — Bleidioxid (rein).

20. Man gehe vom Bleidioxid aus, das man durch einfaches Erhitzen in einem unglasierten Porzellanschiffchen im elektr. beheizten Supremaxrohr zwischen zwei Kolbenprobern in seine niedrigeren Oxide reduziert; erst für die Reduktion des PbO zu Pb wird Wasserstoff benötigt.

1 bis 1,5 g reines Bleidioxid PbO_2 werden auf ca. 550° erhitzt; nach 20 Min. wird die erhaltene Sauerstoffmenge gemessen. Die Red. der Mennige Pb_3O_4 dauert bei 750° nur ca. 10 Minuten. Die in den beiden ersten Phasen aufgefangenen Sauerstoffmengen verhalten sich wie 2 : 3. Schließlich fülle man die ganze App. mit Wasserstoff u. ebenso beide Kolbenprober mit je 90 ml. Bei 750° ist die Red. in ca. 10 Min. vollendet. Aus dem Wasserstoffrest ergibt sich der Sauerstoffgeh. des PbO. Man zeige, daß der Sauerstoffgeh. der drei Oxide im Verhältnis 3 : 4 : 6 steht.

Beispiel: 1,5 g PbO_2 geben in Phase I 50 ml u. in Phase II nochmals 25,3 ml Sauerstoff ab, zusammen also 50 + 25,3 = 75,3 ml. In Phase III werden 152,8 ml Wasserstoff verbraucht;

ihm entsprechen 76,4 ml Sauerstoff. Das Dioxid enthält also 151,7 ml Sauerstoff, die Mennige 101,7 ml u. die Bleiglätte 76,4 ml. Dividiert man die 3 Werte durch 25, so erhält man das Verhältnis 6 : 4 : 3.

R. Böse, MNU **4** (51/52) 116—118; vgl. E. Winterhalder, P. **36** (23) 118.

f) Quecksilber (I)-oxid — Quecksilber (II)-oxid (Hg_2O — HgO)

21. Gleiche Mengen (ca. 1,2 g) werden im schwerschmelzbaren Reagenzglas mit eingeschobenem Glaswollebausch erhitzt. Die aus dem Gewichtsverlust errechneten Sauerstoffmengen verhalten sich wie 1 : 2, wenn man sie auf gleiche Mengen Quecksilber bezieht.

E. Plank, P. **52** (39) 58.

g) Quecksilber (II)-jodid — Quecksilber (I)-jodid (HgJ_2 — HgJ)

22. 5 g Quecksilber u. 6,4 g Jod werden unter dem Abzuge in einer Reibschale zusammengerieben, bis das rote HgJ_2 entstanden ist. Infolge der Erwärmung beim Reiben nimmt es manchmal eine gelbe Farbe an. Man lasse dann etwas abkühlen u. fahre mit dem Reiben fort, bis die rote Farbe wiederkehrt.

Fügt man zu dem erhaltenen HgJ_2 nochmals 5 g Hg hinzu, so entsteht beim Reiben das gelbgrüne HgJ.

Durch ein paar Tropfen Alkohol wird die Bldg. beider Jodide erleichtert.

h) Kaliumchlorat — Kaliumperchlorat ($KClO_3$ — $KClO_4$)

Um den beim Erhitzen freiwerdenden Sauerstoff im Verhältnis 3 : 4 leicht zu erhalten, verwende man von beiden Verb. Mengen, die sich wie ihre Molekulargewichte 122,56 ($KClO_3$) : 138,56 ($KClO_4$) = 1 : 1,1306 verhalten.

23. Erhitzt man je 1 g $KClO_3$ u. 1,1306 g $KClO_4$ im schwer schmelzbaren Reagenzglas nach Zusatz einer Spur Braunstein u. fängt die sich entwickelnden Sauerstoffmengen im Meßrohr oder im Kolbenprober auf, so verhalten sich die Sauerstoffmengen wie 3 : 4. Die Rückstände in beiden Reagenzgläsern sind gleich schwer, wenn man gleiche Mengen Braunstein zugefügt hat.

R. Scheer, Pr. 1 (52) 173.

3. Äquivalentgewichte

Die Gesetze der konstanten u. multiplen Proportionen stehen in enger Beziehung zum Begriff des Äquivalentgewichtes. Darunter versteht man die Menge eines Elementes oder einer Elementgruppe, die sich mit 1 g (genauer 1,008 g) Wasserstoff verbindet, bzw. 1 g Wasserstoff ersetzt oder dieser Menge gleichwertig ist. Die dem Äquivalentgew. entspr. g-Menge nennt man auch g-Äquivalent oder Val. 2 Moleküle H_2 verbinden sich bekanntlich mit 1 Molekül O_2 zu 2 Molekülen H_2O. Gewichtsmäßig verbinden sich dabei 8 g Sauerstoff mit 1 g Wasserstoff; folglich ist 1 Val Sauerstoff = 8 g. Die H_2O-Bldg. kommt dadurch zustande, daß jedes Wasserstoffatom 1 Ionenladung an das Sauerstoffatom abgibt. Die Ionenwertigkeit des Wasserstoffs ist darum 1, die des Sauerstoffs 2. Zwischen dem chem. Äquivalent u. der Wertigkeit besteht die Beziehung: *Äquivalentgew.* × *Wertigkeit* = *Atomgewicht.*

Aus dem Val des Wasserstoffs oder Sauerstoffs kann man das der anderen Elemente, wie folgt, bestimmen:

a) Chlor: $Zn + 2\,HCl \rightarrow ZnCl_2 + H_2\uparrow$.

Waage mit Geww. Erlenmeyerkolben (250 ml) aus Duranglas mit Stopfen u. Gasableitungsrohr. Reagenzglas. Rollflasche (ca. 2 l). Meßzylinder (ca. 1,5 l). Thermometer. Barometer. Schlauchverbindungen. — Stangenzink, rein. Konz. Salzsäure.

24. Der Erlenmeyerkolben, der ca. 15 g Zink u. ein kurzes Reagenzglas enthält, wird einige Sek. lang erwärmt u. nach dem Abkühlen gewogen. Dann fülle man in das Reagenzglas 15 ml Salzsäure u. verbinde den Kolben mit einer mit W. gefüllten Rollflasche, aus der der bei der Rk. aufgefangene Wasserstoff das W. in ein Meßglas drückt u. das Vol. angibt. Dann erhitze man den Kolbeninhalt, bis das gebildete $ZnCl_2$ zu schmelzen beginnt. Nach dem Abkühlen, dem Beseitigen etwa noch vorhandener Wassertröpfchen u. dem Ausblasen von HCl-Resten wäge man den Kolben mit dem Reagenzglas. Aus der Gewichtszunahme des Kolbens u. dem reduzierten Wasserstoffvol., dessen Litergew. $L_0 = 0{,}08987$ g bekannt sein muß, kann man das Gewichtsverhältnis H : Cl = 1 : 35,5 berechnen.

Beispiele:

Zunahme Gew.- g	H_2-Vol. ml	Temp. °C	Luftdr. Torr	H : Cl
2,78	958	18	759	1 : 35,2
3,13	1007	17	764	1 : 37,2
3,71	1271	17	672	1 : 35,1

W. Franck, P. **45** (32) 266.

b) Kohlenstoff: $C + O_2 \rightarrow CO_2\uparrow$

Waage mit Geww. Verbrennungsrohr. 2 Kolbenprober oder 2 Gasbüretten und Luftverdrängungsflasche (ca 1 l) u. Trockenrohr. P_2O_5-Watte. Sauerstoffentwickler. Bogenlichtkohle, Holzkohle oder Gasruß.

25. Im Verbrennungsrohr, das zusammen mit der Kohle vorher gewogen wird, wird die Kohle zwischen 2 Kolbenprobern oder Gasbüretten im Sauerstoffstrom verbrannt. Bei Benutzung von Gasbüretten ist vor die CO_2-Bürette noch eine Luftverdrängungsflasche von ca. 1 l Inhalt zu setzen. Der Sauerstoff wird durch ein Röhrchen mit P_2O_5-Watte getrocknet. Die Kolbenprober sind vorher zu fetten. Aus der Gewichtsdifferenz *a* g des Verbrennungsrohres u. der verbrauchten Sauerstoffmenge *b ml*, die wegen der Volumengleichheit von Sauerstoff u. Kohlendioxid gleich dem eingesetzten Sauerstoffvol. sein muß, erhält man die Beziehung $a : b = x : 5600$ (5600 ml Sauerstoff entsprechen 8 g Sauerstoff) u. daraus

$$x = \frac{a \cdot 5600}{b} \; (= 3\,\mathrm{g})\,.$$

Beispiel: 48,5 mg Kohle geben 97 ml CO_2 bei 18° C u. 756 Torr oder v_0 = 90,5 ml Sauerstoff.

$$x = \frac{48{,}5 \cdot 10^{-3} \cdot 5600}{90{,}5} = 3\text{ g}.$$

W. Trautmann, MNU **1944**, S. 76—77; Th. Theimann, Pr. **4** (55) Ch. 52 bis 53; W. Seeger, MNU **10** (57/58) 30—31; vgl. W. Bahrdt, P. **23** (10) 76.

c) Verschiedene Metalle

α) Zersetzung durch Säuren:

26. Das gewogene Metall wird im Reagenzglas oder Kolben durch Salzsäure zersetzt u. der entwickelte Wasserstoff im Gasmeßrohr oder Kolbenprober aufgefangen, gemessen u. auf v_0 reduziert.

Um für die einzelnen Metalle die geeignete Konz. zu erhalten, wird die konz. Salzsäure mit W., wie folgt, verdünnt: für Mg = 1 : 19, für Zn und Fe = 1 : 1, für Cd = 2 : 1, für Sn : kochende konz. Säure, für Al = 2 : 3.

Beispiele:

Metall	Gewicht g	H_2-Vol. ml	Temp. °C	Luftdr. Torr	x gef.	x ber.
Mg	0,0460	44,8	14,4	768,3	12,17	12,15
Zn	0,1303	47,7	14,5	766,5	32,47	32,7
Cd	0,1908	40,35	14,8	766,5	56,30	56,2
Fe (II)	0,0292	13,5			27,1	27,9
Sn (II)	0,3152	64,6	20	755	59,4	59,35
Al	0,1406	189,8	20	755	9,2	8,99

W. Bahrdt, l. c., S. 75—76; G. Gruber, P. **34** (21) 22.

β) Zersetzung 1—5-wertiger Metalle im Chlorstrom

27. Die mittlere von 3 Kugeln eines Rohres enthält das zu untersuchende, gewogene Metall, während in die benachbarten Kugeln Wattebäusche gebracht werden, um die meist leicht flüchtigen Chloride zurückzuhalten. Man verwende nur soviel Metall, daß höchstens 40 ml Chlor verbraucht werden. Das Rohr wird zwischen zwei Kolbenprobern angeschlossen. Nachdem man den einen mit trockenem Chlor (Vorsicht!) gefüllt u. etwa die Hälfte des Chlors durch das Kugelrohr gedrückt hat, erhitze man die mittlere Kugel vorsichtig u. drücke das restliche Chlor langsam in den anderen Kolbenprober. Nach wiederholtem Hin- u. Zurückdrücken des Chlors u. Abkühlenlassen der Kugel wird der Chlorverbrauch gemessen, auf v_0 reduziert u. aus dem Äquivalentgewicht des Chlors (= 35,5, s. Vers. Nr. 24) das der Metalle bestimmt. Zur Unters. der festen Metalle eignen sich bes. Späne u. Wollen. Für Silber wird das Ergebnis nicht sehr befriedigend, weil das Silber offenbar zum Teil vom Silberchlorid eingeschlossen wird. Cadmium verspritzt leicht beim Verbrennen. (! Abzug !)

Beispiele:

Metall	Wertigk.	Menge mg	Cl_2-Verbr. ml	Luftdr. Torr	Temp. °C	x gef.	x ber.
Ag	I	220,6	23,2	769,5	21,1	114,1	107,9
Zn	II	99,4	35,0	776	15,0	32,85	32,7
Cd	II	62,0	12,5	758,3	16,5	59,0	56,2
Hg	II	242,7	28,0	776	14,6	100,15	100,3
Pb	II	210,1	23,8	758,3	16,3	105,0	103,6
Fe	III	45,0	27,9	770,2	14,3	18,75	18,62
Al	III	22,2	27,0	758,5	16,1	9,8	9,0
Bi	III	125,1	20,8	770,2	14,2	69,9	69,7
Sn	IV	90,5	35,0	776	15,2	29,9	29,7
Sb	V	53,9	25,9	758,3	16,0	24,7	24,35

R. Böse, MNU 5 (52/53) 51—52.

Kommt ein Element in mehreren Wertigkeitsstufen vor, z. B. Eisen (s. Vers. 26—27), so besitzt es auch mehrere Äquivalentgewichte.

Lösungen, die je Liter soviel Subst. enthalten, daß deren g-Menge 1 Val entspricht, werden *Normallössungen* (*n* Lsgg.) genannt. Eine *n* Salzsäure enthält demnach 36,465 g HCl, eine *n* Schwefelsäure 98,082 : 2 = 49,041 g H_2SO_4, eine *n* Natronlauge 39,999 g NaOH, eine *n* Silbernitratlsg. 169,888 g $AgNO_3$ pro l usw.

4. Oxydationszahlen

Fast alle chem. Rkk. sind Redoxreaktionen, bei denen Elektronenumlagerungen stattfinden. Vereinigen sich z. B. Wasserstoff u. Chlor, so gibt das H-Atom sein Elektron an das Cl-Atom ab, u. in wss. Lsgg. entstehen die Ionen H^+ u. Cl^- oder, da das H-Ion 1 Mol H_2O anlagert, das Hydroniumion H_3O^+. Die Erhöhung der Wertigkeit durch Wegnahme von Elektronen ist gleichwertig einer Oxydation u. die Aufnahme von Elektronen gleichbedeutend mit einer Reduktion. Im HCl wird also der Wasserstoff um eine Oxydationsstufe erhöht u. das Chlor um die entspr. Oxydationsstufe reduziert. Zur Charakterisierung hat man den Begriff der Oxydationszahl eingeführt. Darunter versteht man die Ladung, die ein Atom besäße, wenn das Mol. aus lauter Ionen aufgebaut wäre, auch wenn eine Elektronenübertragung nicht unmittelbar erkennbar ist. Da die Oxydationszahlen die Bedeutung von Ladungszahlen haben, muß deren Summe im Mol. Null sein, bzw. gleich der Wertigkeit der isolierten Ionen. Daraus ergeben sich bestimmte Oxydationszahlen für die häufig vorkommenden Elemente, z. B. + 1 für H, – 1 für F u. die übrigen Halogene, sofern sie als Halogenide von der Zus. MeX_n vorkommen, – 2 für O u. 0 bei Atombindung, z. B. für O_2, N_2 usw. Man bezeichnet die Oxydationszahlen mit positiven bzw. negativen arab. Zahlen u. setzt sie über das entspr. Symbol, z. B.

$$\overset{+1}{H}\,\overset{-1}{Cl},\ \overset{-3}{N}\,\overset{+1}{H_3},\ \overset{+4}{C}\,\overset{-2}{O_2},\ \overset{+1}{H}\,\overset{+5}{N}\,\overset{-2}{O_3},\ \overset{+1}{H_2}\,\overset{+6}{S}\,\overset{-2}{O_4},\ \overset{+1}{K}\,\overset{+7}{Mn}\,\overset{-2}{O_4}\ \text{usw.}$$

IV. Litergewicht und Molekulargewicht

1. Liter- und Molekulargewicht von Gasen

Unter dem Mol eines Gases versteht man das Grammgewicht von 22,4 l bei 0° C u. 760 Torr, so daß man aus dem Litergewicht L_0 das Mol durch die Beziehung $L_0 \cdot 22{,}4 = 1$ Mol erhält, aus dem man nach Weglassen der Gewichtsbezeichnung das Molekulargewicht M erhält.

a) Leergewichtsbestimmung des Meßgefäßes

Zur Gewichtsbestimmung eines Gases ist die Kenntnis des Vol. bzw. des Leergewichtes des Meßgefäßes notwendig.

28. Zur Messung des Leergewichtes bestimme man das Gesamtgewicht des Gefäßes vor u. nach seiner Evakuierung u. ebenso den Druck. Beträgt die Gewichtsdifferenz a und der Manometerstand vorher b und nachher p Torr, so erhält man für den Gasinhalt das Gew.

$$x = \frac{b \cdot a}{b - p}.$$

Als Gasfüllung kann Luft dienen; genauere Ergebnisse erzielt man mit CO_2.

29. Setzt man die Molgewichte von Luft u. CO_2 als bekannt voraus, so genügt es, wenn man das Gefäß einmal mit Luft (g_1) u. dann mit CO_2 (g_2) wägt. Bezeichnet man das Leergewicht mit x, so ist $(g_1 - x) : (g_2 - x) = 29 : 44$, folglich

$$x = \frac{44\, g_1 - 29\, g_2}{15}.$$

30. Setzt man das spez. Gew. der Luft als bekannt voraus ($\sigma = 0{,}0013$) u. wägt den Kolben einmal mit Luft (g_1) u. dann mit W. (g_3), so erhält man das Vol. $v = g_3 - g_1$. v wird auf das Normalvolumen v_0 reduziert u. dieser Wert mit σ multipliziert, wodurch man das Luftgewicht $v_0 \cdot 0{,}0013$ erhält, das, von g_1 subtrahiert, das Leergewicht $x = g_1 - v_0 \cdot 0{,}0013$ ergibt.

W. Trautmann, Ubl. **44** (38) 194—195.

b) Litergewicht der Luft.

31. *Bestimmung im Kolben mit Hahn:* Ein durch Hahn verschließbarer Rundkolben, der ca. 1 l trockene Luft enthält, wird an einer Fadenschlinge am Waagebalken aufgehängt u. gewogen (m_1). Dann wird möglichst viel Luft abgesaugt u. nochmals gewogen (m_2). Darauf wird der Kolben mit dem Hahn in luftfreies W. getaucht u. der Hahn geöffnet. Es strömt soviel W. ein, daß die nicht ausgepumpte Luft unter Atmosphärendruck steht, wenn die Niveauflächen innen u. außen gleich hoch stehen. Man schließe, trockne den Kolben gut ab u. wäge abermals (m_3).

Die Masse der abgesaugten Luft ist $m = m_1 - m_2$, ihr Vol. bei $t°$ u. b Torr $v = m_3 - m_2$. Nach Reduktion auf Normalvolumen

$$v_0 = v \cdot \frac{b \cdot T_0}{b_0 \cdot T} = (m_3 - m_2) \cdot \frac{b\, T_0}{b_0\, T}$$

$$(T_0 = 273\,°\mathrm{K} \text{ u. } T = (273 + t)\,°\mathrm{K})$$

erhält man das Litergewicht

$$L_0 = \frac{m_1 - m_2}{v_0} \cdot 1000 = \frac{(m_1 - m_2) \cdot b_0\, T}{(m_3 - m_2)\, b\, T_0} \cdot 1000\,.$$

Das Litergewicht der Luft beträgt 1,293 g.

c) Liter- und Molekulargewicht des Sauerstoffs

32. Man erhitze im Reagenzglas eine gewogene Menge $KMnO_4$ u. fange das entstehende O_2 im Gasmeßgerät auf. Um zu vermeiden, daß das Permanganat mitgerissen wird, stopfe man etwas Glaswolle vor das Ableitungsrohr. Aus dem Gewichtsverlust u. dem Sauerstoffvolumen erhält man $L_0 = 1{,}43$ g, bzw. $M = 32$.

O. Ohmann, P. **29** (16) 149.

d) Liter- und Molekulargewicht von Wasserstoff

33. Man entwickle den Wasserstoff aus Zink u. Schwefelsäure, leite ihn durch ein $CaCl_2$-Rohr u. eine Waschflasche mit konz. Schwefelsäure u. fülle einen l-Kolben, den man vorher sorgfältig gewogen hat, von unten her mit dem Gase. Nach erneutem Wägen u. Abzug des Luftgewichtes u. nach Reduktion auf das Normalvolumen v_0 erhält man

$$L_0 = \frac{g}{v_0} \cdot 1000 = 0{,}0899 \text{ g}\,,$$

vorausgesetzt, daß die Waage trotz Belastung noch auf mindestens 2 mg anspricht.

34. Man leite ca. 100 ml trockenen Wasserstoff aus einer Gasbürette mit angeschlossenem Trockenröhrchen, das 4 mit P_2O_5 bestäubte Wattebäuschchen enthält, oder aus einem Kolbenprober über CuO, das im Verbrennungsrohr auf Rotglut erhitzt wird, u. fange das entstandene W. in einem anderen P_2O_5-Röhrchen auf. Das Verbrennungsrohr mit dem CuO u. das P_2O_5-Röhrchen sind vorher genau gewogen worden. Anschließend spüle man den Restwasserstoff mit Stickstoff nach u. achte darauf, daß alles W. aus dem Verbrennungsrohr in das P_2O_5-Röhrchen gelangt. Aus dem reduzierten Vol. v_0, dem Gew. des W. u. dem des verbrauchten Sauerstoffs kann man das Litergewicht oder Molekulargewicht des Wasserstoffs bestimmen.

B e i s p i e l : Vol. des Wasserstoffs bei 26,5° u. 748 Torr

v = 84 ml,

reduziertes Vol. v_0 = 72,75 ml.

CuO-Rohr vorher	14,997 g	P_2O_5-Rohr vorher	6,3875 g
CuO-Rohr nachher	14,950 g	P_2O_5-Rohr nachher	6,441 g
verbr. Sauerstoff	0,047 g	Entstand. Wasser	0,0535 g

Gew. des Wasserstoffs: g = 53,5 – 47 = 6,5 mg

L_0 erhält man aus $L_0 = (g : v_0) \cdot 1000 = (6,5 : 72,75)$ g

L_0 = 0,089 35 g

M = 2,001 44

W. Trautmann, P. **54** (41) 86—88.

e) *Liter- und Molekulargewicht von Kohlendioxid*

35. Zylinder u. Stempel eines Kolbenprobers von 100 ml Inhalt mit Hahn werden nebeneinander auf der Waage austariert; dann wird die andere Waagschale mit 0,2 g belastet. Man werfe auf den Boden des Kolbenprobers ca. 0,5 g Trockeneis, schiebe bei offenem Hahn den Kolben ganz hinein u. lege das Gerät wieder auf die Waage. Der sich bildende Wasserbeschlag wird abgewischt; kurz vor dem Gewichtsausgleich wird der Hahn geschlossen. Nun rückt der Stempel bis auf ca. 110 ml heraus. Man erwärme die kalten Stellen des Mantels etwas mit der Hand, wische den Wasserbeschlag ab, stelle das Vol. genau fest und reduziere es auf das Normalvolumen v_0. Aus 0,2 g und v_0 läßt sich $L_0 = (0{,}2 : v_0) \cdot 1000$ g, bzw. M bestimmen.

B. Malewski, MNU 9 (56/57) 236.

f) Molekulargewicht von Methylnitrit $CH_3 \cdot ONO$

36. In einem Erlenmeyerkolben tropft man auf eine Lsg. von 20 g $NaNO_2$ in so viel W., daß 15 g Methanol keinen Nd. mehr hervorrufen, verd. Salzsäure. Der entstehende, gasförmige Ester wird von unten her in eine Doppelhahnkugel, deren Leergewicht u. Inhalt bekannt sind, geleitet u. nach Verschließen der Hähne gewogen. Aus Gew. u. Vol. v_0 des Esters werden Dichte u. daraus das Molekulargewicht des Esters bestimmt.

Beispiel:

Kugel + Ester	= 28,629 g
Kugel, luftleer	= 28,206 g
Methylnitrit	= 0,423 g; v_0 = 158,5 ml

Dichte $D_0 = 0{,}423 : 158{,}5 = 0{,}002\,67$
Molekulargewicht $M = 0{,}002\,67 \cdot 22\,400 = 59{,}808$ (61).

P. Rischbieth, Ubl. 37 (31) 328.

g) Litergewicht verschiedener anderer Gase

37. Im Reagenzglas mit seitlichem Ansatz u. mit Tropftrichter werden die nachstehend genannten Gase, wie beschrieben, entwickelt, getrocknet u. durch eine kleine Doppelhahnkugel, deren Leergewicht g_0 (s. Vers. Nr. 28—30) u. Vol. bekannt u. vorher bestimmt worden sind, geleitet, bis die Luft vollkommen verdrängt worden ist. Dann werden die Hähne geschlossen, u. das Gew. (g) wird festgestellt. Nach Reduktion des Inhaltes v auf v_0 erhält man

$$L_0 = \frac{g - g_0}{v_0} \cdot 1000 .$$

Beispiele:

Gas	Darstellung	Trockenmittel	Litergew. L_0 gefund.	Litergew. L_0 berech.
N_2	Na NO_2 u $(NH_4)_2$ SO_4	konz. H_2SO_4 auf Bimsstein	1,234	1,250
NH_3	konz. NH_3-Lösung	Natronkalk	0,74	0,76
Cl_2	$KMnO_4$ u. konz. HCl (im Abzug)	nasser Bimsstein zum Beseitigen von HCl; konz. H_2SO_4 auf Bimsstein	3,205	3,20
HCl	NaCl u. konz. H_2SO_4	konz. H_2SO_4 auf Bimsstein	1,60	1,63
HBr	Brom auf Benzol mit Eisendraht als Katalysator	konz. H_2SO_4 auf Bimsstein	3,58	3,60
SiF_4	CaF_2, Glaspulver, konz. H_2SO_4	konz. H_2SO_4 auf Bimsstein	4,44	4,64
H_2S	Grauspießglanz u. konz. HCl (im Abzug)	nasser Bimsstein zum Beseitigen von HCl; $CaCl_2$	1,50	1,51
SO_2	Na_2SO_3 u. konz. H_2SO_4	konz. H_2SO_4 auf Bimsstein	2,82	2,89
CO	Na-formiat u. konz. H_2SO_4 (im Abzug)	konz. H_2SO_4 auf Bimsstein	1,23	1,25
CH_4	Al_4C_3 u. verd. H_2SO_4	konz. H_2SO_4 auf Bimsstein	0,704	0,714
C_2H_2	CaC_2 (mit Alkohol befeuchtet) u. Wasser	Bimsstein mit $KMnO_4$ u. H_2SO_4; Bimsstein mit alkal. $KMnO_4$; $CaCl_2$ zum Trocknen.	1,19	1,16

P. Rischbieth, P. **45** (32) 49—52.

2. Bestimmung des Molekulargewichts aus der Ausströmungszeit nach Bunsen (1857)

Strömen gleiche Volumina zweier verschied. Gase unter gleichem Druck u. gleicher Temp. aus einem Behälter u.

sind ihre Dichten σ_1 u. σ_2, so gilt $\sigma_1 : \sigma_2 = v_2^2 : v_1^2$ (v = Ausströmungsgeschwindigkeit). Beobachtet man jedesmal die Zeitdauer t des Ausströmens, so erhält man $\sigma_1 : \sigma_2 = t_1^2 : t_2^2$ bzw. $M_1 : M_2 = t_1^2 : t_2^2$. Kennt man die Gasdichte oder das Mol.-Gewicht des einen Gases, so kann man Dichte oder Mol.-Gewicht des anderen Gases bestimmen.

38. Ein ca. 20—25 cm langes, etwa 3—5 cm weites Glasrohr (Abb. 6) wird an zwei ca. 15 cm voneinander entfernten Stellen mit je einer Marke versehen. In dem doppelt durchbohrten Stopfen sitzen zwei Glasröhrchen, von denen das eine eine sehr feine Öffnung, das andere einen Schlauch mit Quetschhahn besitzt. Man tauche das luftgefüllte Rohr in einen Zylinder mit W., stelle fest, ob das W. in 30 bis 50 Sek. von der unteren bis zur oberen Marke steigt, u. spanne es fest ein. Dann fülle man das Rohr durch den Schlauch mit dem zu untersuchenden, staubfreien Gas (Wasserstoff, Stadtgas, Kohlendioxid oder ä.) u. messe die Ausströmungszeiten.

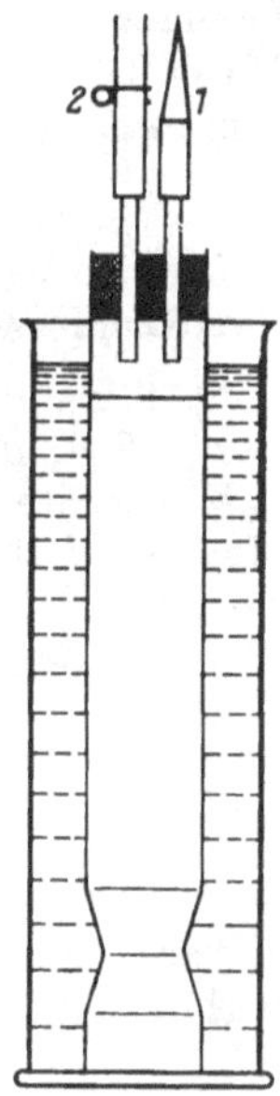

Abb. 6.

Setzt man für Luft M_1 = 28,8 ein, so kann man das Molekulargewicht M_2 des untersuchten Gases aus der obengenannten Beziehung bestimmen.

S. Jauß, P. **36** (23) 262.

39. Ein gut gereinigter, sorgfältig getrockneter Kolbenprober von 10 ml Inhalt, an dem ein Dreiwegehahn mit einem aufgekitteten Metallblättchen aus Platin, Nickel oder Aluminium mit sehr feiner Öffnung angeschlossen ist, wird mit der Öffnung nach unten in einen Stativring gehängt (nicht eingespannt) u. mit dem zu messenden Gase, das vorher durch Trockenröhrchen u. Watte geleitet worden ist, gefüllt. Die Ausströmungszeit für Luft richte man auf 40 bis 50 Sek. ein; sie kann durch Belastung des Kolbens mit einem dünnen, um den Hals des Kolbens gewickelten Bleistreifen oder ä. reguliert werden. Um ein Herausgleiten des Kolbens aus dem Zylinder beim Füllen zu vermeiden, empfiehlt es sich, den Kolbenhals mit dem Zylinder durch einen Faden zu verbinden.

Nach Einsetzen von $M_1 = 28{,}8$ für Luft erhält man im allg. brauchbare, für Wasserstoff jedoch trotz sorgfältiger Reinigung und Trocknung zu große Werte, günstigenfalls $M_2 = 2{,}3$.

B. Malewski, Ubl. **49** (43) 39—41.

3. Bestimmung des Molekulargewichtes von Gasen und leicht verdampfbaren Flüssigkeiten aus der Schallgeschwindigkeit

40. Stimmt man die Töne, die ein mit Luft von der absol. Temp. $T_1 K$ u. ein mit dem zu untersuchenden Gase von $T_2 K$ gefülltes Rohr beim Anschlagen geben, mit dem Monochord ab, so erhält man aus den Seitenlängen l_1 u. l_2 des Monochords die Schallgeschwindigkeit v_2 des Gases bei 0° C aus der Gleichung

$$v_2 = 331 \cdot \frac{l_1}{l_2} \sqrt{\frac{T_1}{T_2}}\, m$$

u. nach Einsetzen von $k = c_p/c_v$ das als Dampfdichte bezeichnete halbe Molekulargewicht

$$D_0 = \frac{1\,130\,000}{v_2^2} \cdot k$$

u. daraus $M = 2\,D_0$.

Beispiele:

Gas	$T_1(K)$	l_1 cm	$T_2(K)$	l_2 cm	v_2 m	k	D_0 gef.	D_0 ber.	M
O_2	290	65,4	290	68,1	318	1,4	15,7	16	32
NH_3	291	37	291	29,7	412	1,31	8,7	8,5	17
Cl_2	291	37	291	59,6	205	1,37	37	35,46	70,92
Br_2	291	21	333	43	162	1,37	59	79,9	159,8
CO_2	294	20,4	294	25,9	260	1,31	22	22	44
H_2S	293	20,6	293	23,2	294	1,31	17,1	17,04	34,08
CS_2	293	20,6	323	34,4	189	1,26	38,8	38,06	76,12
Äther	291	21	325	34,1	193	1,06	34	37,01	74,02
Aceton	293	20,6	334	30	213	1,10	27,4	29,03	58,05
Benzol	293	19,35	353,5	33	177	1,08	38	39,03	78,05

P. Bräuer, P. **32** (19) 1—6.

4. Molekulargewichtsbestimmung aus der Dampfdichte nach Dumas (1828)

a) Molekulargewichtsbestimmungen organischer Flüssigkeiten im Kolben

41. Ein kleiner Kolben (ca. 200 ml) mit ausgezogenem, dünnem Hals von etwa 5—7 cm Weite, über den ein kurzer Schlauch mit Glasstopfen gezogen werden kann, wird mit Luft u. einem Vergleichsgas (z. B. CO_2) gefüllt u. gewogen, um sein Leergewicht g zu bestimmen (vgl. Vers. Nr. 29!). Diese Best. wird bei Zimmertemp. u. im sd. W. ausgeführt, in das man den Kolben ca. 2 Min. eintaucht. Zur Best. des Molekulargewichts der zu untersuchenden Fl. (Äthyläther, Schwefelkohlenstoff, Äthylbromid, Chloroform oder Benzol) schließe man an den Schlauch des Kolbens ein längeres Glasrohr an u. tauche den Kolben mittels Drahtring so tief in das sd. W., daß der Schlauch völlig unter W. kommt, u. auf diese Weise die entstehenden Dämpfe keine Gelegenheit finden, sich hier zu kondensieren. Nach ca. 5 Min. stelle man die Flamme ab u. hebe den Kolben so weit empor, daß man mit Fließpapier das W. an der Stelle abtupfen kann, wohin der Verschlußstopfen kommt, entferne das Rohr u. verschließe den Kolben mit dem Stopfen. Dann kühle man den Kolben auf Zimmertemp. ab, trockne ihn u. wäge. Sind g_1 u. g_2 die Geww. des Kolbens mit dem Vergleichgase (CO_2) u. mit der Versuchsflüssigkeit, u. ist g das Leergewicht, so besteht bei Verwendung von CO_2 die Beziehung

$$(g_1 - g) : (g_2 - g) = 44 : M$$

oder

$$M = \frac{44\,(g_2 - g)}{g_1 - g}.$$

Zum Entleeren des Kolbens benutze man ein Rohr u. die Saugpumpe, zum Füllen eine Pipette.

Beispiele: Bei einem Leergewicht $g = 41{,}393$ g u. dem Gew. des mit CO_2 gefüllten Kolbens $g_1 = 41{,}685$ g erhält man für

Substanz	g_2	M gefund.	M berechn.
Schwefelkohlenstoff (puriss.)	41,897	75,9	76,14
Äthylbromid (Handelsware)	42,108	107,7	108,9
Chloroform (Handelsware)	42,181	118,7	119,39
Benzol (puriss.)	41,942	82,7	78,06
Äthyläther (puriss.)	41,893	74,07	74,1

W. Trautmann, Ubl. **44** (38) 194—196.

5. Dampfdichte nach dem Prinzip der Luftverdrängung nach Viktor Meyer (1878)

a) Mit Heizung

42. Das Originalgerät (Abb. 7) besteht aus dem Verdampfungsgefäß (ca. 20 cm lang u. 4 cm weit) u. einem angesetzten Rohr von etwa 50 cm Länge u. 0,8—1,0 cm Weite mit einem kurzen Seitenrohr u. der Einwurföffnung am oberen Ende. Das Verdampfungsgefäß enthält am Boden etwas Glaswolle u. taucht in eine größeres Gefäß, das die Heizflüssigkeit enthält u. mit der Bunsenflamme oder elektrisch beheizt wird. Das kurze Seitenrohr wird an eine

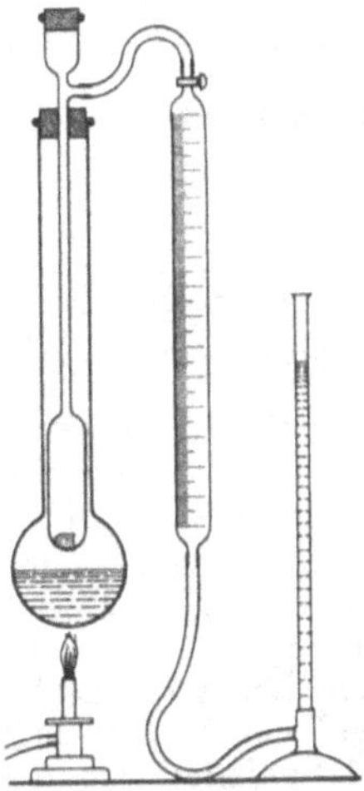

Abb. 7.

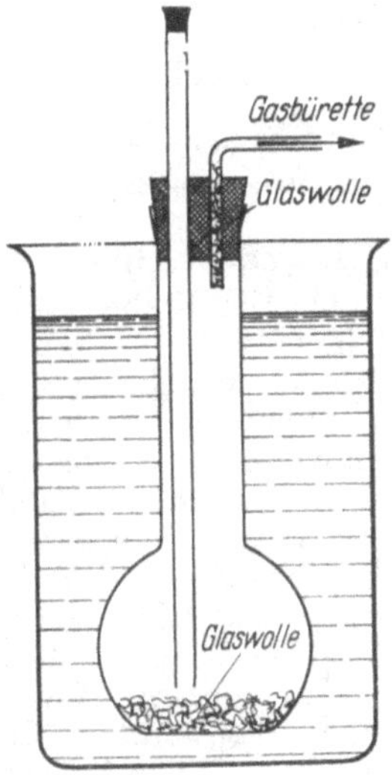

Abb. 8.

Gasbürette oder einen Kolbenprober angeschlossen. Ist die Temp. im Verdampfungsgefäß konstant, was man am Stand des Meßgerätes feststellen kann, dann stelle man dieses auf 0 ml ein u. werfe die in einem offenen Röhrchen gewogene oder in ml gemessene Subst. ein. Sie verdampft innerhalb weniger Sek., so daß man die verdrängte maximale Luftmenge sehr bald ablesen kann. Sollten sich Flüssigkeitströpfchen am engen Rohr abscheiden, so kann man sie durch schnelles Überstreichen mit der Flamme verflüchtigen. Die Dampfdichte ergibt sich aus dem Gew. g der Fl. u. aus dem reduzierten Vol. v_0 u. das Molekulargewicht aus der Beziehung

$$M : g = 22\,400 : v_0 .$$

Die Reduktion auf v_0 kann man sich schenken, wenn man für das Molvolumen den für die Temp. im Meßraum gültigen Wert annimmt:

Temp.:	0°	5°	10°	15°	20°	25°	30°
ml:	22 400	22 810	23 220	23 630	24 040	24 450	24 860

Gute Ergebnisse erhält man mit Äther u. Benzol.

N. Vermes, P. **55** (42) 112—113.

Einfachere Apparate

43. Ein Kolben von 750 ml Inhalt, dessen Boden mit Glaswolle bedeckt ist, wird mit einem doppelt durchbohrten Stopfen verschlossen. Durch die eine Bohrung führt das nicht zu enge, oben verschließbare Einwurfsrohr, durch die andere das rechtwinklig gebogene Ableitungsrohr zur Gasbürette oder Gasmeßglocke. Um zu vermeiden, daß sich verdampfte Subst. im Ableitungsrohr oder im Schlauch kondensiert, wird der senkrechte Schenkel des Ableitungsrohres mit Glaswolle ausgestopft oder zur Kapillaren ausgezogen (Abb. 8). Die Einwaage darf höchstens 300 ml Dampf ergeben. Nach Erhitzen des Kolbens bis zur Temperaturkonstanz u. Einstellen des Meßgefäßes auf 0 ml wird das Wägegläschen mit der Subst. eingeworfen u. das Einwurfrohr sofort wieder verschlossen. Das gemessene Maximalvolumen v wird auf v_0 reduziert. Gew. u. v_0 *werden* auf 22 400 ml bezogen.

Beispiele: 1. Chloroform, über wasserfreiem $CaCl_2$ getrocknet. Mol.-Gewicht: 119,39.

Einwaage p	Temp. °C	Luftdruck Torr	v ml	V_0 ml	M
0,85	17	757	182	167	114
0,42	16	740	86	78	120
0,46	17	751	90	82	125
0,53	14	746	107	98	121

2. Benzol: M = 76; 78; 80; 83; 87 (78,05).
3. Aceton: M = 57,4; 58,5 (58).
4. Schwefelkohlenstoff: M = 74,5; 75,5; 77,3 (76,14).

W. Franck, Ubl. **38** (32) 358—360.

b) Ohne Heizung:

44. Will man das Verfahren auf die *Dampfdichte* des *Wassers* anwenden, so muß man für 18 mg (= 1/1000 Mol) Wasser ein Verdampfungsgefäß von 2—3 l haben, das mittels Gebläse durch Blaugel, P_2O_5 oder $CaCl_2$ sorgfältig auszutrocknen ist. Dabei muß ev. auch der Staub des Trokkenmittels durch Watte abgefangen werden. Das W. wird auf einem hohlgeschliffenen Objektträger (20 mm · 30 mm) oder auf einem Kupferblech genau gewogen u. in den Hals der waagrecht gelegten Flasche gebracht. Nach Anschluß des Gasmeßrohres richte man die Flasche auf und schüttele. Nach 1—2 Min. erhält man die verdrängte Luftmenge u. damit das Ergebnis, das beim 2. und 3. Vers. genauer zu sein pflegt als beim ersten. Da Wasserdampf leichter als Luft ist, muß man sein Aufsteigen in den Schlauch u. seine Kondensation verhindern, indem man das Rohr im Gummistopfen so lang wählt, daß es fast auf den Boden reicht.

Beispiele: M = 17,6; 18; 18,2; 19,2.

B. Malewski, MNU **1944**, 16; MNU **6** (53/54) 376—377.

6. Molekulargewicht hochpolymerer Diole (Polywachse)

45. Aus Äthylenoxid $CH_2—CH_2$ (verbunden über —O—) haben die *Chemischen Werke Hüls* über Äthylenglykol $CH_2OH - CH_2OH$ hochpolymere Diole (Polywachse) von der allg. Zus. $CH_2OH \cdot (CH_2 \cdot O \cdot CH_2)_n \cdot CH_2OH$ hergestellt, deren Molekulargewichte im Bereich 1000—12 000 aus den Zähigkeitskoeffizienten η der 2,44%ig., 20° C warmen, wäss. Lsg. durch den Ansatz

$$M = \left(\frac{\eta_{Lsg.} - \eta_{H_2O}}{\eta_{Lsg.} \cdot 5{,}17 \cdot 10^{-3}}\right)^2$$

hinreichend exakt bestimmt werden können. Der Koeffizient $\eta_{Lsg.}$ wird nach der Fallkörpermethode von LAWACZECK (s. Vers. Nr. 57) aus $\eta = F \cdot (S_k - S) \cdot k$ berechnet; η_{H_2O} ist bei 20° gleich 1 zu setzen.

Beispiele:

Substanz:	P 1 550	P 4 000	P 6 000	P 8 000	P 12 000
Dichte	1,15	1,19	1,19	1,19	1,19
Dichte der 2,5 %ig. Lsg. bei 20°	1,002	1,003	1,003	1,003	1,003
Mol.-gew. (Werke Hüls)	1 550	4 000	6 000	8 000	12 000
Fallzeit (20°)	61,3	71,2	80,0	91,5	98,0
$\eta_{Lsg.}$ in cP	1,26	1,47	1,66	1,88	2,20
$\eta_{Lsg.} - \eta_{H_2O}$	0,26	0,47	0,66	0,88	1,20
Mol.-gew. (gef.)	1 600	3 850	5 900	8 200	11 100
Fehler %	3,2	3,7	1,7	2,5	1,0

W. Gnädinger, MNU **8** (55/56) 453—454.

7. Molekulargewichtsbestimmungen aus Zersetzungsprodukten

a) Molekulargewicht von Salzen, die mit Säuren Gase bilden

Aus vielen Salzen, bes. aus Karbonaten oder Sulfiten, findet man ihr Mol.-Gew. dadurch, daß eine gewogene Salzmenge mit Säuren das entsprechende Gas, z. B. CO_2, SO_2 usw., entwickelt, das man auffängt, mißt u. auf das Normalvolumen v_0 reduziert. Aus dem Gew. g u. dem Vol. v_0 erhält man die Proportion $M : 22\,400 = g : v_0$ u. daraus

$$M = \frac{22\,400 \cdot g}{v_0}.$$

46. Man fülle ein Reagenzglas mit etwas mäßig konz. Schwefelsäure, lasse ein Röhrchen mit der gewogenen Subst. hineingleiten u. verschließe das Glas mit Stopfen u. Ableitungsrohr. Das Rohr verbinde man mit einer luftgefüllten Flasche u. diese wieder mit einer mit W. gefüllten Gasbürette, die die aus der Flasche verdrängte Luft aufnimmt, wenn die Subst. durch Schütteln des Reagenzglases zersetzt wird.

Beispiele:

Substanz	Gew. g	v_0	M gef.	M ber.
Na-hydrogenkarbonat $NaHCO_3$	0,5012	128	88	84
Soda $Na_2CO_3 \cdot 10\,H_2O$	2,455	190	289,4	286
Hirschhornsalz $(NH_4)_2CO_3 + 2\,(NH_4)HCO_3$	0,5678	155	246	254
Ca-karbonat $CaCO_3$	0,3728	80,5	103,7	100
Sr-karbonat $SrCO_3$	0,489	73	150	148
Na-sulfit $Na_2SO_3 \cdot 7\,H_2O$	1,293	109	265,9	252

Kennt man das Mol.-Gew. eines Salzes, so kann man aus den gefundenen Daten seinen Kristallwassergehalt x bestimmen: für die Soda erhält man z. B. $(106 + 18\,x) : 22\,400 = 2{,}455 : 190$ u. daraus $x = 10{,}2$, folglich $Na_2CO_3 \cdot 10\,H_2O$.

W. Bahrdt, P. **23** (10) 81.

b) Molekulargewicht von Kaliumpermanganat durch Zersetzung mit Wasserstoffperoxyd

47. Werden 10 ml einer 2%ig. H_2O_2-Lsg. mit einem Körnchen $KMnO_4$ versetzt u. erwärmt, so erhält man nach

$$H_2O_2 \rightarrow H_2O + O \qquad (1)$$

104,7 ml Sauerstoff. Wird dieselbe H_2O_2-Menge nach Zusatz von verd. Schwefelsäure mit $KMnO_4$-Lsg. versetzt, bis schwache Rotfärbung eintritt, so entsteht nach

$$5\,H_2O_2 + 2\,K\overset{+7}{Mn}O_4 + 3\,H_2SO_4 \longrightarrow K_2SO_4 + 2\,\overset{+2}{Mn}\,SO_4 + 5O_2 \qquad (2)$$

die doppelte Menge Sauerstoff.

Werden 2 ml einer 2%ig. H_2O_2-Lsg. nach H_2SO_4-Zusatz mit einer 1%ig. $KMnO_4$-Lsg. titriert, dann werden 11,8 ml $KMnO_4$-Lsg., d. h. 0,118 g $KMnO_4$ verbraucht, wobei nach (1) $x = 104{,}7 : 5 = 20{,}9$ ml O_2 aus dem H_2O_2 entstehen. Hieraus kann man jetzt die $KMnO_4$-Menge y für 1 Atom Sauerstoff = 11 200 ml berechnen: $y : 11\,200 = 0{,}118 : 20{,}9$ oder $y = 63{,}2$ g $KMnO_4$. Da nach (2) 1 Mol $KMnO_4$ 2,5

Mole Sauerstoff abgibt, so muß der y-Wert noch mit 2,5 multipliziert werden, woraus sich das Mol.-Gew. $M = 158$ des $KMnO_4$ ergibt.

F. Roth, MNU **1943**, 105.

c) Molekulargewicht der Essigsäure aus dem Silberacetat

48. Man fälle aus wss. Natriumacetatlösung mit $AgNO_3$-Lsg. das Silberacetat, filtriere es, wasche es mit wenig eiskaltem W. u. trockne es im Luftbad. a g des Acetates werden im Porzellantiegel bis zur schwachen Rotglut erhitzt. Das entstandene Ag zeigt das Gewicht b g. Aus $a : b = x : 108$ (108 = At.-Gew. des Ag) erhält man das Mol.-Gew. x des Silberacetates u. aus $y = x - 108$ das Äquivalentgew. des Acetatrestes. Addiert man zu y das At.-Gew. des Wasserstoffs (= 1), so erhält man das Mol.-Gew. der Essigsäure.

Beispiel: 0,941 g Ag-acetat geben 0,608 g Ag. Aus $0{,}941 : 0{,}608 = x : 108$ erhält man $x = 167$ u. aus $y = 167 - 108$ $y = 59$; folglich ist $M = 59 + 1 = 60$.

P. Rischbieth, Ubl. **37** (31) 328—329.

V. Löslichkeit

1. Löslichkeit von Gasen in Wasser

Beim Lösen von Gasen in W. nimmt der Gesamtdruck mit steigender Konz. der Lsg. kontinuierlich zu oder durchläuft erst ein Minimum, um dann ebenfalls anzuwachsen. Im ersten Falle kann man das gelöste Gas durch Erwärmen der Lsg. wieder vollständig vertreiben, da seine Löslichkeit mit steigender Temp. sinkt. Das gilt z. B. für wss. Lsg. von Luft, CO_2 u. NH_3. Im anderen Falle entweicht beim Erwärmen zuerst die Komponente mit dem höheren Dampfdruck; konz. Lsg. verlieren Gas, verd. W. So bildet z. B. Salzsäure beim Erhitzen schließlich ein konstant siedendes Gemisch von 20,2 % HCl, das bei 110° C unverändert destilliert.

a) Volumetrische Bestimmung der im Leitungswasser gelösten Gase Kolben (ca. 1 l) mit doppelt durchbohrtem Stopfen. Thermometer. Reagenzglas mit doppelt durchbohrt. Stopfen. 2 Glasröhrchen. Schlauch. Becherglas. Dreifuß mit Asbestdrahtnetz. Bunsenbrenner. Meßzylinder.

49. Man fülle den Kolben vollständig mit Leitungswasser, verschließe ihn mit dem doppelt durchbohrten Stopfen, durch dessen eine Bohrung ein Thermometer u. durch dessen andere ein Röhrchen gesteckt wird, das nicht über die untere Fläche des Stopfens ragen darf u. oben durch einen zweiten doppelt durchbohrten Stopfen geht, auf dem ein ebenfalls vollständig mit W. gefülltes Reagenzglas sitzt, u. durch dessen zweite Bohrung ein Rohr mit Schlauch zu einem Becherglas führt, das etwa zur Hälfte mit W. gefüllt ist (Abb. 9). Erhitzt man den Kolben, bis das Thermometer 90° zeigt, dann steigen die im W. gelösten Gasblasen durch das Röhrchen in das Reagenzglas, in dem ihr Vol. nach dem Erkalten gemessen werden kann, indem man das W. im Becherglas u. das im Reagenzglas auf gleiche Höhe bringt. Etwa am Glase haftende Bläschen kann man durch leichtes Klopfen von der Wandung lösen.

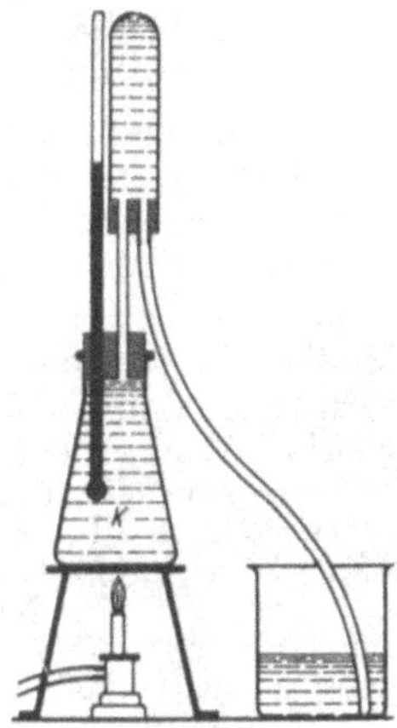

Abb. 9.

H. Zeitler, P. **35** (22) 231.

b) Bestimmung des im Wasser gelösten Kohlendioxids

Mit CO_2 gesätt. W. verschied. Temp. Erlenmeyerkolben. Bürette mit Schlauch u. Quetschhahn. Thermometer. 0,1 n Natronlauge. Alkohol. Phenolphthaleinlsg.

50. Zu 100 ml W., das mit CO_2 gesätt. ist, setze man 3 Tropfen Phenolphthaleinlsg. u. titriere mit 0,1 n Natronlauge bis zur bleibenden Rotfärbung. Da nach Gl. $CO_2 + 2\,NaOH = Na_2CO_3 + H_2O$ 1 Mol NaOH ½ Mol CO_2 umsetzt, werden durch 1 ml 0,1 n Natronlauge 2,2 mg CO_2 bestimmt. Bestimme die Löslichkeit von CO_2 bei verschied. Temperaturen.

Nach H. Menke, Ubl. **40** (34) 86.

c) Abhängiggkeit der CO_2-Löslichkeit vom Druck

CO_2-Entwickler. Kolbenprober mit Hahn (Abb. 5).

51. Man ziehe mit dem Kolbenprober 20 ml dest. W. u. 80 ml CO_2 ein. Durch kurzes Schütteln werden 14—16 ml CO_2 gelöst. Durch schwache Druckerhöhung lassen sich noch weitere 3—5 ml Gas lösen. Nach Aufheben des Drukkes entweicht dieser Teil wieder unter Blasenbildung.

Th. Theimann, Pr. 3 (54) 390.

d) Bestimmung der Löslichkeit von Ammoniak in Wasser

Mit NH_3 gesättigte Lsg. Meßzylinder. 200-ml-Meßkolben. Erlenmeyerkolben. 20-ml-Pipette. Bürette. Alkoh. Phenolphthaleinlsg. n Salzsäure.

52. 10 ml der mit NH_3 gesätt. Lsg. werden im 200-ml-Meßkolben mit dest. W. verdünnt u. je 20 ml der Lsg. nach Phenolphthaleinzusatz u. nach Verdünnen mit der gleichen Wassermenge mit n Salzsäure titriert.

Beispiel: In 10 ml der mit NH_3 gesätt. Lsg. findet man 3,06 g NH_3, in 1 l also 306 g. Das spez. Gew. der Lsg. beträgt 0,882; 1 l wiegt also 882 g, d. h. in 1 l sind 882 - 306 = 576 g W. enthalten. Da 17 g NH_3-Gas 22,4 l beanspruchen, entsprechen den 306 g NH_3 (306 · 22,4) : 17 = 403 l NH_3-Gas. 1000 ml W. lösen demnach (403 · 1000) : 576 = 700 l NH_3.

B. Malewski, MNU 5 (52/53) 53.

e) HCl-Gehalt einer rauchenden Salzsäure

Rauchende Salzsäure. Meßzylinder (0,1-ml-Teilung). Meßkolben (100 ml). Analyt. Waage mit Geww. Alkoh. Phenophthaleinlsg. *n* Natronlauge. Kleiner Destillierkolben. Kühler. Vorlage.

53. Der in 0,1 ml geteilte Meßzylinder von 10 ml Inhalt wird auf einer Waage tariert, mit rauchender Salzsäure gefüllt u. auf mindestens 10 mg genau gewogen. Darauf wird die Säure im Meßkolben auf 100 ml verdünnt. Hiervon werden 20 ml mit der gleichen Wassermenge versetzt u. nach Phenolphthaleinzusatz mit n Natronlauge titriert. Löslichkeit bei 20° : 1 : 442; d. h. 1 l W. löst 442 l HCl.

Erhitze die rauchende Säure bis zum Sieden, destilliere den Rest u. bestimme im Destillat den HCl-Gehalt.

Nach B. Malewski, MNU 5 (52/53) 52—53.

2. Löslichkeit in verschiedenen, nicht miteinander mischbaren Flüssigkeiten. Nernstsches Verteilungsgesetz (1891)

Zwischen den Konzz. c_1 u. c_2 einer Subst. in verschied. Lösungsmm. besteht die Beziehung $c_1/c_2 = k$. Die Konstante k ist der Verteilungskoeffizient u. von den Löslichkeiten der Subst. in beiden Lösungsmm. abhängig.

a) Löslichkeit von Jod in KJ-Lösung und in Chloroform
Reagenzglas. Scheidetrichter. Jod in KJ-Lsg. Chloroform. Stärkekleister.

54. Man versetze im Reagenzglas die Jod-KJ-Lsg. mit Chloroform, verschließe das Glas mit dem Daumen u. schüttele. Das Chloroform nimmt einen großen Teil des Jods auf. Trennt man beide Schichten im Scheidetrichter u. wiederholt man das Ausschütteln der wss. Lsg. u. das Trennen mehrmals, so läßt sich in der wss. Lsg. schließlich mit Stärkekleister kein Jod mehr nachweisen.

b) Löslichkeit von Äthylchlorid in Wasser u. Äthanol
Äthylchlorid. Äthanol. Kolben. Becherglas.

55. *Äthylchlorid* C_2H_5Cl (Kp. 13,1° C) ist in Äthylalkohol gut, in Wasser wenig löslich. Man verdampfe in einem Kolben etwas Äthylchlorid u. löse die Dämpfe in ca. 5 ml Alkohol. Beim Schütteln der alkoh. Lsg. mit viel Wasser entweicht das Äthylchlorid in reichlichen Gasperlen.
S. Genelin, P. **33** (20) 147.

3. Löslichkeit von Salzen in Wasser

Waage mit Gew. Reagenzgläser. Wasserbad mit Thermometer. Trichter. Filtriergestell. Filter. NaCl, KCl u. a. Salze.

56. Man schütte *a* g Salz in je 10 ml dest. W. von 20, 25, 30 . . . 50° C, schüttle gut durch, sauge das ungelöste Salz schnell ab, trockne u. wäge es. Die Löslichkeiten zwischen 50 u. 100° C erhält man, indem man aus gesätt. Lsg. je 10 ml entnimmt, auf 20° C abkühlt, wie oben verfährt u. zu den gefundenen Werten die Lösungsmenge bei 20° addiert. Temp. u. Lösungswerte werden auf mm-Papier aufgetragen u. ergeben die Lösungskurve des Salzes zwischen 20 u. 100° C.
W. Schotten, P. **45** (32) 213—217.

VI. Zähigkeit (Viskosität)

1. Dynamische Zähigkeit

Sie wird ausgedrückt durch den Viskositätskoeffizienten η, der angibt, welche Kraft in dyn erforderlich ist, um in einer Flüssigkeitsschicht von 1 cm² Grundfläche u. 1 cm Höhe die obere Grenzfläche mit einer relativen Geschwindigkeit von 1 cm · Sek.$^{-1}$ gegen die untere Grenzfläche parallel zu dieser zu verschieben. Aus dem NEWTONschen Gesetz der laminaren Flüssigkeitsbewegung erhält man die Schubspannung $\tau = \eta \cdot dv/dx$. Der Zähigkeitskoeffizient η hat die Dimension [g · cm^{-1} · sec^{-1}]. Seine Einheit nennt man Poise (*P*); in der Praxis rechnet man mit Centipoise (*cP*).

a) Fallkörpermethode nach Lawaczeck

57. Sie beruht auf der Ermittlung der Fallzeit eines 1—2 cm langen Glasstabes, eines Aluminiumzylinders oder einer Stahlkugel in einem mit der zu untersuchenden Fl. gefüllten, senkrecht stehenden Glasrohr von ca. 60 cm Länge u. ca. 0,5 cm lichter Weite, das unten verschlossen ist u. zwei Ringmarken besitzt. Die Geschwindigkeit des Fallkörpers in der mit W. gefüllten Röhre darf zwischen den beiden Marken 1 cm/Sek. nicht merklich übersteigen. Als Fallrohr werden KPG-Röhren (0,5 cm Durchmesser) der Firma SCHOTT-Mainz empfohlen. Die obere Ringmarke muß wegen der anfänglichen Fallbeschleunigung ca. 7 cm Abstand vom oberen Rohrende haben.

Aus den Fallzeiten läßt sich η (in cP) nach F. HÖPPLER folgendermaßen bestimmen: $\eta = F \cdot (S_k - S) \cdot k$, wobei *F* die Fallzeit in Sek., S_k das spezif. Gew. des Fallkörpers, S das spezif. Gew. der untersuchten Fl. u. *k* die Fallkörperkonstante sind. Sie wird am einfachsten aus der Fallzeit in einer Fl. von bekanntem Zähigkeitskoeffizienten η bestimmt.

In allen Messungen ist sorgfältig auf Temperaturkonstanz zu achten, da η sehr temperaturabhängig ist.

B e i s p i e l e :

1. Ermittlung der Fallkörperkonstanten k:

Aus Tabellen erhält man für Toluol $\eta_{20} = 0{,}586$ cP u. S = 0,867. Werden F = 25,8 Sek. gemessen u. $S_k = 2{,}335$ durch Wägen gefunden, so ist

$$k = \frac{\eta_{20}}{F\,(S_k - S)} = \frac{0{,}586}{25{,}8\,(2{,}335 - 0867)} = 0{,}0155$$

2. Ermittlung von η für Benzol bei 20° C:

F = 28,8 Sek.; $S_k = 2{,}335$; S = 0,879; k = 0,0155

$\eta_{20} = F \cdot (S_k - S) \cdot k = 28{,}8 \cdot (2{,}335 - 0{,}879) \cdot 0{,}0155 = 28{,}8 \cdot 1{,}456 \cdot 0{,}0155 = 0{,}650$ cP (0,649).

b) Viskositätsunterschiede verschiedener Flüssigkeiten

58. Bestimme die Viskositäten der niederen Paraffine, der Alkohole, verschiedener Mischungen von Alkoholen u. Lsgg. von Salzen, Zuckern usw. Zeige die Abhängigkeit von der Temperatur!

59. Ermittle die Viskositätskoeffizienten hochviskoser Fll. u. des W. bei 20° C u. ermittle das Molekulargewicht der Flüssigkeit aus

$$M = \left(\frac{\eta_{\text{Lsg.}} - \eta_{H_2O}}{\eta_{\text{Lsg.}} \cdot 5{,}17 \cdot 10^{-3}} \right)^2$$

Vgl. auch Vers. Nr. 45!

F. Gnädinger, MNU 8 (55/56) 415—417, 422—423; vgl. W. Flörke, MNU 8 (55/56) 258.

2. Relative Zähigkeit

Statt der dynam. Zähigkeit werden oft gewisse prakt. Einheiten der Zähigkeit benutzt. Mit dem ENGLERschen Viskosimeter wird die relative Zähigkeit in ENGLER-Graden gemessen: Sie stellen das Verhältnis der Auslaufzeit der zu untersuchenden Fl. aus einer Kapillaren zur Auslaufzeit von W. bei derselben Temp. dar.

60. Ein Blechbüchse (8 cm hoch, 4 cm weit) wird in eine größere gestellt. Die Mitten beider Böden sind durch eine nach außen führende Glaskapillare fest miteinander verbunden. Das kleinere Gefäß wird bis zu einer oberen Marke mit der zu untersuchenden Fl. (Öl usw.) u. das äußere mit W. gefüllt. Das Kapillarrohr ist durch eine Stricknadel gut verschlossen. Wenn beide Gefäße die gewünschte Temp. haben, wird ein Becherglas unter das Kapillarrohr geschoben u. die Stricknadel herausgezogen. Während die Fl. in das Becherglas läuft, wird ihre Auslaufzeit gemessen. Sie ist je nach Subst. u. je nach Temp. verschieden. Trägt man die für verschied. Tempp. erhaltenen Werte in mm-Papier ein, so erhält man die zugehörigen Viskositätskurven. Stelle sie auf für W., Isolieröl, Heizöl u. Paraffinöl! Eiche aus den vorgefundenen Wasserwerten die Apparatur!

Beispiele:

Substanz	Auslaufzeiten in Sekunden bei 20°	40°	60°	80°
Wasser	45	42	40	35
Isolieröl	405	280	125	90
Heizöl	150	90	65	57
Paraffinöl	3840	1710	590	425

W. Flörke, l. c., 259.

VII. Atom und Molekül

1. Bestimmung der Loschmidt-Avogadrosschen Zahl

Der Physiker J. Loschmidt hat 1865 aus der kinet. Gastheorie die Zahl der Moleküle in 1 ml zu $2{,}69 \cdot 10^{19}$ bestimmt u., gestützt auf die Hypothese Avogadros (1811) von der Zweiatomigkeit der Gase, auch die Zahl ihrer Moleküle im Mol-Vol. von 22,4 l zu $N = 6{,}02 \cdot 10^{23}$ berechnet. Man kennt zur Ermittlung dieser Zahl heute ein ganze Reihe voneinander unabhängiger Methoden, von denen einige nachst. beschrieben werden.

a) Bestimmung aus dem Öltropfen auf Wasser

Große flache Wanne. Bärlappsporen oder Korkmehl. Waage mit Geww. Glasstab. Dünner Draht. Olivenöl. Leichtbenzin.

61. Läßt man einen Tropfen einer 0,1%ig. Lsg. von Olivenöl oder Ölsäure in niedrigsiedenden Benzinen auf eine möglichst flache Wasserschicht in einer großen Photoschale oder Wellenwanne fallen, so bedeckt das Öl sofort eine kreisförmige Fläche, deren Durchmesser 2r leicht bestimmt werden kann, wenn man die Wasseroberfläche vorher mit Bärlappsporen oder Korkmehl schwach bestreut hat. Da das Benzin sofort verdampft, wird der Kreis nur vom Öl gebildet, das sich offenbar als monomolekulare Schicht auf dem W. ausgebreitet hat. Weiß man, wieviel Tropfen der Öllösung auf 1 ml kommen, so kann man aus dem Ölvolumen $v = \pi r^2 \cdot a$ die Schichtdicke a bestimmen. Bei Annahme würfelförmiger Moleküle vom Volumen a^3 ergibt sich für die Zahl der Moleküle im Molvolumen als LOSCHMIDT-AVOGADROSSche Zahl

$$N = \frac{967}{a^3},$$

wobei 967 das Molvolumen des Trioleins

$$C_3H_5(OOC\text{—}C_{17}H_{33})_3$$

bedeutet, das sich aus einem Mol $M = 885$ g u. seiner Dichte $d = 0{,}915$ durch Division ergibt.

Bessere Ergebnisse soll man erhalten, wenn man den Tropfen zunächst auf einen dicken Glasstab auffallen läßt u. diesen nach Verdunsten des Lösungsm. mehrmals kurz in das W. eintaucht, oder durch Eintauchen eines dünnen Stahldrahtes, an dessen Ende ein Tropfen aus Triolein hängt, dessen Größe vorher mikroskopisch gemessen u. dessen Vol. durch Integration bestimmt worden ist. Als günstigste Temp. für den Vers. wird 45° bezeichnet.

Der Zustand des Öles, die Gestalt der Wanne, die Dicke des Glasstabes, die Stärke der Bärlapp- oder Korkschicht beeinflussen etwas die Größe u. Gestalt des Ölflecks, ergeben aber stets Werte von N in der richtigen Größenordnung. Daß sie vom theoretischen Wert $N = (6{,}0228 \pm 0{,}0011) \cdot 10^{23}$ mehr oder weniger stark abweichen, beruht bes. auf der nur in grober Annäherung richtigen Annahme der Würfelgestalt der Trioleinmoleküle u. zweitens darauf, daß das Olivenöl nur zu 77 % aus Triolein besteht.

Beispiel: Eine Lsg. von 0,1 g Olivenöl in 100 ml Benzin ergibt 60 Tropfen/ml, also

$$1 \text{ Tropfen} = 1/60 \text{ ml} = 0{,}017 \text{ ml} = 0{,}000017 \text{ g Öl}$$
$$= 0{,}0000\,19 \text{ ml Öl} \quad (d = 0{,}915).$$

Die Ölfläche hat einen Durchmesser $2r = 14$ cm.

Aus $v = \pi r \cdot {}^{2}_{a} = 0{,}000017 \text{ cm}^3$ erhält man die Dicke

$a = 1{,}24 \cdot 10^{-7}$ cm u. daraus $N = (967/1{,}24^3) \cdot 10^{21} = 5{,}09 \cdot 10^{23}$.

H. A. Ristau, MNU **2** (50) 228—229; W. Seeger, MNU **3** (50/51) 177; **4** (51/52) 252; G. Brodda, MNU **8** (55/56) 468; R. Leute, Pr. **9** (60) Ph. 57—60.

b) Bestimmung aus der Wanderung von MnO_4-Ionen

Waage u. Geww. Bechergläser. Filtrierpapier. Objektträger. Kupferblech. Krokodilklemmen. Voltmeter. Lichtbogenkohle. KNO_3. $KMnO_4$.

62. Man tränke einen ca. 2 cm breiten Streifen Filtrierpapier nur auf der Unterseite mit einer 0,03 *n* KNO_3-Lsg., indem man ihn kurz mit der Oberfläche der Lsg. in Berührung bringt, u. lege ihn auf einen Objektträger. Dann tauche man eine Lichtbogenkohle in eine 0,03 *n* $KMnO_4$-Lsg., lasse sie abtropfen u. drücke sie quer über den Papierstreifen. So erreicht man eine scharfe Abgrenzung der $KMnO_4$-Lsg. auf dem Papier. Darauf lege man zwei Kupferblechstreifen als Elektroden so auf das Papier, daß die Kathode genau auf dem Rand des farbigen Streifens liegt u. die Anode einen Abstand von 2—4 cm von ihr hat. Nach Einschalten einer Spannung von 10—60 V wandert der Farbstreifen mit konstanter Geschwindigkeit über das Papier u. hinterläßt in einer best. Zeit t einen gelb gefärbten Streifen von der Länge s. Aus den erhaltenen Daten kann man die Elementarladung u. die LOSCHMIDT-AVOGADROsche Zahl wie folgt bestimmen:

In elektr. Feld werden die Ionen eines Elektrolyten nach den entgegengesetzt geladenen Elektroden hin beschleunigt. Dieser Beschleunigung wirkt aber die Reibung R der Ionen an den Wassermolekülen entgegen. Es stellt sich somit ein Gleichgewichtszustand ein, bei dem sich die Ionen mit konstanter Geschwindigkeit v bewegen, für die man das STOKESsche Gesetz $R = 6\pi \cdot \eta \cdot r \cdot v$ heranziehen kann, in dem $\eta = 8{,}9 \cdot 10^{-3}$ g $\cdot$ cm^{-1} $\cdot$ sec^{-1} die Reibungskonstante des W. u. τ der Ionenradius sind.

Die beschleunigende elektr. Kraft ist $K = e \cdot \mathfrak{E}$, wobei e die Ladung eines einwertigen Ions u. $\mathfrak{E}$ die angelegte Feldstärke bedeuten. Im Gleichgewichtszustand gilt $6\pi \cdot \eta \tau \cdot v = e\,\mathfrak{E} \cdot 10^7$ u. nach Einsetzen von $U = \mathfrak{E} \cdot l$

$$\frac{e}{\tau} = \frac{6\pi \cdot \eta \cdot l \cdot v}{U} \cdot 10^{-7}$$

Aus dem Weg s, den das MnO_4-Ion in der Zeit t zurücklegt, erhält man

$$v = \frac{s}{t} \text{ u. daraus } \frac{e}{\tau} = 6\pi \cdot \eta \cdot 10^{-7} \cdot \frac{l \cdot s}{U \cdot t}.$$

Da anzunehmen ist, daß die Ionen wegen der Papierfasern gezwungen sind, kleine Umwege zu machen, ist die rechte Seite noch mit einem Faktor $\varepsilon\ (1 \leqq \varepsilon \leqq \pi/2)$ zu multiplizieren, woraus folgt

$$\frac{e}{\tau} = 6\pi \cdot \eta \cdot 10^{-7} \frac{l \cdot s}{U \cdot t} \cdot \varepsilon = B. \tag{1}$$

Erweitern wir den Bruch mit der LOSCHMIDT-AVOGADROschen Zahl N, so wird

$$\frac{N \cdot e}{N \cdot \tau} = \frac{F}{L \cdot \tau} = B \tag{2}$$

(L = Zahl der MnO_4-Ionen im Mol; F = 96 500 Coulomb.)

Um den Ionenradius τ zu bestimmen, überlege man, daß die meisten Ionenradien kubisch aufgebaut sind:

a) Sind die Ecken des Würfels abwechselnd von Ionen mit versch. Vorzeichen besetzt, so gehört jedes Ion nur zu $^1/_8$ dem Würfel an, u. auf jeden Würfel kommen je ½ Ionen mit versch. Vorzeichen. Ein Mol hat L Ionen, im ganzen also $2\,L$ Elementarwürfel von der Kantenlänge a. Ist die Dichte δ, so ist das Vol. V eines Mols $V = M/\delta$ und das Vol. v_1 eines Elementarwürfels

$$v_1 = \frac{V}{2\,L} = \frac{M}{2\,L \cdot \delta},$$

u. die Kante ist

$$a = \sqrt[3]{v_1} = \sqrt{\frac{M}{2\,L \cdot \delta}}\;.$$

Da die Ionenradien von K^+ u. MnO_4^- annähernd gleich sein werden ($\tau_1 \approx \tau_2 \approx \tau$), so ist $a = 2\,\tau$ u.

$$\tau = \frac{1}{2} \cdot \sqrt[3]{\frac{M}{2\,L\,\delta}}\;.$$

Aus $F/L \cdot \tau$ folgt nach (2)

$$\tau = \frac{F}{L \cdot B} = \frac{1}{2}\sqrt[3]{\frac{M}{2\,L \cdot \delta}}$$

oder, da $L = N$ ist,

$$\frac{F}{B} = \frac{N}{2}\sqrt[3]{\frac{M}{2\,N\,\delta}} = \frac{1}{2}\sqrt[3]{\frac{M \cdot N^2}{2\,\delta}} \quad \text{oder} \left(\frac{F}{B}\right)^3 = \frac{M \cdot N^2}{16\,\delta}$$

u. daraus

(a) $$N = 4\sqrt[2]{\frac{\delta}{M} \cdot \left(\frac{F}{B}\right)^3}.$$

b) In einem raumzentrierten Gitter hat 1 Mol. nur L Elementarwürfel von der Kantenlänge $b = \sqrt[3]{M/L \cdot \delta}$. Bei wiederum gleichen Ionenradien kann τ höchstens $^1/_4\,d$ werden, wobei d die Raumdiagonale $d = b\sqrt{3}$ ist. Daher ist

$$\tau = \frac{F}{N \cdot B} = \frac{\sqrt{3}}{4} \cdot b = \frac{\sqrt{3}}{4} \cdot \sqrt[3]{\frac{M}{N \cdot \delta}}\,,$$

$$\left(\frac{F}{B}\right)^3 = \left(\frac{\sqrt{3}}{4}\right)^3 \cdot \frac{M\,N^2}{\delta}$$

(b) $$N = \sqrt{\frac{\delta}{M} \cdot \left(\frac{4\,F}{\sqrt{3} \cdot B}\right)^3}$$

Als Meßwerte sind anzunehmen: $M = 158$; $\delta = 2{,}7$; $\eta = 8{,}9 \cdot 10^{-3}\ \mathrm{g} \cdot \mathrm{cm}^{-1} \cdot \mathrm{Sek.}^{-1}$; $F = 9{,}65 \cdot 10^4$;

$$\varepsilon = \frac{1 + \frac{\pi}{2}}{2} = 1{,}285\,.$$

Beispiele:

Nr.	l cm	U Volt	s cm	t Sek.	B coul/cm	δ/M ml	F/B cm	L_a	L_b
1	2,0	34	0,4	65	$0{,}78 \cdot 10^{-11}$	$1{,}71 \cdot 10^{-2}$	$12{,}38 \cdot 10^{15}$	$7{,}2 \cdot 10^{23}$	$6.3 \cdot 10^{23}$
2	2,4	42	0,6	80	$0{,}92 \cdot 10^{-11}$	$1{,}71 \cdot 10^{-2}$	$10{,}49 \cdot 10^{15}$	$5{,}6 \cdot 10^{23}$	$4{,}9 \cdot 10^{23}$
3	1,8	56	0,7	70	$0{,}71 \cdot 10^{-11}$	$1{,}71 \cdot 10^{-2}$	$13{,}60 \cdot 10^{15}$	$8{,}3 \cdot 10^{23}$	$7{,}2 \cdot 10^{23}$
4	2,3	31	0,3	40	$1{,}20 \cdot 10^{-11}$	$1{,}71 \cdot 10^{-2}$	$8{,}05 \cdot 10^{15}$	$3{,}8 \cdot 10^{23}$	$3{,}3 \cdot 10^{23}$
5	1	1	0,1	182	$0{,}924 \cdot 10^{-11}$	$1{,}71 \cdot 10^{-2}$	$10{,}45 \cdot 10^{15}$	$5{,}59 \cdot 10^{23}$	$4{,}89 \cdot 10^{23}$

Messung Nr. 5 entspricht genauesten wissenschaftlichen Meßwerten.

H. Athen, Pr. **1** (52) 120—122; B. G. Brodda, MNU **8** (55/56) 468—469.

c) *Verhalten elektrisch geladener Partikel im elektrisch geladenen Feld*

α) *Geladener Tabakrauch*

63. In der von H. Schimank (P. **26** [13] 159) beschriebenen Rauchkammer (s. Vers. Nr. 356) wird Tabakrauch im Mikroskop (Objektiv 10,5mal, Okular 12mal mit Mikrometer) betrachtet. Sobald keine Konvektionsströmungen mehr zu beobachten sind, kann man ein gleichmäßiges Fallen der Rauchteilchen feststellen. Wird Strom eingeschaltet (220 V, 1000 Ohm), so daß die obere Kondensatorplatte positiv wird, so werden die negativ geladenen Teilchen steigen, u. zwar um so langsamer, je weniger Elementarladungen sie tragen. Hat man ein Teilchen mit möglichst kleiner Ladung gefunden, so stelle man nach Kurzschließen des Kondensators fest, in welcher Zeit es um eine bestimmte Strecke fällt u. nach Einschalten dss Feldes wieder gehoben wird. Da die gleichzeitig auftretende Brownsche Molekularbewegung die Messungen stört, ist es erforderlich, möglichst viele Messungen an einem Teilchen auszuführen u. den Mittelwert zu nehmen. Die Auswertung findet man in Vers. Nr. 64.

E. Dössel, MNU 3 (50/51) 105—108.

β) Geladene Öltröpfchen (Millikan-Versuch)

64. In einem aus zwei polierten Aluminiumplatten bestehenden Kondensator (Abb. 10) mit einem Pertinaxrahmen P als Zwischenschicht, zwei seitlichen, mit Deckgläsern verschlossenen Fenstern u. einer 0,5 mm weiten Bohrung in der oberen Platte wird mit einem Zerstäuber Öl eingeblasen, das vorher aus dem Thoriumoxyd eines Auer-Glühstrumpfes elektr. beladen worden ist. Durch das eine Fenster wird der Kondensatorraum mit einer Kohlenfadenlampe, Linsensystem und Wärmefilter beleuchtet u. durch das andere Fenster mit dem Mikroskop mit Objektmikrometer u. Meßokular betrachtet. Die Scharfeinstellung geschieht mit Hilfe eines durch die obere Öffnung geführten Drahtes. Nach Anlegen einer Gleichspannung von 200 V messe man mit der Stoppuhr die Fall- u. Steigegeschwindigkeit einzelner Öltröpfchen. Dabei kann es vorkommen, daß ein Teilchen plötzlich langsamer steigt als die anderen, während seine Fallgeschwindigkeit unverändert bleibt. Es hat offenbar einen Teil seiner negativen Ladung, also eine Elementarladung e oder ein Vielfaches davon, abgegeben.

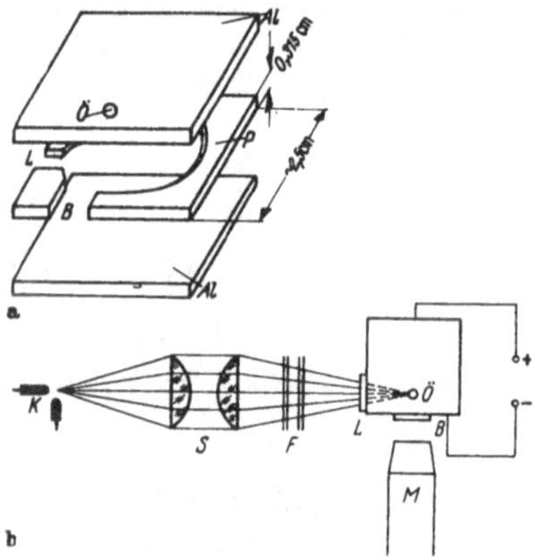

Abb. 10.

Bei der Beobachtung ist das Stokesche Gesetz in der Form $R = 6\pi \cdot \eta \cdot r \cdot v$ heranzuziehen, aus dem sich die Geschwindigkeit

$$v = \frac{R}{6\pi \cdot \eta \cdot r}$$

ergibt. Ist der Teilchenradius r klein gegenüber der freien Weglänge l der Luft, so ist noch der CUNNINGHAMsche Faktor

$$f = \frac{1}{1 + 0{,}63\,\frac{l}{r}}$$

von der Reibungskonstanten η zu subtrahieren. Bewegt sich das Teilchen nur unter der Wrkg. der Schwerkraft, so ist seine Geschwindigkeit

$$v_0 = \frac{m \cdot g}{6\pi \cdot \eta \cdot r} = \frac{\frac{4}{3}\pi r^3 \cdot \delta \cdot g}{6\pi \cdot \eta \cdot r}. \tag{1}$$

Hierin ist

$$m = \frac{4}{3}\pi r^3 \delta \quad \text{u.} \quad r = 3 \cdot \sqrt{\frac{\eta v_0}{2\delta g}}.$$

Besitzt es eine Ladung e im elektr. Feld $\mathfrak{E}$, so wird seine Geschwindigkeit

$$v_1 = \frac{e \cdot \mathfrak{E} - \frac{4}{3}\pi\delta g \cdot 27\,\frac{v_0 \cdot \eta}{2\delta \cdot g} \cdot \sqrt{\frac{v_0 \cdot \eta}{2\delta \cdot g}}}{18\pi\eta \cdot \sqrt{\frac{v_0 \cdot \eta}{2\delta \cdot g}}}. \tag{2}$$

$$\underline{18\pi\eta \cdot \sqrt{\frac{v_0 \cdot \eta}{2\delta \cdot g}} \cdot v_1 = e \cdot \mathfrak{E} - 18\pi v_0 \eta \cdot \sqrt{\frac{v_0 \cdot \eta}{2\delta \cdot g}}}$$

$$e = \frac{18\pi \cdot \eta\,(v_0 + v_1) \cdot \sqrt{\frac{v_0 \cdot \eta}{2\delta \cdot g}}}{\mathfrak{E}}$$

worin

$$\mathfrak{E} = \frac{U}{300 \cdot d}$$

(U = Spannung, d = Dichte der Kondensatorplatten) ist.

Die Gesamtladung besteht in der Regel aus einigen Elementarladungen, deren größter gemeinsamer Divisor das Elementarquantum e_0 ist. Aus e_0 u. dem elektrochem. Äquivalent $F = 96\,500$ Coul. erhält man die LOSCHMIDT-AVOGADROsche Zahl

$$N = \frac{F}{e_0}.$$

B e i s p i e l :

a) Ohne CUNNINGHAMsche Korrektur:
$e_0 = 1{,}685 \cdot 10^{-19}$ Coul.; $N = 5{,}727 \cdot 10^{23}$.

b) Mit CUNNINGHAMscher Korrektur:
$e_0 = 1{,}585 \cdot 10^{-19}$ Coul.; $N = 6{,}087 \cdot 10^{23}$.

G. B. Brodda, MNU **8** (55/56) 466—469; vgl. H. Schröder, Pr. **9** (60) Ph. 141—148.

2. Atomvolumen und Atomradius des Trioleins

In Vers. Nr. 61 ist für die Dicke der Ölhaut der Wert $a = 1{,}24 \cdot 10^{-7}$ cm berechnet worden.

Faßt man das Mol. als Würfel von der Kantenlänge a auf, so ist sein Vol. $v_m = a^3 = 1{,}91 \cdot 10^{-21}$ cm^3. Das Trioleinmolekül besteht aus 167 Atomen. Unter der Voraussetzung, daß alle Atome gleich groß sind, ergibt sich als Atomvol. der Wert

$$v_a = 1{,}91 \cdot 10^{-21} : 167 = 11{,}4 \cdot 10^{-24}\ \text{cm}^3\,.$$

Sieht man das Atom als kugelförmig an, so hat es den Radius

$$\varrho = \sqrt[3]{\frac{3\,v_a}{4\,\pi}} = \sqrt[3]{\frac{34{,}2 \cdot 10^{-24}}{12{,}566}} = 1{,}396 \cdot 10^{-8}\ \text{cm}\,.$$

3. Masse des Wasserstoffatoms

Da das Molvolumen des Wasserstoffs (= 2 g) ca. $6 \cdot 10^{23}$ Moleküle H_2 enthält, so muß 1 g dieselbe Menge Wasserstoffatome H besitzen. Nennt man die Masse eines Wasserstoffatoms m_H, so ist

$$6 \cdot 10^{23} \cdot m_H = 1\,\text{g} \quad \text{oder} \quad m_H = 1 : (6 \cdot 10^{23}) = 1{,}67 \cdot 10^{-24}\ \text{g}\,.$$

4. Elektrische Elementarladung

Aus $F = e_0 \cdot N$ erhält man $e_0 = F : N = 96\,500 : (6 \cdot 10^{23})$ Coul.

$$e_0 = 1{,}61 \cdot 10^{-19} \text{ Coul.}$$

In Vers. Nr. 64 ist berechnet worden:

$e_0 = 1{,}685 \cdot 10^{-19}$ Coul. ohne CUNNINGHAMsche Korrektur
u. $e_0 = 1{,}585 \cdot 10^{-19}$ Coul. mit CUNNINGHAMscher Korrektur.

5. Bestimmung von e/m

65. In der WEHNELTschen Kathodenstrahlröhre ist ein geheiztes Schwermetallblech, das einen Oxidfleck trägt, die Kathode. Nach Anlegen der Anodenspannung geht vom Oxidfleck ein Kathodenstrahlbündel aus. Heizstrom 6—8 A, Anodenspannung 220 V, Schutzwiderstand 1000 Ω. Die Röhre wird zwischen zwei Spulen von ca. 15 cm Durchmesser gestellt, durch die ein Strom von solcher Stärke geschickt wird, daß der Kathodenstrahl Kreisform annimmt. Dazu ist eine magn. Feldstärke von ca. 10 Amp.-Windungen/cm erforderlich. Das Elektron im Kathodenstrahl hat eine kinet. Energie von $\frac{1}{2} m \cdot v^2$ durch die vom Feld geleistete Arbeit $U \cdot e$; folglich ist

$$\frac{1}{2} m \cdot v^2 = U \cdot e$$

$$m \cdot v^2 = 2\,U\,e\,.$$

Als Zentripetalkraft $m \cdot v^2/r$, welche das Elektron auf die Kreisbahn zwingt, wirkt die elektrodyn. Kraft $\mu_0 \cdot \mathfrak{H} \cdot v \cdot e$:

$$\frac{m\,v^2}{r} = \mu_0 \cdot \mathfrak{H} \cdot v \cdot e \text{ oder } m\,v = r \cdot \mu_0 \cdot \mathfrak{H} \cdot e$$

$$m\,v^2 = r^2\,\mu_0^2\,\mathfrak{H}^2 \frac{e^2}{m}$$

Aus beiden Gll. erhält man

$$2\,U = \frac{m\,v^2}{e} = r^2 \cdot \mu_0^2 \cdot \mathfrak{H}^2 \cdot \frac{e}{m} \text{ oder } \frac{e}{m} = \frac{2\,U}{r^2 \cdot \mu_0^2 \cdot \mathfrak{H}^2}$$

(U = Anodenspannung; $\mu_0 = 1{,}26 \cdot 10^{-6} \cdot V \cdot \text{Sek.}/A \cdot m$; $\mathfrak{H}$ = magnetische Feldstärke; r = Radius der Kreisbahn.)

Da das Feld nicht homogen u. die magnetische Feldstärke kleiner ist, als die Formel Amp. · Windungen/cm angibt, ersetze man im Kontrollversuch die Röhre durch ein Magnetometer, das man in einer langen Spule geeicht hat. So erhält man für die Feldstärke einen brauchbaren Wert u. damit das Ergebnis

$$\frac{e}{m} = 1{,}76 \cdot 10^{8} \frac{\text{Coul.}}{g} .$$

6. Elektronenmasse

Aus dem eben bestimmten Wert e/m u. $e = 1{,}6 \cdot 10^{-19}$ Coul (s. VII, 4) ergibt sich

$$m_e = (1{,}6 \cdot 10^{-19}) : (1{,}76 \cdot 10^{8}) = 0{,}91 \cdot 10^{-27}\ \text{g} .$$

7. Verhältnis der Protonen- zur Elektronenmasse im Wasserstoff

Setzt man die Masse des Wasserstoffatoms $m_H = 1{,}67 \cdot 10^{-24}\ g$ (s. VII, 3) u. subtrahiert davon die Elektronenmasse, so erhält man

$$\frac{m_p}{m_e} = \frac{1670 \cdot 10^{-27} - 0{,}91 \cdot 10^{-27}}{0{,}91 \cdot 10^{-27}} = 1835 .$$

H. A. Ristau, MNU 2 (50) 229—230.

VIII. Adsorption

Stoffe, die eine große Zahl von Poren besitzen u. dadurch eine große Oberfläche haben, vermögen Gase u. Fll. anzulagern, ohne sich mit ihnen zu verbinden. Als wirksame Adsorptionsmittel eignen sich Holz-, Knochen- oder Blutkohle, bes. aber die käuflichen A- (Aktiv-) Kohlen u. die Silicagele. Für die Adsorption sind elektrische Kräfte maßgebend. Das bas., positiv geladene Methylenblau z. B. wird vom negativen Kaolin aufgenommen, nicht dagegen das saure, negative Eosin. Die indifferente Holzkohle adsorbiert beide Farbstoffe.

1. Adsorption und Desorption von Gasen und Dämpfen

a) Adsorption von Bromdämpfen

Standzylinder mit abgeschliffenem Rand u. Deckscheibe oder Flasche mit Glasstopfen. Brom, Gekörnte A-Kohle.

66. Man gieße in einen Standzylinder einige Tropfen Brom, bedecke ihn mit einer passenden Glasscheibe u. drehe ihn nach allen Seiten, so daß sich die Bromdämpfe im Zylinder gleichmäßig verteilen. Nach Hinzufügen von gekörnter A-Kohle u. Schütteln tritt Entfärbung ein, weil das Brom von der Kohle adsorbiert wird.

Wird die Kohle dann im Reagenzglas erhitzt, so wird das Brom wieder frei, wenn man die Kohle vorher gut ausgeglüht hatte, sonst erhält man Bromwasserstoff HBr.; Desorption.

W. Seeger, MNU 7 (54/55) 187.

b) Adsorption von Benzol durch versch. Adsorbentien

Waschflasche. Schläuche. Watte. 4 Röhrchen mit gekörnter A-Kohle, Holzkohle, Silicagel u. Kies. 4 T-Stücke. Glasröhrchen. Schlauchverbindungen. Waage mit Geww. Benzol.

67. Leitet man Wasserstoff oder Stadtgas durch eine Waschflasche, die mit Benzol getränkte Watte enthält, so verbrennt das Gas mit stark leuchtender u. rußender Flamme. Knallgasprobe! Läßt man das mit Benzoldämpfen

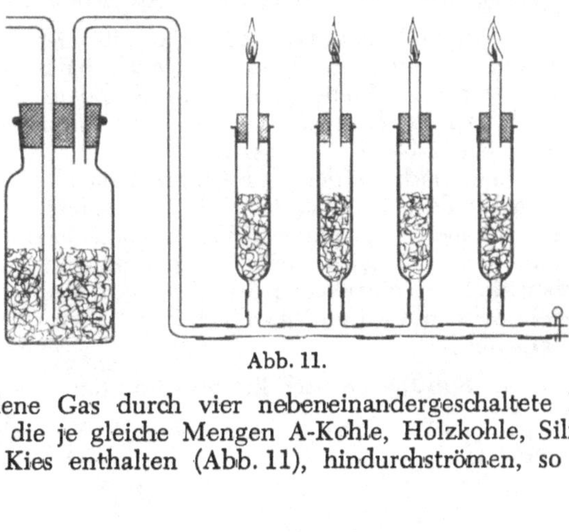

Abb. 11.

beladene Gas durch vier nebeneinandergeschaltete Röhrchen, die je gleiche Mengen A-Kohle, Holzkohle, Silicagel oder Kies enthalten (Abb. 11), hindurchströmen, so kann man feststellen, daß die erstgenannten drei Substanzen, besonders die A-Kohle, das Benzol adsorbieren, der Kies dagegen nicht. Bestimme durch Auswiegen, wieviel Benzol von 1 g A-Kohle aufgenommen worden ist!

Wird jetzt reines Gas durch das mit Benzol beladene Adsorptionsrohr geleitet, so brennt es noch einige Zeit mit der leuchtenden Benzolflamme, spült aber bald den größten Teil des Benzols aus: Desorption!

Aus dem mit Benzol gesättigten Adsorbens kann man das Benzol auch mit Wasserdampf austreiben u. im Scheidetrichter vom Wasser trennen (Benzolgewinnung in Gasanstalten und Kokereien). Die getrockneten und geglühten Adsorbentien sind wieder gebrauchsfähig.

H. Petzold, Ubl. **40** (34) 368—369.

c) Messende Adsorptionsversuche mit verschiedenen Gasen u. Dämpfen

Gasmeßglocke od. Manometer. 250 ml-Kolben mit Stopfen, weitem Glasrohr u. Quetschhahn. Schlauchverbindungen. Waage mit Geww. Gekörnte A-Kohle. CO_2, NH_3, Cl_2, Brom, NO_2, HCl, Äther, Äthylchlorid u. a.

68. Man verbinde eine Gasmeßglocke mit einem 250 ml-Kolben, auf den ein weites Rohr mit Quetschhahn zur Aufnahme gekörnter A-Kohle gesetzt ist. Nachdem der Kolben mit den zu untersuchenden Gasen oder Dämpfen (CO_2, NH_3, Cl_2, Br_2, NO_2, HCl, Äther, Äthylchlorid u. a.) gefüllt ist, läßt man nach Öffnen des Quetschhahns ca. 3—5 g Kohle hineinfallen. Die von der Kohle aufgenommene Gasmenge zieht die entsprechende Wassermenge in der Meßglocke empor. Bei leicht lösl. Gasen empfiehlt sich die Zwischenschaltung einer leeren Flasche. Statt der Gasmeßflasche kann man auch ein Quecksilber- oder Wassermanometer anschließen.

Ordne die Substanzen nach ihrem Adsorptionsvermögen!

B e i s p i e l e : 3 g ausgeglühte A-Kohle II (Merck) adsorbieren aus:

250 ml	nach 5 Min. ml	nach 10 Min. ml
CO_2	90	92
NH_3 (trocken)	150	160
Cl_2	225	230
NO_2	220	227
HCl	26	27
Äthylchlorid	215	215

Je niedriger der Dampfdruck der Gase im fl. Zustand ist, um so besser ist die Adsorption, daher wird ein HCl-Gemisch kaum adsorbiert.

H. Römisch, Ubl. **39** (33) 281—282; R. Scharf, P. **47** (34) 58.

2. Adsorption in Flüssigkeiten

Adsorption von Farbstoffen aus ihren Lösungen durch Kohle

Reagenzgläser. Trichter u. Filter. A-Kohle, Tierkohle oder Holzkohle. Methylenblau, Indigo, Kongorot u. a.

69. Verd. Lsgg. der Farbstoffe werden mit ausgeglühter, gepulverter Kohle geschüttelt. Dann bereitet man eine Suspension derselben Kohle in W. u. filtriert sie. Filtriert man danach die Farblsg. durch das so präparierte Kohlefilter, dann wird sie farblos ablaufen. Durch Alkohol läßt sich der Farbstoff wieder auswaschen.

3. Säulenchromatographie

Das Verf. gestattet die Reinigung gefärbter organ. Verbindungen von ebenfalls gefärbten Verunreinigungen sowie die Trennung gefärbter Substanzgemische, die durch Kristallisation, Dest. usw. nicht möglich ist. Wenn die Substanz ungefärbt ist, aber im UV-Licht fluoresziert, kann man mittels einer Quarzanalysenlampe ihre Ggw. nachweisen u. sie von anderen Substanzen trennen. Als Adsorptionsmittel benutzt man im allgemeinen Al_2O_3, CaO, Kreide, Gips, Stärke, Puderzucker u. ä. Diese Adsorbentien besitzen eine spezif. Aktivität. die sich z. B. durch Erhitzen u. nachfolgendes Stehenlassen an der Luft verändern läßt. Auch das Lösungsm. wirkt spezif. auf das Substanzgemisch ein; es besteht in der Regel aus Benzin, Petroläther u. Benzol, oft in Gemischen, oder aus Äther, Chloroform u. in seltenen Fällen auch aus Wasser. Da die Schichten in der Säule oft sehr dicht zusammenliegen, müssen sie erst auseinandergezogen, d. h. „entwickelt“ werden. Dies geschieht durch sog. Elutionsmittel, besonders durch Methanol oder Äthanol, die dem Lösungsm. zugesetzt werden. Zur Trennung u. Identifizierung kommen drei Verf. in Frage:

1. Die Schichten werden nacheinander als Filtrate aufgefangen.

2. Die Säule wird herausgepreßt, zerschnitten, u. die einzelnen Teile werden mittels geeigneter Lösungsm. extrahiert.

3. Bei ungefärbten Schichten werden diese nach dem Herauspressen durch die Quarzanalysenlampe oder durch Bestreichen mit geeigneten Reagentien sichtbar gemacht.

a) Reinigung von Azobenzol (Methylorange) oder Sudanrot

Reagenzgläser. Porzellanschalen, Bunsenbrenner. Watte. Al_2O_3. Äthylalkohol. Benzin, Benzol, Azobenzol. Sudanrot.

70. Einige Reagenzgläser werden unten spitz ausgezogen, u. nach Einlegen von etwas Watte wird Al_2O_3, das vorher 3 Std. geglüht worden ist u. 1½ Std. an der Luft gestanden hat, mit Benzin eingeschlämmt. Man decke oben mit etwas Watte ab, breche die Spitze unten ab, gieße nach dem Abfließen des Benzins eine Lsg. von 1 g Azobenzol bzw. Sudanrot in Benzin u. etwas Benzol nach. Das klar ablaufende Lösungsm. fange man unten auf u. setze es oben wieder zu, beim Azobenzol nach Zusatz von ¾ Benzol. Die Verunreinigungen bleiben im oberen Teil hängen, während sich unten das reine orangefarbige Azobenzol bzw. eine dunkelrote Schicht von reinem Sudanrot abscheidet. Durch weiteren Zusatz von Benzol bis zum Verhältnis 5 : 1 kann man das reine Azobenzol u. durch Methanolzusatz das Sudanrot ganz herausspülen u. nach Verdunsten der

Lösungsmm. mit etwas Alkohol umkristallisieren. Eine Schmelzpunktbestimmung diene als Kontrolle. Azobenzol $C_{14}H_{14}N_3SO_3 \cdot Na$ 68°; Sudanrot $C_{22}H_{16}N_4O$ 195°.

H. Hirsch, MNU **5** (52/53) 179.

b) Analyse der Blattfarbstoffe

Spinat oder Brennessel. Glasröhre (ca. 20 cm lang u. 2 cm weit) mit Stopfen u. Abflußrohr. Saugflasche mit Filter. Scheidetrichter. Reibschale mit Pistill. Watte. Sand. Na_2SO_4. Al_2O_3. Kreide. Puderzucker. Benzol. Methanol.

71. Grüne Blätter, am besten die von Spinat oder Brennnessel, werden unter Zusatz von Sand zerrieben u. ca. 1 Std. in ein Gemisch aus 45 ml Benzin (70°) 5 ml Benzol u. 15 ml Methanol gebracht. Dann sauge man die grüne Lsg. ab u. wasche mit dem gleichen Gemisch nach, bis der Rückstand weißgrau ist. Das Filtrat wird im Scheidetrichter vorsichtig, ohne zu schütteln, mit Wasser gewaschen, um das Methanol zu entfernen, u. über wasserfreiem Na_2SO_4 getrocknet. Die Lsg. ist luft- u. lichtempfindlich u. hält sich verschlossen u. im Dunkeln bestenfalls 3 bis 4 Wochen.

In die 20 cm lange Röhre, die an eine Saugflasche angeschlossen ist, bringe man eine Schicht *d* Watte u. darüber eine 2 cm hohe Schicht *c* aus geglühtem Al_2O_3, das mit einem Stab festgedrückt wird. Darüber fülle man in gleicher Weise eine 4 cm hohe Schicht *b* aus Kreide (bei 150° getrocknet) u. eine 6 cm hohe Schich t *a* aus gesiebtem Puderzucker (Abb. 12).

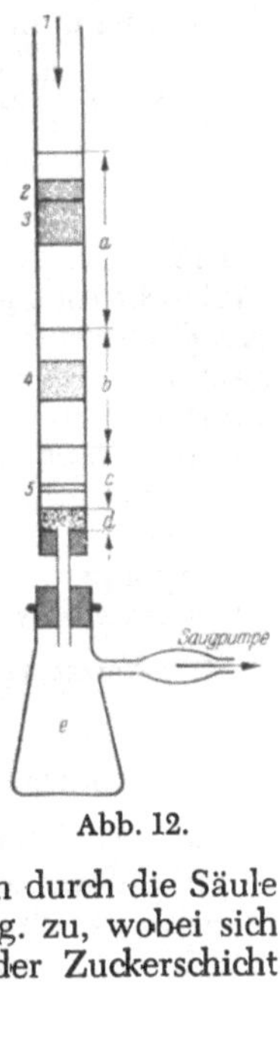

Abb. 12.

Bei schwachem Saugen lasse man Benzin durch die Säule laufen u. gebe anschließend die grüne Lsg. zu, wobei sich schnell verschied. Zonen ausbilden. In der Zuckerschicht setzen sich das gelbgrüne Chlorophyll *b* (2) u. darunter das blaugrüne Chlorophyll *a* (3), in der Karbonatschicht das gelbe Xantophyll (4) u. in der Al_2O_3-Schicht als Ring das orangegelbe Carotin (5) ab. Durch Nachwaschen mit einem Benzin-Benzol-Gemisch (4 : 1) werden die Zonen entwickelt; ein zu starkes Verlaufen läßt sich durch Petroläther abbremsen. Man sauge im CO_2-Strom trocken, stoße die Säule vorsichtig heraus, zerlege sie in die einzelnen Farbzonen u. löse aus jeder den Farbstoff mit Äther u. wenig Methanol heraus. Die Lösgg. können dann im Spektroskop identifiziert werden.

Wesentlich für das Gelingen sind sorgfältige Füllung u. gleichmäßiges Durchlaufenlassen der Solventien. Sämtliche Lösungsmm. sind feuergefährlich.

H. Valentin und K. Katschinski, P. **55** (42) 176—177; F. Oechler, MNU **3** (50/51) 89—90; H. Hirsch, MNU **5** (52/53) 179—180; J. Schormüller, MNU **6** (53/54) 112.

4. Papierchromatographie

Die Papierchromatographie ist eine besondere Form der Säulenchromatographie. Erstmals im Jahre 1944 wurden von Consden, Gordon u. Martin [Biochem. J. **38** (44) 224] statt der Adsorptionsmittel Al_2O_3, Kreide usw. Filtrierpapierstreifen verwendet. Die wasserfeuchte Cellulose bildet die stationäre Phase, an der das mit W. nicht unbeschränkt mischbare Lösungsm. vorbeistreicht. Es sind fast alle mit W. mischbaren Alkohole, organ. Säuren u. Basen verwendbar; notwendig ist bei diesen Lösungsm. meist ein bestimmter Zusatz von W.

Man kennt verschiedene Methoden der Papierchromatographie:

a) Rundfiltermethode

Diese Methode dient bes. Vorversuchen u. der Trennung von Substanzen, deren Lösungen verschied. große Wanderungsgeschwindigkeiten im Papier besitzen. Das ist z. B. bei vielen Farbstoffen der Fall.

Erkennen der Bestandteile eines in W. gelösten Farbstoffgemisches

Rundfilter. Schere. Petrischalen oder Deckel von Konservengläsern. Draht. Kalilauge. Alizarin. Eosin. Fluorescein. Phenolphthalein.

72. Man schneide ein Rundfilter fast bis zur Mitte ein, so daß sich ein schmaler Streifen ϱ nach unten abbiegen läßt (Abb. 13), u. bringe das schwach alkal. Farbstoffgemisch als Tropfen auf die Mitte *F* des Filters. das man nach dem Eintrocknen auf eine Petrischale oder auf den umgekehrten Deckel eines Einmachglases legt, deren Boden etwa 1 cm hoch mit dest. W. bedeckt ist, so daß die Zunge des Filters eintaucht. Um ein Absinken des Filters in das W. zu vermeiden, stütze man es durch untergelegte Drähte oder Magnesiastäbchen. Als Deckel diene eine zweite Petrischale oder ein Konservendeckel. Die einzelnen Farbstoffe dringen vom Farbfleck aus mit verschied. Geschwindigkeit ins Papier u. bilden konzentr. Kreise. Nach ca. 1 Std. ist die Entmischung deutlich zu erkennen u. zeigt vom Auftropfpunkt aus folgende Reihenfolge: *Alizarin, Eosin, Fluorescein, Phenolphthalein.* Zu ihrer Identifizierung setzt man Säure zu, wobei die entsprechenden Farbumschläge auftreten.

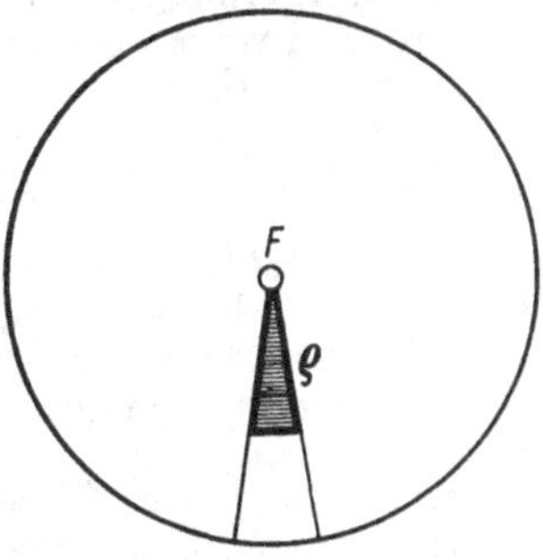

Abb. 13.

H. Prügel, Pr. 2 (53) 139—140.

b) Auf- und absteigende Papierchromatographie

Man bringe eine geringe Menge der zu untersuchenden gelösten Subst. als kleinen Tropfen, etwa 2 cm vom Rande entfernt, auf das eine Ende eines Filtrierpapierstreifens u. hänge nach dem Eintrocknen das substanztragende obere Ende in das Lösungsm., so daß das herabhängende Papier als Saugheber wirkt: *Absteigende Papierchromatographie.*

Taucht man dagegen das Papier mit der Subst. so in das Lösungsm., daß dieses infolge Kapillarwirkung entgegen der Schwerkraft im Papier nach oben steigt, so spricht man von einer *aufsteigenden Papierchromatographie.* Sobald die Lösungsmittelfront eine vorher mit Bleistift markierte Grenze auf dem Papierstreifen erreicht hat, nimmt man den Streifen heraus, trocknet ihn u. entwickelt ihn durch Besprühen mit bestimmten Reagentien. Die dabei als Chromatogramm auftretenden Flecke werden nach dem Trocknen mit Bleistift (nicht Kopierstift!) umrandet. Man mißt die Entfernungen: Start–Substanz u. Start–Lösungsmittelfront, dividiert die erste durch die zweite u. erhält als Quotienten den sog. R_f-Wert:

$$R_f = \frac{\text{Start — Substanz}}{\text{Start — Lösungsmittelfront}} \qquad \begin{pmatrix} R = \text{retention} \\ f = \text{factor} \end{pmatrix}$$

als Charakteristikum der Subst., aber nur bei Innehaltung gleicher Versuchsbedingungen; denn er ist von Temp., Konz., Papiersorte, Lösungsm. u. a. abhängig. Gewöhnliches Filtrierpapier ist unbrauchbar, weil es ungleich saugt. Nur reines Linterspapier, wie es z. B. die Firma Schleicher & Schüll in Dasseln/Kreis Einbeck herstellt, kann verwendet werden. Bes. eignen sich die Nummern: 2043 a, 2043 b u. 2045 b. Die Laufgeschwindigkeit ist in der Maschinenrichtung etwas größer als senkrecht dazu u. wird durch einen Wasserzeichenpfeil markiert. In den Papiersorten 2043 a u. b hat das Chromatogramm eine Laufzeit von 10—12 Std., in Nr. 2045 b eine von 18—22 Stunden.

Am einfachsten läßt sich die aufsteigende Methode durchführen. Geeignet sind hohe Standzylinder, Präparatengläser u. a., an deren Boden sich das Lösungsm. befindet u. mit seinem Dampf die Atmosphäre u. das Papier in dem mit Glasscheibe oder Deckel verschlossenen Gefäß gesättigt haben muß, bevor man mit dem Vers. selbst beginnt.

Man unterscheidet mehrere Methoden der aufsteigenden Papierchromatographie:

1. Streifenmethode: Der ca. 3 cm breite Papierstreifen mit der eingetrockneten Subst. wird in den mit Lösungsmitteldampf gesätt. Behälter so eingehängt, daß er etwa 1 cm in das Lösungsm. eintaucht (Abb. 14).

2. *Zylindermethode:* Will man mehrere Substanzen nebeneinander hochlaufen lassen, was besonders bei Gemischen von Vorteil ist, dann rollt man eine etwa quadrat. Papierfläche zu einem Zylinder zusammen, den man mit Aluminiumklammern oder durch Nähen zusammenhält. Er läßt sich so in das abgeschlossene Batterieglas mit dem in einer Petrieschale befindlichen Lösungsm. aufrecht stellen, ohne daß er die Wände berührt (Abb. 15).

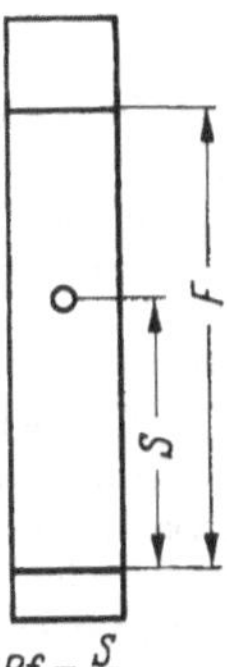

$Rf = \frac{S}{F}$ Abb. 14.

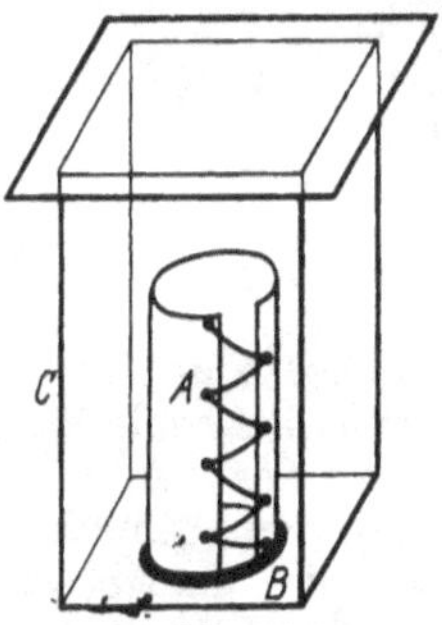

Abb. 15.

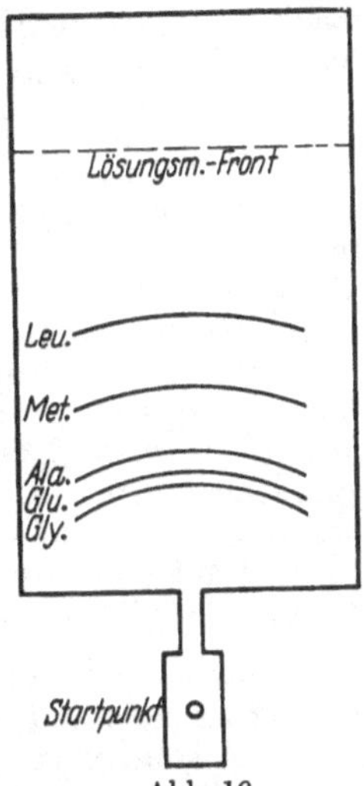

Abb. 16.

3. *Brückenmethode:* Aus dem Filtrierpapier schneidet man vom unteren Rande so viel weg, daß ein 4 cm langes u. 2 cm breites Rechteck übrigbleibt, das durch eine 10—15 cm lange u. 3 mm breite Brücke mit dem Papier in Verbindung bleibt. Auf die Mitte des Rechtecks tropfe man die Subst. u. hänge nach dem Eintrocknen das Papier in das Gefäß mit dem Lösungsmittel. Die einzelnen Verbb. der zu untersuchenden Lsg. erscheinen jetzt nach dem Entwickeln in Kreisbögen, deren Mittelpunkt sich an der Brücke befindet (Abb. 16).

H. Daecke, MNU **6** (53/54) 134—140; E. Pfeil, MNU **8** (55/56) 171—173; W. Affeld, MNU **12** (59/60) 399—400.

α) Nachweis und Trennung anorganischer Substanzen.

Alkalien

73. Je 5 mm³ einer 10%ig. Lsg. von LiCl, NaCl oder KCl oder Gemische aller drei Komponenten werden mittels Pipette 2 cm vom unteren Rand entfernt aufgetragen u. zum Eintrocknen gebracht.

Lösungsmittel: Methanol : Wasser = 9 : 1.

Laufzeit: ca. 2½ Stunden.

Entwicklung: Besprühen mit einem Gemisch aus wss. Silbernitratlösung, Fluorescein u. Ammoniak. Flecken werden hellgelb, Umgebung braun.

R_f-Werte: Li^+: 0,85; Na^+: 0,64; K^+: 0,45.

F. Siemon, Pr. **4** (55) Ch. 36.

Erdalkalien

74. 10%ige Lsgg. von $CaCl_2$, $SrCl_2$, $BaCl_2$ oder Gemische.

Lösungsmittel: Äthanol (95 %) oder auch Methanol.

Entwicklung: Gesätt. Ammoniumoxalatlösung. Nach dem Trocknen wird mehrmals mit dest. W. gewaschen, um das überschüssige Oxalat zu entfernen, u. nach erneutem Trocknen mit 0,1 *n* $KMnO_4$-Lsg., der man etwas Schwefelsäure zugesetzt hat, besprüht. In der Wärme des Trockenschrankes reduzieren die Oxalate das Permanganat zu weißen Flecken auf braunem Grunde.

R_f-Werte: Ca^{2+}: 0,25 – 0,27; Sr^{2+}: 0,10; Ba^{2+}: 0,0.

In Methanol liegen die R_f-Werte höher. die von Ca u. Sr aber zu dicht beieinander. Durch geeeignete Mischungen beider Alkohole, ev. auch durch geringen Wasserzusatz, werden die Wanderungsgeschwindigkeiten verändert. Aceton u. Dioxan wirken hemmend u. sind nicht geeignet.

F. Bukatsch, MNU **9** (56/57) 34.

Quecksilber- und Cadmiumionen

75. Substanz: $HgCl_2$- u. $CdCl_2$-Lösung.

Lösungsmittel: Methylacetat : Methanol : Wasser = 87 : 3 : 10.

Laufzeit: 8 Stunden.

Entwicklung: Ohne zu trocknen, in sehr verd. H_2S-Wasser tauchen, wobei gelbes CdS u. schwarzes HgS entstehen.

E. Sauer, Kolloidchem. Prakt. **1953**, 97.

Elemente der Schwefelwasserstoffgruppe (As, Sb, Cu, Hg)

76. Substanz: Die Salze müssen in den höchsten Oxydationsstufen vorliegen; sonst sind sie mit Bromwasser zu oxydieren.

Lösungsmittel: Man schüttle reines Butanol ca. 2—3 Min. mit 0,34 *n* Salzsäure, lasse absetzen u. verwende die klare Oberphase.

Entwicklung: Nach dem Trocknen mit 0,2%ig. KJ-Lösung besprühen. Dann erscheinen die Hg-Ionen gelborange u. die As-, Sb- u. Cu-Ionen als braune Flecke. Sollte As nicht erscheinen, besprühe man das Papier mit konz. Salzsäure, da seine Reduktion durch KJ nur in stark saurer Lösung schnell genug verläuft.

R_f-Werte: Hg^{2+}: 0,86; As^{5+}: 0,78; Sb^{5+}: 0,34; Cu^{2+}: 0,19.

E. Pfeil, MNU **8** (55/56) 173—174.

Aluminium- und Eisenionen

77. Substanz: 10%ig. Lsgg. von $AlCl_3$ u. $FeCl_3$ in Salzsäure (aus gleichen Teilen konz. Säure u. W.).
Lösungsmittel: Eisessig : Äthanol = 75 : 25.
Laufzeit: 2½ Stunden.

Entwicklung: Mit einer schwachen Lsg. von Alizarin in Äthanol besprühen, einige Sek. über Amoniakdampf halten u. bei 100—110° trocknen. Al-Ionen geben einen roten, Eisen- (III-) Ionen einen violetten Fleck.

R_f-Werte: Al^{3+}: 0,31 – 0,32; Fe^{3+}: 0,64 – 0,66.

Auch in roher Salzsäure lassen sich auf diese Weise Fe- (III-) Ionen nachweisen.

F. Siemon, Pr. **4** (55) 36.

Halogen-Ionen

78. Substanz: 10%ig. Lsgg. von NaCl, NaBr u. NaJ.
Lösungsmittel: Pyridin : Wasser = 9 : 1.
Laufzeit: 2½ Stunden.

Entwicklung: Besprühen mit einem Gemisch aus wss. Silbernitratlsg., Fluorescein u. etwas Ammoniak. Die Flecken werden hellgelb, die Umgebung mittel- bis dunkelbraun. R_f-Werte: Cl^-: 0,24; Br^-: 0,47; J^- : 0,70.

F. Siemon, l. c., S. 36—37.

β) Nachweis und Trennung organischer Substanzen

Nachweis und Trennung der Zucker. Reduzierende Zucker

79. Substanz: Lsgg. von Honig, Kunsthonig, Milchzucker, Blüten- u. Fruchtsäften; auch Stärkehydrolyse durch Speichel. Lösungsmittel: Butanol : Eisessig : Wasser = 40 : 10 : 50. Entwicklung: Man besprühe mit einem Gemisch aus gleichen Teilen einer 0,1 *n* $AgNO_3$-Lsg. u. einer 5 *n* Ammoniumhydroxidlösung. Nach dem Trocknen bei 105° erscheinen die reduzierenden Zucker als braunschwarze Flecke.
Die R_f-Werte liegen dicht beieinander.

Verschiedene Zucker aus Pflanzenmaterial

80. Substanz: Lsgg. von Obstpreßsäften, z. B. Apfelsaft; daneben Glucose, Fructose u. Saccharose (je 1%ig. Lsgg.) zum Vergleich.
Lösungsmittel: Man schmelze 50 g Phenol u. 5 g W, füge dann bei 25° C weitere 25 g W. zu u. verwende nach gründlichem Schütteln im Scheidetrichter das wassergesätt. Phenol (untere Lage) als Lösungsm. u. die wss. Lage zur Dampfsättigung der Chromatographiekammer.
Laufzeit: 10 Stunden.
Entwicklung: Als Sprühreagens benutze man:

für Glucose u. Fructose: 1. ein Gemisch aus 0,5 g Benzidin, 10 ml Eisessig, 10 ml 40%ig. Trichloressigsäure u. 80 ml Äthanol (abs.). Bei 105° geben nach 15 Min. beide Zucker braune Flecken. — 2. eine Lsg. von 0,93 g Anilin u. 1,66 g Phthalsäure in 100 ml wassergesätt. Butanol. Bei 105° zeigen in 5 Min. Glucose olivbraune u. Fructose gelbbraune Flecken. Saccharose reagiert nicht.

für Fructose u. Saccharose: 10 ml 1%ig. alkoh. Resorcinlsg. u. 90 ml 2 *n* Salzsäure. Bei 80—90° geben Fructose u. Saccharose rote Flecken. Glucose reagiert nicht.

Es empfiehlt sich, alle drei Reagentien zu verwenden. Die R_f-Werte liegen bei 0,39 für Glucose u. Saccharose u. bei 0,51 für Fructose.

Nachweis und Trennung der Spaltprodukte aus Saccharose

81. *Säurehydrolyse:* Eine Lösung von 0,2 g in 5 ml W. wird mit 8 ml Essigsäure 5 Min. im Wasserbad erwärmt, anschließend kurz aufgekocht u. dann chromatographiert.

82. *Fermenthydrolyse:* Eine gleiche Rohrzuckerlösung wird mit 5 ml Hefesuspension versetzt, 20 Min. auf 25° erwärmt u. ebenfalls chromatographiert. Die Hefe enthält das Ferment Invertase.

Die Hydrolysate der Spaltprodukte aus Maltose u. Lactose können auch durch Papierchromatographie bestimmt werden.

E. Pfeil, MNU **8** (55/56) 174; H. Sudhoff, MNU **10** (57/58) 173—175; W. Affeld, MNU **12** (59/60) 400—404.

Trennung und Nachweis von Aminosäuren
Nachweis einzelner Aminosäuren und Trennung ihrer Gemische nach der Brückenmethode (Abb. 16)

83. Substanz: 1%ig. wss. Lsgg. von Glykokoll, Alanin, Cystin, Glutaminsäure, Leucin, Tyrosin u. Methionin u. Mischungen. Der Saugfleck darf höchstens einen Durchmesser von 5 mm haben, außerdem empfiehlt es sich, in schattigen Innenräumen zu arbeiten.

Lösungsmittel: *n*-Butanol : Eisessig : Wasser = 70 : 7 : 23, bzw. 40 : 10 : 50. Nach längerem Schütteln erhält man aus dem letzten Gemisch zwei Phasen, von denen die obere zur Lsg., die untere zur Sättigung der Atmosphäre dient. Alle Substanzen müssen sehr rein sein u. können als Mischung nicht lange aufbewahrt werden, da sonst Veresterung eintritt.

Trocknen: waagerecht mittels Wäscheklammern an Holz- oder Glasstäben an der Luft, mit Föhn, im Trockenschrank oder über freier Flamme unter dem Abzug.

Entwicklung: Das Papier wird mit einer 0,1%ig. Lösung von Ninhydrin

$$\left(C_6H_4\!\begin{smallmatrix}\diagup CO \diagdown \\ \diagdown CO \diagup\end{smallmatrix}\!C(OH)_2\right)$$

so besprüht, daß es feucht, aber nicht naß wird. Die Lsg. reagiert mit α-Aminosäuren, auch bei Ggw. von nur 1 γ, u. Peptiden unter Bldg. eines blauen Farbstoffes.

R_f-Werte: Sie liegen für die Unterscheidung der einzelnen Säuren günstig u. betragen z. B. für Alanin 0,38, für Glycin 0,26 u. für Leucin 0,73.

Nachweis und Trennung von Eiweißhydrolysaten (Zweidimensionale Papierchromatographie)

84. Substanz: Man erhitze Kalbhirn oder Hühnereiweiß 8 Std. mit rauchender Salzsäure, auf 1 Teil Hirn 3—4 Teile Salzsäure, am Rückflußkühler u. bringe 0,02—0,04 ml einer 2%ig. Lsg. des Hydrolysates an einer Ecke des Papiers zum Eintrocknen.

Lösungsmittel: *n*-Butanol-Eiessig-Wasser wie in Nr. 83. Nach dem Trocknen drehe man das Papier um 90° u. lasse im Gemisch Pyridin : Amylalkohol : Wasser = 35 : 35 : 30 nochmals hochsaugen, damit das Chromatogramm etwas auseinander gezogen wird.

Entwicklung: Nach dem Trocknen wird das Papier mit Ninhydrinlösung (s. Nr. 83) besprüht.

Ergebnis: Es lassen sich 13—15 Aminosäuren feststellen. Je größer das Papier ist (Zylindermethode), um so besser lassen sie sich trennen.

H. Daecke, MNU **6** (53/54) 137—140.

5. Ionenaustauscher

a) Ionenaustausch im Erdreich

85. In ein senkrechtes, ca. 50 cm langes Glasrohr mit Glas- oder Quetschhahn am unteren Ende, z. B. in ein Bürettenrohr, bringe man auf eine Glaswolleschicht eine 30—40 cm hohe Schicht Ackererde u. schließe sie oben ebenfalls mit einer Glaswolleschicht ab. Dann lasse man so lange W. durchlaufen, bis es unten farblos abläuft u. mit Ammoniumoxalatlsg. keinen Nd. zeigt. Läßt man nunmehr eine mäßig verd. KCl-Lsg. durchlaufen, so bildet sie mit der Oxalatlösung einen weißen Nd. von Calciumoxalat.

H. Brenner, Pr. 6 (57) Ch. 33.

Die Erde enthält Erdalkalisilikate, deren Ca- u. Mg-Ionen mit dem *K*-Ion den Platz auszutauschen vermögen. Ebenso lassen sich die natürlichen Na-Al-Silikate des Erdbodens durch Auslaugen mit KCl-Lsg. in K-Al-Silikate verwandeln u. umgekehrt:

$$Na_2O \cdot Al_2O_3 \cdot 4\,SiO_2 \cdot 2\,H_2O + 2\,KCl$$
$$\rightleftarrows K_2O \cdot Al_2O_3 \cdot 4\,SiO_2 \cdot 2\,H_2O + 2\,NaCl.$$

Diese Eig. der Aluminiumsilikate findet in der Herst. künstlicher Zeolithe, der *Permutite,* prakt. Verwendung. Durch den Einbau sogen. austauschaktiver Gruppen in verschied. Kunstharze ist es außerdem gelungen, deren Austauschcharakter wesentlich zu verstärken u. Hochpolymere herzustellen, die entweder Kationen oder Anionen austauschen. Solche wirksamen Gruppen sind bei den *Kationenaustauschern* phenol. Hydroxylgruppen (-OH), Carboxylgruppen (-COOH), endständige Sulfonsäuregruppen ($-CH_2\,SO_3H$) u. aromatische Kernsulfonsäuregruppen u. bei den *Anionenaustauschern* Amino- ($-NH_2$) u. Imino- (-NH-)-gruppen sowie quarternäre Ammoniumgruppen ($-NH_4$). Die so hergestellten Harze enthalten innerhalb ihres Netzwerkes H- bzw. OH-Ionen. die gegen andere Kationen bzw. Anionen austauschbar sind, z. B.

$$Na^+ + Cl^- + [H^+ + R_a^-] \rightleftarrows H^+ + Cl^- + [Na^+ + R_a^-],$$
$$H^+ + Cl^- + [R_k^+ + OH^-] \rightleftarrows H_2O \qquad + [R_k^+ + Cl^-],$$

wobei R_a^- das negativ geladene Harzanion und R_k^- das positive Harzkation u. die eckigen Klammern die Harzphase bedeuten. Ist das Harz erschöpft, so läßt es sich wieder leicht regenerieren. Die Rkk. sind also auch rückläufig u. unterliegen dem Massenwirkungsgesetz. Der Austausch selbst ist ein chem. Vorgang. Die Bindung erfolgt in erster Linie durch elektrostat. Kräfte. Die Rk. am porösen Material der Kunstharze, die Diffusion in deren Kanälen u.

die mögliche zusätzliche Bindung durch zwischen den Molekülen wirksame Kräfte stellen aber den Ionenaustausch in die unmittelbare Nachbarschaft der Adsorption.

b) Herstellung und Wirkungsweise der Ionenaustauscher

α) Kationenaustauscher:

1. Furfurolharz:

Waage mit Geww. Bechergläser (200 ml). Meßzylinder. Bürette mit Stativ. Glaswolle. Phenol. Furfurol. Konz. Salzsäure. 0,01 *n* Natronlauge. $AgNO_3$. Alkoh. Phenolphthaleinlsg. Universalindikatorpapier.

86. Versetzt man eine Lsg. von 20 g Phenol in 20 g Furfurol mit 4 g konz. Salzsäure, so färbt sich die Mischung schon bei Zimmertemp. unter Selbsterwärmung dunkelblau u. erstarrt sehr schnell zu einem schwarzen, hartgummiartigen Harz, das sich unter Kondenswasserbildung leicht von der Wandung ablöst u. von Säuren, Alkalien u. organ. Lösungsmm. auch beim Kochen nicht angegriffen wird. Es enthält überschüssiges Phenol, das sich mit heißem W. nicht restlos herauswaschen läßt u. den Austausch zu bewirken scheint. Es wird in der Reibschale zu Körnchen von 2—5 mm Stärke zerkleinert, mit heißem dest. W. gewaschen, bis mit $AgNO_3$-Lsg. keine Trübung mehr entsteht, u. an der Luft getrocknet.

87. Man gebe zu je 100 ml einer 0,01%ig. Natronlauge wachsende Harzmengen von 0,1 bis 10 g, schüttele die Lauge wiederholt damit, bestimme nach 10 Min. den p_H-Wert mit Indikatorpapier u. stelle das Ergebnis auf mm-Papier graphisch dar!

88 Man fülle das zerkleinerte Harz in ein Bürettenrohr mit Schlauch u. Quetschhahn über einem Bausch Glaswolle ca. 20 cm hoch, decke oben ebenfalls mit etwas Glaswolle ab u. gieße eine mit Phenolphthalein rotgefärbte, 0,01%ig. Natronlauge über die Harzschacht, so daß sie nach Entweichen der Luftblasen das Harz gerade bedeckt. Öffnet man nach einigen Min. den Quetschhahn, so erkennt man, daß die langsam ausfließende Lsg., die man durch Aufgießen frischer Lauge immer wieder ergänzen kann, farblos ist u. einen p_H-Wert von etwa 6 besitzt.

E. Dehn, MNU **12** (59/60) 279—280.

2. *Quebrachoharze:*

Waage mit Geww. Wasserbad. Kolben mit Rückflußkühler. Stativ mit Klammern. Bechergläser (200 ml). Meßzylinder. Bürette mit Stativ. Glasstab. Glaswolle. Quebracho-Tannin-Extrakt. Brennspiritus. Formalin. Konz. Salzsäure. 0,01 *n* Natronlauge. Alkoh. Phenolphthaleinlsg. Universalindikatorpapier.

89. Man erhitze eine Lsg. von 25 g Quebracho-Tannin-Extrakt (82—84 %; kaltlösl.), das die *Deutsch-Koloniale Gerbstoff-Gesellschaft m.b.H.* in Karlsruhe herstellt, in 250 g Äthanol am Rückflußkühler bis zum Sieden u. füge unter weiterem Erhitzen eine Mischung von 63 ml Formalin (40 %) u. 15 ml konz. Salzsäure hinzu. Das sehr bald entstehende Harz wird mit heißem u. dest. W. wiederholt dekantiert, bis keine Cl-Ionen mehr nachzuweisen sind, u. bei 100° C getrocknet. Es stellt eine dunkelbraune Masse dar, die sich leicht in 2—5 mm starke Körnchen zerbröckeln läßt.

90. Nach einer Mitteilung der *Deutsch-Kolonialen Gerbstoff-Gesellschaft* läßt sich das Quebrachoharz auch in wss. Lsg. herstellen, indem man 50 g Quebracho-Tannin-Extrakt in 50 g W. bis zur vollständigen Lösung erhitzt, unter dem Abzug mit 100 g Formalin (40 %) versetzt und die auf 90° C erhitzte Lsg. unter schnellem Rühren in 50 ml konz. Salzsäure gießt. Sofort erstarrt die Lsg. zu einem festen Gel, das bei 100° C getrocknet wird, bis es glashart ist u. mit W. nicht mehr hydratisiert. Es wird dann in 2—5 mm starke Körnchen zerkleinert u. mit 5%ig. Salzsäure u. anschließend mit dest. W. gewaschen, bis es säurefrei ist.

91/92. Man führe mit diesen Harzen die gleichen Verss. aus wie mit dem Furfurolharz (s. Verss. Nr. 87—88) u. wird feststellen, daß ihr Austauschvermögen noch etwas besser ist als das des Furfurolharzes.

Die Harze lassen sich durch 3%ig. Salzsäure wieder regenerieren; man bewahrt sie am besten unter dieser Lsg. auf.

E. Dehn, l. c., S. 280.

β) Anionenaustauscher

Bechergläser. Meßzylinder. Tonteller. Bürette mit Stativ. m-Phenylendiamin. 1,1 *n* Salzsäure. Ammoniak (10 %). Formalin. Universalindikatorpapier.

93. 50 ml m-Phenylendiamin (0,5 Mol) werden in 500 ml 1,1 *n* Salzsäure u. 60 ml Formalin verrührt. Es bildet sich bei Zimmertemp. sehr bald ein schleimiges Gel, das man am besten durch Aufstreichen auf einen Tonteller trocknet. Anschließend behandelt man es mit 10%ig. Ammoniak, bis es deutlich danach riecht, wäscht es durch wiederholtes Dekantieren mit heißem u. dest. W. salz- u. ammoniakfrei, trocknet es bei 80—90° C u. zerkleinert es in 2—5 mm starke Körnchen.

94. Zu je 100 ml 0,03 *n* Salzsäure gebe man wachsende Harzmengen von 0,01—10 g, schüttele wiederholt, messe nach etwa 10 Min. die p_H-Werte u. stelle das Ergebnis graph. dar.

95. Gießt man die 0,03 *n* Salzsäure durch die Harzsäule, wie sie in Vers. Nr. 88 beschrieben ist, so kann man feststellen, daß die Lsg. säurefrei abläuft.

E. Dehn, l. c., S. 280—281.

Die Ionenaustauscher finden mannigfache Verwendung in Wissenschaft u. Technik. Über die wichtigsten, in Deutschland u. im Ausland hergestellten Austauscher u. deren Verwendungsmöglichkeiten sowie über Verss. mit ihnen, die leicht auszuführen sind, wie Wasserenthärtung, Titrationen, Herst. schwer zugänglicher, freier Säuren, Gewinnung von Edelmetallen u. v.a., findet man spezielle Angaben bei

H. Daecke, MNU **7** (54/55) 306—315; H. Hirsch, MNU **8** (55/56) 131; H. Brenner, Pr. **6** (57) Ch. 41—44.

Literatur über Chromatographie und Ionenaustausch:

1. E. Blasius, *Chromatographie und Ionenaustausch in der analytischen und präparativen Chemie.* Ferd. Enke, Stuttgart 1958.
2. C. Schleicher und Schüll, *Papierchromatographie-Arbeitsmethoden.* 1955.
3. F. Cramer, *Papierchromatographie.* 4. Aufl. Weinheim 1958.
4. E. Daecke, *Papierchromatographie.* Frankfurt/M. 1959.

IX. Diffusion

1. Freie Diffusion von Gasen

a) Diffusion von Bromdampf in Wasserstoff und in Luft

4 Standzylinder mit geschliffenem Rand u. Glasscheiben. Brom. Wasserstoff.

96. Man fülle zwei Standzylinder durch Einträufeln weniger Tropfen Brom, Verschließen mit je einer Glasplatte u. Schütteln mit Bromdämpfen u. setze auf den einen Zylinder einen gleich großen, mit Wasserstoff gefüllten u. auf den zweiten einen mit Luft gefüllten Zylinder. Nach Herausziehen der Glasplatten beobachtet man, daß die Bromdämpfe in den Wasserstoff schneller diffundieren als in Luft.

H. Rebenstorff, P. **15** (02) 26.

b) Diffusionszahl von Trichlorfluormethan

10 cm hoher Standzylinder (500 ml) mit geschliffenem Rand u. Glasplatte. Kreuzgitter (10 mm × 10 mm Maschenweite). Waage mit Geww. Trichlorfluormethan CCl_3F.

97. In das Glas werden einige Tropfen CCl_3F, als Frigen 11 der Höchster Farbwerke u. Freon 11 in USA bekannt, gebracht u. nach Auflegen der Glasplatte durch geringe Erwärmung (Handwärme) zum Verdampfen gebracht. Dann lege man das Kreuzgitter auf, stelle das Gefäß auf die Waage, tariere u. messe, in welchen Zeiten Gewichtsabnahmen von je 0,1 g erfolgen.

Aus dem abdiffundierten Anteil a läßt sich nach J. Loschmidt (1870) die Diffusionszahl D nach $a \cdot 0{,}89 = \sqrt{D\, t/h^2}$ (a = abdiffundierter Anteil in %, t = Zeit in Sek., h = Höhe des Zylinders in cm) bis zu einer diffundierenden Menge von 70 % berechnen. Die weitere Diffusion zum Ausgleich des Restes $R = 1 - a$ erfolgt nach einem logarithm. Zeitgesetz $lg\ 1/R = 0{,}09 + 1{,}07\ D \cdot t/h^2$. In erster Annäherung läßt sich D auch aus der allg. Formel $D = 5{,}6/\sqrt{M_1 \cdot M_2}$ berechnen. Aus dieser Gleichung erhält man für die Diffusion von Frigen ($M_1 = 137$) in Luft ($M_2 = 29$) den Wert $D = 0{,}089$.

E. Schwarz-Bergkampf, R. Reichert u. H. Götz, MNU **9** (56/57) 342—345.

2. Diffusion von Gasen durch poröse Wände

a) Diffusion durch eine Tonzelle

98. Am besten eignet sich der in Abb. 17 dargestellte App., der die Beobachtung der Diffusion von Gasen, die leichter oder schwerer als Luft sind, gestattet. Stülpt man einen mit Wasserstoff oder Stadtgas gefüllten Zylinder über die Zelle, die aus Ton oder Biskuitporzellan besteht, so spritzt ein Wasserstrahl aus der Düse n nach oben, bei Anwendung von Wasserstoff höher als bei Anwendung von Stadtgas. Schiebt man dagegen von unten her einen mit Sauerstoff oder Kohlendioxid gefüllten Zylinder über die Zelle, so steigt das Wasser im Rohr im ersten Falle nur wenig, im zweiten Falle stärker hoch. Es empfiehlt sich, das Wasser zu färben. Allmählich stellt sich Druckausgleich ein, beim Abnehmen des Zylinders sogar Unterdruck.

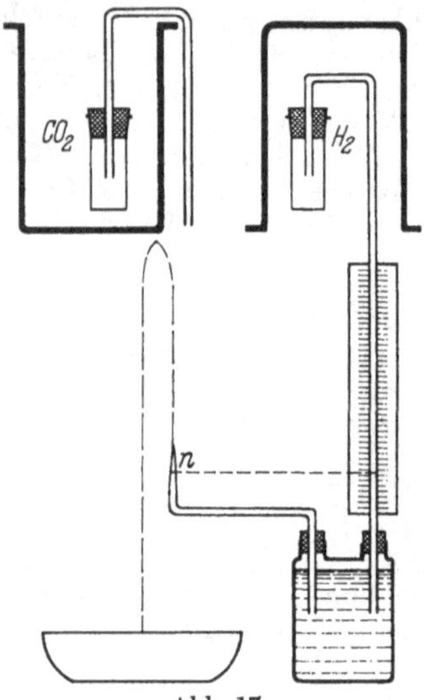

Abb. 17.

Die Diffusionsgeschwindigkeiten δ sind umgekehrt proportional den Quadratwurzeln ihrer Dichten bzw. ihrer Molekulargewichte: $\delta_1 = \delta_2 = \sqrt{M_2/M_1}$.

O. Ohmann, P. **21** (08) 34—35.

99. Wird die Tonzelle mit einem einstellbaren Quecksilbermanometer verbunden, so kann man nach Überstülpen eines mit *Stadtgas* gefüllten Becherglases, dessen Inhalt doppelt so groß wie der der Diffusionszelle ist, den Überdruck des eindringenden Gases in gleichen Zeitabständen messen u. den Druckverlauf als Zeitfunktion graph. darstellen.

Quantitative Auswertung:

Es seien p_0 der Anfangsdruck innen u. außen (= Luftdruck), p_1 der Druck des von innen nach außen diffundierenden Gases, p_2 der Druck des von außen nach innen diffundierenden Gases u. p_{e_1} u. p_{e_2} die Enddrucke beider Gase im Innern. Dann gelten die Gleichungen:

$$p_1 = p_{e_1} + (p_0 - p_{e_1}) \cdot e^{-\alpha t}, \tag{1}$$

$$p_2 = p_{e_2} \cdot (1 - e^{-\beta t}), \tag{2}$$

$$p_{e_1} + p_{e_2} = p_0 . \tag{3}$$

Für den Gesamtdruck $p(t)$ im Innern erhält man aus den drei Gleichungen:

$$p(t) = p_1 + p_2 = p_{e_1} + (p_0 - p_{e_1}) \cdot e^{-\alpha t} + p_{e_2}(1 - e^{-\beta t}) =$$

$$= p_0 + p_{e_2}(e^{-\alpha t} - e^{-\beta t})$$

u. für den Überdruck

$$p_ü = p_{e_2} \cdot (e^{-\alpha t} - e^{-\beta t})$$

oder, da die Inhalte von Innen- u. Außenraum gleich groß sind und deshalb

$$p_{e_1} = p_{e_2} = \frac{p_0}{2} \quad \text{ist}, \quad p_ü = \frac{p_0}{2}(e^{-\alpha t} - e^{-\beta t}) .$$

Aus zwei Meßpunkten der Diffusionskurve kann man die Konstanten α u. β bestimmen. Hat man z. B. für

$t_1 = 8$ Sek. $p_ü = 64$ Torr u. für $t_2 = 16$ Sek. $p_ü = 54$ Torr

gefunden, so ergibt sich

$$p_ü / \frac{p_0}{2} = \begin{cases} = e^{-8\alpha} - e^{-8\beta} = x - y = \dfrac{64}{380} = 0{,}1685 , \\[2ex] = e^{-16\alpha} - e^{-16\beta} = x^2 - y^2 = \dfrac{54}{380} = 0{,}1420 , \end{cases}$$

woraus folgt:
$$\left.\begin{aligned} x - y &= 0{,}1685 \\ x + y &= 0{,}845 \end{aligned}\right\} \begin{aligned} x &= e^{-8\alpha} = 0{,}507 , \\ y &= e^{-8\beta} = 0{,}338 . \end{aligned}$$

Daraus ergeben sich die Zeitkoordinaten $\alpha = 0{,}085$ u. $\beta = 0{,}135$ u. die Funktion

$$p_{\ddot{u}} = 380\left(e^{-0{,}085\,t} - e^{-0{,}135\,t}\right).$$

Aus der Beziehung

$$\frac{v_{\text{Luft}}}{v_{\text{Stadtgas}}} = \sqrt{\frac{\text{Mol.-Gew. Stadtgas}}{\text{Mol.-Gew. Luft}}} = \sqrt{\frac{11}{29}} = 0{,}62$$

erhält man einen Wert, der mit $\alpha : \beta = 0{,}63$ gut übereinstimmt.

Nimmt man anstatt Stadtgas *Wasserstoff* an, so erhält man theoret.

$$\frac{\alpha}{\beta} = \sqrt{\frac{\text{Mol.-Gew. Wasserstoff}}{\text{Mol.-Gew. Luft}}} = \sqrt{\frac{2}{29}} = 0{,}26\,,$$

während sich aus dem Versuch $\alpha : \beta = 0{,}35$ ergibt, was einem Molekulargewicht von 3,55 entsprechen würde. Das bedeutet, daß in den Wasserstoff beim Überstülpen des mit ihm gefüllten Becherglases Luft eingedrungen ist, deren %-Gehalt sich aus $2 \cdot (100 - x) + 29\,x = 3{,}55 \cdot 100$ zu $x = 155 : 27 = 5{,}7\,\%$ ergibt.

H. Heise, Pr. **9** (60) Ph. 151—154.

b) Diffusion von Kohlendioxid durch Gummi

100. Über das eine Ende eines Glasrohres wird ein doppelt so langer Schlauch geschoben. Nachdem man die Luft aus Rohr u. Schlauch durch CO_2 verdrängt hat, schließt man das Schlauchende u. steckt das freie Glasrohrende in Quecksilber. Nach einer Std. ist dieses ca. 5 cm u. nach 24 Std. über das Glasrohr hinaus hochgestiegen. Die Diffusion der Luft durch Gummi ist sehr gering, die des CO_2 dagegen beträchtlich. Der Schlauch wirkt also wie eine halbdurchlässige Membran.

E. Björnsson, P. **29** (16) 32.

3. Diffusionsthermoeffekt und Thermodiffusion

a) Diffusionsthermoeffekt

101. Läßt man durch ein waagerechtes Rohr, das durch eine horizontale Längswand geteilt ist, zwei verschiedene

Gase, z. B. Wasserstoff oben u. Stickstoff unten, gleichmäßig strömen u. am Ende des Rohres ineinander diffundieren, so kann man mit einem Thermoelement oben Erwärmung und unten Abkühlung feststellen.

A. Lindberg, Pr. **6** (57) Ph. 98—99; E. Saur, MNU **11** (58/59) 396—397.

102. In dem bekannten Diffusionsvers. Nr. 98 läßt sich auch der Thermoeffekt leicht beobachten, wenn man ein Thermometer oder ein Thermoelement in die Tonzelle senkt. Beim Gaspaar Wasserstoff außen u. Stickstoff innen tritt Abkühlung bis zu 7° C ein; nach Abheben des Zylinders mit dem Wasserstoff steigt die Temp. wieder.

E. Saur, l. c.

b) Thermodiffusion

103. In ein aufrecht stehendes, langes Rohr, das von einem Chromnickelheizdraht (0,3 mm) axial durchzogen wird, wird ein Gasgemisch, z. B. je 50 % Wasserstoff u. Xenon, Krypton, Argon oder Kohlendioxid, eingeschlossen. Wird der Heizdraht zur Rotglut gebracht, so beobachtet man, bes. im Dunkeln, daß er bald nicht mehr gleichmäßig glüht, nämlich oben fast gar nicht, unten dagegen heller brennt. Ursache ist ein Aufsteigen des erwärmten, leichten Wasserstoffs, dessen gute Wärmeleitfähigkeit Abkühlung des Drahtes im oberen Teil des Rohres bewirkt. Nach Umkehren des Rohres erfolgt auch Umschichtung des Gasinhaltes, so daß bald wieder der Draht oben schwächer glüht als unten.

H. Vatter, Pr. **5** (56) Ph. 173—175; A. Lindberg, l. c., S. 99—102; E. Saur, l. c.

Der Diffusionsthermoeffekt u. die Thermodiffusion zeigen sehr schön das *Prinzip von Braun und Le Chatelier:* Bei der Diffusion eines leichten Gases in ein schwereres wird letzteres abgekühlt. Diese Temperaturdifferenz bewirkt eine Gastrennung in der Richtung, daß die leichtere Komponente durch Thermodiffusion wieder aus dem schweren Gas entfernt wird. K. Clusius u. G. Dickel (Naturw. **26** [38] 546) gelang es auf diesem Wege, die Chlorisotopen

^{37}Cl u. ^{35}Cl mit einem Reinheitsgrad von 99,5 % zu trennen.

4. Ionendiffusion

a) Diffusion von OH-Ionen in konzentrierter Zuckerlösung

U-Rohr. Rohrzucker. Konz. Natronlauge. Alkohol. Phenolphthaleinlsg. — $FeCl_3$. KSCN.

104. In das U-Rohr fülle man konz. Rohrzuckerlsg. u. schichte vorsichtig auf die eine Seite stark mit W. verd. Phenolphthaleinlsg. u. auf die andere Seite ein paar Tropfen einer starken Lauge. Nach einiger Zeit entsteht wenige cm unter der Phenolphthaleinschicht ein roter Ring, der sich nach oben verbreitert u. anzeigt, daß die OH-Ionen schneller wandern als die Farbstoffmoleküle.

Ein Parallelversuch mit $FeCl_3$- u. KSCN-Lsg. zeigt die Bldg. von rotem Eisenrhodanid etwa in der Mitte der Diffusionsstrecke. Die Zone verbreitert sich dann nach beiden Seiten ziemlich gleichförmig.

K. Freytag, Pr. 7 (58) Ch. 26.

b) Diffusion von OH- und H-Ionen durch Zellophan

Zellophan-Trichter. Becherglas. Verd. Natronlauge. Verd. Salzsäure. Phenolphthalein oder Bromthymolblau.

105. Um ein Trichterrohr wird ein Zellophansack gebunden u. in ein Becherglas gehängt. Man fülle den Beutel mit einer wss. Phenolphthaleinlsg. u. das Becherglas mit verd. Natronlauge. Nach kurzer Zeit färbt sich der Beutelinhalt rot, weil die leicht beweglichen OH-Ionen durch die Zellophanwand hindurchgehen, die schweren Phenolphthaleinmoleküle dagegen nicht. Hängt man jetzt den Beutel in verd. Salzsäure, so wird der Inhalt von der Wandung her entfärbt. — Statt Phenolphthalein kann man auch Bromthymolblau verwenden.

K. Freytag, l. c.

c) Diffusion von H-Ionen durch Zellophan

Zellophan. Becherglas. Stärkelsg. Salzsäure. KJ. KNO_2.

106. Füllt man den Zellophanbeutel mit einer Stärkelsg. u. einigen Tropfen Salzsäure u. das Becherglas mit W., dem man einige Tropfen KJ- u. KNO_2-Lsg. zugesetzt hat, so färbt sich die äußere Lsg. schon nach wenigen Sek. braun, da die H-Ionen der Salzsäure schnell diffundieren. Nach ca. 1 Min. beginnt im Innern die Blaufärbung der kolloidalen Stärkelsg., die nicht durch die Zellophanhaut zu dringen vermag. — Pergamentpapier eignet sich nicht, da das in ihm vorhandene Amyloid mit Jod unerwünschte Nebenreaktionen eingeht.

W. Fucyman, Ubl. **48** (42) 175.

X. Osmose

Berühren sich eine Lsg. u. ihr Lösungsm. längs einer Membran, die nur für das Lösungsm., nicht aber für die Lsg. selbst durchlässig ist, so tritt das Lösungsm. durch die Membran, wobei entweder der Druck der Lsg. oder ihr Vol. größer wird. Läßt man dabei die Lsg. in einem Rohr emporsteigen, so verursacht der Niveauunterschied einen Druck, der so lange wächst, bis seine hydrostat. Wrkg. den Übertritt weiterer Lösungsmittelmoleküle verhindert. Der im Zustand dieses dynam. Gleichgewichtes auftretende Druck heißt *osmotischer Druck* $p_{osm.}$, die ganze Erscheinung *Osmose.* Er ist für gleichmolare Lsgg. konstant, hat also z. B. für eine Traubenzuckerlsg. denselben Wert wie für eine Harnstofflsg., wenn die Zahl der Moleküle in gleichen Voll. dieselbe ist. Ist c die Konz. in Mol/l, dann gilt nach J. van't Hoff die Gl.

$$p_{osm.} = c \cdot R \cdot T .$$

1. Bau und Wirkung halbdurchlässiger Membranen

107. *Zellophan:* Durch das enge Ansatzröhrchen eines Trockenrohres, dessen weite Öffnung durch ein Stückchen Einmachzellophan mittels Gummi oder Bindfaden verschlossen ist, wird Zuckerlsg. gefüllt. Dann schiebt man in das Ansatzröhrchen eine mit Glycerin befeuchtete Kapillare, nachdem man beide durch einen Schlauch verbunden hat.

Bringt man die Zelle in ein Gefäß mit dest. W., so kann man nach 2—4 Min. durch Einschieben der Kapillaren das Niveau in ihr nach Belieben einstellen. Man verwende zu gleicher Zeit mehrere Geräte oder wiederhole den Vers. mit verschiedenproz. Lsgg. u. vgl. die Höhen in den Steigröhren nach einer bestimmten Zeit.

Beispiel: Nach 8 Min. werden erhalten:

in Lsgg. von %-Geh.	Höhe in mm
10	15
20	30
40	58

F. Flohr, MNU 9 (56/57) 414.

108. *Kobaltsilikatmembran:* Ein poröser Tonzylinder (9,7 cm hoch, 1,7 cm weit) wird gut ausgeglüht u. nach dem Erkalten mehrere Std. mit dest. W. ausgekocht, damit die Poren luftfrei werden u. sich mit W. füllen. In den so vorbereiteten Zylinder bringe man eine halbverd. käufliche Wasserglaslsg. u. stelle ihn mindestens 14 Tage lang in eine $CoCl_2$-Lsg. mittlerer Konzentration. Dann wasche man die Zelle gut aus, indem man sie 24 Std. lang in dest. W. legt, ebenso nach jedem Versuch. Aufbewahrt wird sie unter W., da die Membran immer feucht bleiben muß.

Man fülle die Zelle mit der zu untersuchenden Lsg. u. setze einen Gummistopfen mit Kapillarrohr so fest auf, daß etwaige Luftblasen durch die Kapillare, die mit der unteren Fläche des Stopfens glatt abschließt, entweichen u. die Fl. wenige cm in der Kapillaren emporsteigt. Dann stelle man die Zelle fast bis zum oberen Rand in dest. W. u. streife über die Kapillare eine verschiebbare Skala, die mittels Lupe Ablesungen bis zu 0,5 mm gestattet. Man lese nach einer gewissen Zeit (t Std.) den Weg s cm, den die Fl. in der Kapillaren zurückgelegt hat, ab u. erhält durch Division die Diffusionsgeschwindigkeit

$$v = \frac{s}{t}.$$

Trägt man für 1-, 0,5- u. 0,25-molare Lsgg. die s-Werte als Funktion von t in ein Achsenkreuz ein, so erhält man für jede Subst. u. Konz. eine Gerade, deren Anstieg die Diffusionsgeschwindigkeit ausdrückt. Legt man durch einen Abszissenpunkt, z. B. $t = 5$ Std., die Parallele zur s-Achse u. vergleicht die zugehörigen s-Ordinaten miteinander, so sind sie ihrer Konz. proportional. Bei gleichmolaren Lsgg. verschied. Verbb. müssen diese s-Werte sogar miteinander übereinstimmen, sofern es sich nicht um Elektrolyte handelt, bei denen die Dissoziation in Ionen den s-Wert entsprechend erhöht. Für einen Dissoziationsgrad α für Kobaltchlorid ($1\,Co^{2+} + 2\,Cl^- = 3$ Ionen) würde man erhalten: $100 : \alpha = 3 : a$, wobei a die aus s berechnete Molekülzahl ist.

Beispiele:

Substanz	Konz. mol.	Zeit t Std.	Weg s cm	$v = s : t$	Diss.-Grd. α
Traubenzucker	1	14,75	24,2	1,7	
(Mol.-Gew. 180)	1	2,25	4,6	2,0	
	0,5	25,75	22,2	0,86	
	0,5	5,25	4,8	0,9	
	0,25	16	6,9	0,43	
Rohrzucker	1	16	28,8	1,8	
(Mol.-Gew. 342)	0,5	14	12,6	0,9	
$CoCl_2 \cdot 6\,H_2O$	1	5	20,3	4	87,5
(Mol.-Gew. 237,84)	0,5	15,25	29,6	1,9	76,6
	0,5	1	2,4	2,4	
	0,25	15,25	10,2	0,7	
NaCl	2	5	23,9	4,8	75
(Mol.-Gew. 58,46)	1	6,75	12,8	1,9	
	1	15,5	24,8	1,6	
	0,5	7	5,1	0,7	
	0,5	5,5	4,4	0,8	
	0,2		negative Osmose		

Trägt man die zur Zeit t = 5 Std. erhaltenen s_5-Werte in eine Tabelle ein, so erhält man:

Substanz	Konz. mol.	s_5 cm	Substanz	Konz. mol.	s_5 cm
Traubenzucker	1	8	$CoCl_2 \cdot 6\,H_2O$	1	21
	0,5	4,2		0,5	9,6
	0,2	2,1		0,25	3,4
Rohrzucker	1	8,8	NaCl	2	24
	0,5	4,4		1	7,8
				0,5	3,6

Die letzte Tabelle zeigt, daß die Werte für Traubenzucker mit denen für Rohrzucker befriedigend übereinstimmen. Bei Elektrolyten muß die Dissoziation in Ionen berücksichtigt werden: Für 1 mol. $CoCl_2$-Lsg. erhält man $s_5 = 21$ cm, für 1 mol. Traubenzuckerlsg. $s_5 = 8$ cm; demnach müßte die $CoCl_2$-Lsg. $21 : 8 = 2{,}625$ Moleküle bzw. Ionen enthalten. Bei vollständiger Dissoziation wären drei Ionen vorhanden; daraus ergibt sich der Dissoziationsgrad $\alpha_1 : 100 = 2{,}625 : 3$, d. h. $\alpha_1 = 87{,}5\,\%$. Entspr. erhält man für eine 2-mol. NaCl-Lsg. unter der Annahme, daß für die 2-mol. Traubenzuckerlsg. $s = 16$ ist, $24 : 16 = 1{,}5$ u. $\alpha_2 : 100 = 1{,}5 : 2$ oder $\alpha_2 = 75\,\%$.

In Lsgg. geringerer Mol-Konz. ergeben sich Unregelmäßigkeiten, da die Membran für Elektrolyte dann nicht mehr absol. semipermeabel ist. Das läßt sich einmal durch die Ggw. von Cl-Ionen außerhalb der Zelle nachweisen u. zweitens durch das Auftreten einer negativen Osmose für 0,2-molare NaCl-Lsg.

W. Otto, Pr. 8 (59) Ch. 81—85.

2. Raoulisches Gesetz der Dampfdruckerniedrigung (1883)

Als Ursache des osmot. Druckes kann man das Verdünnungsbestreben einer Lsg. ansehen. Da dieses Bestreben durch den gelösten Stoff bewirkt wird, wird dieser jeden Vorgang zu hindern suchen, der die Menge des Lösungsm. vermindert.

a) Lösung von Benzoesäure in Äther

109. Man fülle 20 g Äther u. 20 g einer gesätt. Lsg. von Benzoesäure in Äther in je einen kleinen Erlenmeyerkolben, verbinde beide nach dem Wägen durch ein Rohr u. wäge nach einer halben Std. abermals jeden Kolben. Man wird dann feststellen, daß der Kolben mit dem Äther ebensoviel an Gew. abgenommen, wie der mit der Benzoesäurelsg. zugenommen hat. Der reine Äther hat also einen höheren Dampfdruck als die Lsg. u. wandert deshalb als Dampf in diese, um sich dort niederzuschlagen.

b) Lösung von Jod in Äther

Wird eine Subst. mit geringem Dampfdruck in einem Lösungsm. mit dem Dampfdruck p_0 gelöst, so erleidet die Lsg. eine Dampfdruckerniedrigung

$$p_0 - p_1 = \frac{p_1 \cdot m \cdot M_0}{M \,.\, 1000},$$

worin p_1 der Dampfdruck der Lsg. ist, wenn m g Substanz auf 1000 g Lösungsm. kommen, M das Molekulargew. der gelösten Subst. u. M_0 das des Lösungsm. ist. Aus der Gl. erhält man

$$p_1 = \frac{p_0}{\frac{m\,M_0}{M \cdot 1000} + 1}.$$

Sind 1 Mol Subst. in 1000 g Lösungen., also $m = M$, so wird

$$p_1 = \frac{p_0}{\frac{m_0}{1000} + 1}.$$

Da für Jod die Löslichkeit in 1000 g Äther etwa 1 Mol Jod ist, kann man p_1 u. $p_0 - p_1$ berechnen: Die Dampfspannung des Äthers ($M_0 = 74$) beträgt bei 20° $p_0 = 440$ Torr; folglich ist

$$p_1 = \frac{440}{\frac{74}{1000} + 1} = 440 : 1{,}074 = 410 \text{ Torr},$$

$$p_0 - p_1 = 30 \text{ Torr}.$$

110. Man spanne eine Titrierbürette umgekehrt in ein Stativ u. setze auf die Ausflußspitze ein $CaCl_2$-Rohr. Die Bürette ist mit W. gefüllt und taucht in ein mit W. gefülltes Becherglas. Durch Öffnen des Hahnes lasse man 15 ml Luft eintreten u. markiere den Stand. Dann läßt man aus dem $CaCl_2$-Rohr ca. 3 ml gesätt. äther. Jodlsg. einfließen u. lese den neuen Stand v_1 ab. Läßt man dann noch eine gleiche Menge reinen Äther nachfließen, so erhält man für den Dampfdruck des Äthers das Vol. v_0. Bei einem Luftdruck von b Torr erhält man als Dampfdruck der Lsg.

$$v_1 : (v_1 - 15) = b : p_1 \quad \text{oder} \quad p_1 = \frac{(v_1 - 15) \cdot b}{v_1}$$

und als Dampfdruck des Äthers

$$v_0 : (v_0 - 15) = b : p_0 \quad \text{oder} \quad p_0 = \frac{(v_0 - 15) \cdot b}{v_0}.$$

B e i s p i e l : Bei einem Luftdruck von 740 Torr ist

$$v_1 = 32{,}7 \text{ ml, also } p_1 = \frac{17{,}7 \cdot 740}{32{,}7} = 400{,}6 \text{ Torr},$$

$$v_0 = 37{,}8 \text{ ml, also } p_0 = \frac{22{,}8 \cdot 740}{37{,}8} = 446{,}3 \text{ Torr}.$$

W, Seeger, MNU **11** (58/59) 417—418.

3. Gefrierpunktserniedrigung und Siedepunkterhöhung. Molekulargewicht gelöster Substanzen. Dissoziationsgrad

a) Molare Gefrierpunktserniedrigung und molare Siedepunktserhöhung: Wird 1 Mol einer Subst. in 1000 g Lösungsm. gelöst, so wird der Gefrierpunkt der Lsg. um e_g° erniedrigt u. der Siedepunkt um e_s° erhöht. Rufen m g Subst. in 1000 g Lösungsm. die Gefrierpunktserniedrigung g bzw. die Siedepunktserhöhung s hervor, so gilt

bei Gefrierpunktserniedrigung	bei Siedepunktserhöhung
$M : m = e_g : g$,	$M : m = e_s : s$.

Sind nicht m g in 1000 g, sondern a g Subst. in l g Lösungsmittel, dann ist $m : 1000 = a : l$, und man erhält bei Gefrierpunktserniedrigung — bei Siedepunktserhöhung

$$M : 1000 = \frac{e_g}{g} \cdot \frac{a}{l}, \qquad M : 1000 = \frac{e_s}{s} \cdot \frac{a}{l},$$

$$M = 1000 \cdot e_g \cdot \frac{a}{g \cdot l}, \qquad M = 1000 \cdot e_s \cdot \frac{a}{s \cdot l}.$$

Die mol. Gefrierpunktserniedrigungen u. Siedepunktserhöhungen e_g u. e_s der gebräuchlichsten Lösungsm. sowie deren Gefrierpunkte F u. Siedepunkte Kp gibt folgende Tabelle:

Lösungsmittel	F°	e_g°	Kp°	e_s°
Wasser	0	1,86	100	0,515
Äthanol			78,3	1,04
Eisessig	16,5	3,9	118	3,07
Harnstoff	132,7	21,5		
Benzol	5,49	5,07	80,12	2,64
Phenol	41	7,27		
Naphthalin	80,4	6,9		
Kampfer	178,8	40,0		

M. Schmidt, P. **45** (32) 152.

b) Dissoziationsgrad: Bei Elektrolyten sind die Moleküle mehr oder weniger in Ionen gespalten: $AB \rightleftarrows A^+ + B^-$. Das Verhältnis der Zahl der gespaltenen Moleküle zur Zahl aller Moleküle nennt man den Dissoziationsgrad α. Sind z. B. von 100 Molekülen x Moleküle gespalten, dann ist $\alpha = x/100$.

Ist n die Zahl der Ionen, in die 1 Mol. zerfallen kann ($n = 2$ bei NaCl, $n = 3$ bei $CaCl_2$ usw.), dann ist die Summe aller Teilchen (Moleküle + Ionen): $(100 - x) + nx = 100 + (n - 1)\,x$. Die Gefrierpunktserniedrigung bzw. Siedepunktserhöhung ohne Dissoziation wäre

$$g(s) = \frac{1000\, e_{g(s)}}{M} \cdot \frac{a}{l};$$

bei Dissoziation ist aber g_α bzw. s_α größer, woraus folgt

$$\frac{g_\alpha}{g} \text{ bzw. } \frac{s_\alpha}{s} = \frac{100 + (n-1)\,x}{100} = 1 + (n-1)\,\frac{x}{100}; \left(\frac{x}{100} = \alpha\right)$$

$$\alpha = \frac{g_\alpha - g}{g\,(n-1)} \text{ bzw. } \alpha = \frac{s_\alpha - s}{s(n-1)}.$$

c) Gefrierpunktserniedrigungen: Als Gefriergefäß benutze man ein Reagenzglas mit Thermometer (0,1°- oder 1/1°-Teilung bei 2 mm Gradabstand) u. Rührer. Die Ablesung geschieht mit Lupe. Kühlgefäß ist eine Thermosflasche oder ein Becherglas mit Eis-Kochsalz, Eis oder kaltem Wasser, z. B. für Essigsäure. Beim Abkühlen der Lsg. treten fast immer Unterkühlungen auf, bevor das Thermometer den Gefrierpunkt der Lsg. anzeigt. Bestimmt man außerdem noch den Gefrierpunkt des Lösungsm. mit demselben Thermometer, so kann man aus der Temperaturerniedrigung das Molekulargew. bzw. den Dissoziationsgrad bestimmen.

111. *Wasser als Lösungsmittel*

Beispiele:

Substanz	Gew. a g	H_2O l g	Gefr.-Ern. g°	Mol - Gew.	Dissgrd. α
Äthanol (Mol.-Gew. 46)	2,92	58,3	2,05	45,5	
Essigsäure (Mol.-Gew. 60)	5,60	100	1,76	59,1	
KNO_3 (Mol.-Gew. 101)	4,43	58,4	2,14 (1,38)		55 %

W. Bahrdt, P. **47** (34) 9—13.

112. *Harnstoff als Lösungsmittel*

Handelt es sich um die Molekulargeww. von Elektrolyten, so empfiehlt sich die Anwendung von Harnstoff als Lösungsmittel. Der Elektrolyt wird in diesem Falle vorher mit etwa der 25fachen Menge Harnstoff zusammengeschmolzen, wobei die Temp. von 140° C nicht überschritten werden darf. Nach dem Erkalten wird die Schmelze fein zerrieben u. ihr *F* mit dem des reinen Harnstoffs (133° C) verglichen.

Beispiele:

Substanz	Menge *a* g	Harnstoff *l* g	*F* °C	Gefr.-Ern. g°	Mol.-Gew. gef.	ber.
Harnstoff	—	—	133	—	—	—
NaCl	0,0315	1,260	123	10	53,75	58,45
K Cl	0,104	2,160	119	14	73,94	74,56
K Br	0,083	1,659	124	9	119,52	119,02
K J	0,092	1,844	126	7	153,24	166,03
HgO	0,101	2,028	128,5	4,5	237,95	216,61
Rohrzucker	0,256	2,560	126,5	6,5	330,8	342,2

R. Scharf und H. Golombeck, P. 51 (38) 110—113.

113. *Andere Lösungsmittel*

Beispiele:

Substanz	Lösungsmittel	e_g	%-Geh.	g	Mol.-Gew. gef.	ber.
Harnstoff $CO(NH_2)_2$	Essigsäure 96 %	3,8	6 3	3,6 1,85	63,3 61,6	60
Benzoesäure C_6H_5COOH	Eisessig	3,9	5	1,55	122,6	122
Oxalsäure, wssfr. HOOC · COOH	Eisessig	3,9	4	1,67	91	90
Resorcin $C_6H_4(OH)_2$	Eisessig	3,9	4	1,37	113,9	110
Naphthalin $C_{10}H_8$	Benzol	5,07	5	2,18	117	128
Traubenzucker $C_6H_{12}O_6$	Wasser	1,86	6	0,65	171,7	130 180

W. Trautmann, P. 53 (40) 78—80.

d) Siedepunktserhöhungen wässeriger Lösungen

114. Eine Thermosflasche (0,5 l) wird mit Thermometer (0,1°-Teilung), Rührer u. Tauchsieder gewogen (bis auf ganze g), mit ca. 300 ml dest. W. gefüllt u. bis zum Sieden erhitzt, wobei vor Erreichen des Siedepunktes die Wärmezufuhr durch Zwischenschalten einer 60-W-Lampe auf ca. 2 cal/Sek. herabgedrückt wird. Nachdem man den Kp des W. genau festgestellt hat, schütte man die gewogene Subst. hinein u. bestimme die Siedepunktserhöhung. Dann erst stelle man die Wassermenge fest. Da durch regelmäßig auftretenden Siedeverzug die Quecksilberkuppe des Thermometers etwas auf- u. abschwankt, lese man zweckmäßig die Täler der Wellenbewegung ab u. nehme den Mittelwert als Siedepunktserhöhung. Statt des Tauchsieders kann man auch Wasserdampf in das Dewargefäß leiten, um die Siedepunkte zu bestimmen.

115. Benutzt man als Siedegefäß einen Kolben, den man von unten mit dem Bunsenbrenner oder elektrisch erhitzt, so empfiehlt es sich, durch Zusatz von ca. 3 g Aluminiumkörnern u. 5 Tropfen 30%ig. Schwefelsäure den sonst auftretenden Siedeverzug zu vermeiden. Ein zu starkes Verdampfen des W. kann durch ein aufgesetztes Kugelrohr verhindert werden. Hat man in den Korken des Kolbens noch ein Einwurfrohr mit Stopfen eingesetzt, so lassen sich mehrere Bestimmungen hintereinander ausführen, wobei Wiederholungen meist genauer ausfallen. Für den Wasserverlust beim Einwerfen sind jedesmal 1 % der Wassermenge abzuziehen.

W. Bahrdt, P. **47** (34) 13—16; B. Malowski, Ubl. **46** (40) 118—119; Pr. **6** (57) Ch. 26—28; E. Bader, MNU **7** (54/55) 330—331.

XI. Chemisches Gleichgewicht

Eine Rk. A + B = C + D kommt zum Stillstand, wenn die Reaktionsgeschwindigkeiten in beiden Richtungen gleich groß geworden sind. Daß diese von den Konzz. der reagierenden Substanzen abhängig sind, hat bereits CARL FRIEDRICH WENZEL 1777 gefunden, als er Säuren in abgestufter Konz. auf Metalle einwirken ließ u. die Zeiten bis zur völligen Zers. miteinander verglich. 1867 konnten die beiden Norweger GULDBERG u. WAAGE zeigen, daß sich das Gleichgewicht durch Konzentrationsänderungen verschiebt, daß es sich also z. B. durch Zusatz von Subst. (= Masse) auf der einen oder anderen Seite der Reaktionsgleichung ändert. Sie fanden damit das auf alle Rkk. anwendbare *Massenwirkungsgesetz,* dessen Glültigkeit in zahlreichen Verss. nachst. gezeigt wird.

1. Wassergasgleichgewicht: $CO_2 + H_2 \rightleftarrows CO + H_2O$

Glühdrahtpipette nach P. Rischbieth (Abb. 18). Gasbürette (100 ml). H_2-Entwickler. CO_2-Entwickler. CO_2- u. CO-Absorptionspipetten.

a) Reduktion des Kohlendioxids durch Wasserstoff

116. Man lasse je 60 ml Wasserstoff und Kohlendioxid in die Glühdrahtpipette eintreten u. bringe den Draht zum Glühen. Zunächst dehnt sich das Gasgemisch infolge Erwärmung durch den Glühdraht stark aus, bis bei heller Rotglut die Rk. u. die infolge H_2O-Kondensation eintretende Volumenkontraktion beginnt. Nach 30—40 Sek. fängt das Vol. durch die zugeführte Wärme an, sich wieder auszudehnen. In diesem Augenblick ist das Gleichgewicht hergestellt. Sobald der obere Teil der Pipette abgekühlt ist, wird der CO_2-Rest mit Kalilauge u. das gebildete CO mit CuCl-Lsg. bestimmt.

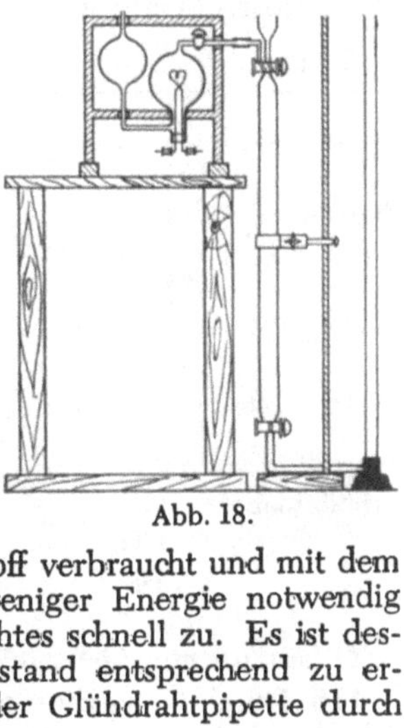

Abb. 18.

Da bei der Reaktion Wasserstoff verbraucht und mit dem Fortschreiten der Rk. immer weniger Energie notwendig wird, nimmt die Temp. des Drahtes schnell zu. Es ist deshalb ratsam, den elektr. Widerstand entsprechend zu erhöhen, da sonst der Draht in der Glühdrahtpipette durchschmelzen könnte.

Beispiel:

	Bürettenstand	Vol.
H_2		60 } 120
CO_2		60
Nach der Reduktion	26	
Kontraktion		46
Nach Absorption d. CO_2	39,4	
CO_2-Rest		13,4
Nach Absorption d. CO	85	
CO		45,6
H_2-Rest		15

b) Oxydation des Kohlenmonoxids durch Wasserdampf

117. Läßt man 60 ml CO über W. ca. 2 Min. in Berührung mit dem Glühdraht der Pipette, so erhält man fast die gleichen Werte wie in Vers. Nr. 116.

Beispiel:

	Bürettenstand	Vol.
CO	40	60
Nach dem Erhitzen	28,6	71,4
Nach Absorption des CO_2	41,7	
CO_2		13,1
Nach Absorption des CO	84,9	
CO		43,2
H_2-Rest		15,1

Zusammenfassung:		Aus 60 ml CO_2 u. 60 ml H_2	aus 60 ml CO
erhält man:	CO:	45,6 ml	43,2 ml
	CO_2	13,4 ml	13,1 ml
	H_2	15,0 ml	15,1 ml

c) Einfluß von überschüssigem Wasserstoff

118. Durch überschüssigen Wasserstoff verschiebt sich das Gleichgewicht nach rechts zugunsten der CO-Bildung.

Beispiel:

	Bürettenstand	Vol.
CO_2	4,5	15,5 } 95,5
H_2	20	80
Nach der Reduktion	18,2	
Kontraktion		13,7
Nach der Absorption des CO_2	19,5	
CO_2		1,3
Nach der Absorption des CO	33,5	
CO		14,0

P. Rischbieth, Quant. Verss., **1928**, S. 84—87; vgl. P. **34** (21) 210; P. **35** (22) 28.

Die Verss. zeigen, daß zwischen CO_2, H_2 u. CO ein Gleichgewicht besteht, das vom Mengenverhältnis abhängig ist. Auch die Temp. spielt dabei eine Rolle. Erhitzt man z. B. ein Gasgemisch aus gleichen Volumteilen CO_2 u. H_2 auf 850° C u. untersucht dann das Reaktionsgemisch, so stellt man fest, daß es aus je ¼ Volumteilen CO_2-, H_2-, CO- u. H_2O-Dampf besteht; ebenso ist es, wenn man gleiche Volumteile CO- u. H_2O-Dampf bei 850° C zusammenbringt. Die Rk. ist also umkehrbar u. führt zu einem Gleichgewichtszustand, der von beiden Seiten nach kurzer Zeit erreicht wird u. zeigt, daß in jedem Falle die Geschwindigkeit v_1, mit der die Rk. von links nach rechts verläuft, gleich der in umgekehrter Richtung verlaufenden Geschwindigkeit v_2 ist: $v_1 = v_2$. Sieht man auf Grund der kinet. Gastheorie die Gasmoleküle als Kugeln an, die im Raume unaufhörlich u. ungeordnet mit einer von der Temp. abhängigen Geschwindigkeit hin- und herfliegen, so ist die Möglichkeit des Zusammenstoßes einer CO_2-Molekel mit einer H_2-Molekel gegeben, wobei die Bldg. einer CO-Molekel u. einer H_2O-Molekel stattfinden kann. Die Reaktionsgeschwindigkeit ist also von der Zahl der Zusammenstöße u. damit auch von der Zahl der vorhandenen Moleküle abhängig.

Nehmen wir zunächst einmal an, daß sich im Reaktionsraum nur 1 Mol. CO_2 u. 1 Mol. H_2 befinden und die Zahl der Zusammenstöße pro Sek. a sei. Bringen wir hierzu ein

2. Molekül H_2, so wird dieses ebenfalls mit dem CO_2-Mol. a-mal in der Zeiteinheit zusammenstoßen u. ebenso jedes folgende Molekül.

Beträgt also

die Zahl der Zusammenstöße von 1 CO_2 mit 1 H_2 a,

so beträgt

die Zahl der Zusammenstöße von 1 CO_2 mit 2 H_2 2a,
„ „ „ „ „ 1 CO_2 mit 3 H_2 3a,
„ „ „ „ „ 1 CO_2 mit n H_2 na,
„ „ „ „ „ 2 CO_2 mit n H_2 2na,
„ „ „ „ „ m CO_2 mit n H_2 mna.

Das Entsprechende gilt für die rechte Seite der Reaktionsgleichung, also für die Einwirkung von CO auf H_2O.

Bezeichnet man die Zahl der Moleküle in 1 l als Konz. u. setzt man für die Konz. von CO_2 c_1, von H_2 c_2, von CO c_3 u. von H_2O c_4, dann tritt an Stelle von $m \cdot n \cdot a$ jetzt $c_1 \cdot c_2 \cdot a$, u. die Geschwindigkeit für die linke Seite der Rk. wird $v_1 = p_1 \cdot c_1 \cdot c_2 \cdot a$, wobei p_1 ein Proportionalitätsfaktor ist, während für die rechte Seite entsprechend $v_2 = p_2 \cdot c_3 \cdot c_4 \cdot b$ gilt. p_1, p_2, a u. b sind von Druck u. Temp. abhängige Konstanten. Setzt man $p_1 \cdot a = k_1$ u. $p_2 \cdot b = k_2$, so erhält man $v_1 = k_1 \cdot c_1 \cdot c_2$ u. $v_2 = k_2 \cdot c_3 \cdot c_4$.

Im Gleichgewichtszustand ist $v_1 = v_2$, also $k_1 \cdot c_1 \cdot c_2 = k_2 \cdot c_3 \cdot c_4$ oder

$$\frac{c_1 \cdot c_2}{c_3 \cdot c_4} = \frac{k_2}{k_1} = K.$$

K ist die temperaturabhängige Gleichgewichtskonstante.

Für das sog. Wassergasgleichgewicht bei 850° C (¼ Rmt. CO_2-, ¼ Rmt. H_2-, $^1/_4$ Rmt. CO u. $^1/_4$ Rmt. H_2O-Dampf) erhält man

$$K = \frac{\frac{1}{4} \cdot \frac{1}{4}}{\frac{1}{4} \cdot \frac{1}{4}} = 1.$$

Aufgabe: Berechne den CO-Anteil in einem Gemisch aus gleichen Raumteilen CO_2-, H_2- u. H_2O-Dampf bei 850°!

Lösung: Bezeichnet man den gesuchten CO-Anteil mit x, so werden die CO_2- u. H_2-Raumteile um je 1 x vermindert u. der H_2O-Raumteil um x vermehrt:

$$\frac{(c_1 - x) \cdot (c_2 - x)}{x\,(c_4 + x)} = 1 \quad c_1 = c_2 = c_4\ (= c)$$

$$c^2 - 2\,c\,x + x^2 = c\,x + x^2$$

$$x = \frac{1}{3}\,c$$

2. Acetylengleichgewicht: $2C + H_2 \rightleftharpoons C_2H_2$

119. Zwischen zwei Kolbenprober schalte man ein Supremaxrohr, in dem man einen Kohlelichtbogen erzeugen kann, u. fülle das Rohr vollständig u. die Kolben zum Teil mit Wasserstoff, der absolut trocken sein muß, weil sich sonst Wassergas nach der Gl. $H_2O + C = H_2 + CO$ bilden u. das Vol. vergrößern würde. Knallgasprobe! Nachdem der Lichtbogen während des Hin- und Herleitens des Wasserstoffs ca. 5 Min. gebrannt hat, stelle man nach dem Abkühlen Volumengleichheit fest. Das erhaltene Gas brennt mit leuchtender, rußender Flamme.

120. Bringt man zwischen die Kolbenprober ein Supremaxrohr mit einer Funkenstrecke zwischen zwei Kupferdrähten u. füllt das Rohr u. den einen Kolbenprober mit Acetylen, so bildet sich beim Überspringen der Funken eine Brücke aus Kohlenstoffteilchen, die man durch Abklopfen immer wieder entfernen muß. Nach dem Abkühlen ist das Vol. unverändert.

M. Schmidt, P. **52** (39) 201—202.

3. Generatorgasgleichgewicht: $CO_2 + C \rightleftharpoons 2\,CO$

121. An ein mit trockener Holzkohle gefülltes Quarzrohr schließe man beiderseits je einen Kolbenprober an, von denen man den einen etwa zur Hälfte mit trockenem CO_2 gefüllt hat. Saugt man nach starkem Erhitzen des Rohres das CO_2 über die Kohle in den anderen Kolbenprober, so beobachtet man eine beträchtliche Volumenzunahme. Nach 2- bis 3maligem Hin- u. Herleiten bleibt schließlich das Vol. konstant.

In ihm läßt sich stets etwas CO_2 nachweisen. Verknallt man das durch Kalilauge gereinigte Gas mit der halben Menge O_2 im Quecksilbereudiometer, so geht das Volumen auf $^2/_3$ zurück nach der Gl. $2\,Co + O_2 = 2\,CO_2$.

Die nötige hohe Temperatur erreicht man, wenn man das Rohr in einem aus Blech hergestellten Ofen erhitzt.

M. Schmidt, P. **53** (40) 172; Th. Theimann, Pr. **2** (53) 62—63.

122. In ein mit Holzkohlensplittern gefülltes, elektr. beheiztes Quarzrohr ragt ein Thermoelement (Konstantan-Chromnickel) u. ihm gegenüber ein T-Stück zur Gasabnahme hinein. Man leite einen mäßigen Strom aus trockenem CO_2 ein, bringe das Rohr auf die gewünschte Temp., nehme das Gas mit dem Kolbenprober ab u. untersuche seine Zusammensetzung.

Beispiel:

Mavometer-ausschlag	Temp. °C	% CO	% CO_2	$K = \frac{[CO]^2}{[CO_2]}$
28,5	600	13	87	$1{,}94 \cdot 10^{-2}$
34	700	53	47	$6{,}0 \cdot 10^{-1}$
39	800	81	19	3,453

E. Schwarz von Bergkampf, P. **45** (32) 115—117; vgl. R. Scheer, Pr. **7** (58) Ch. 45—46.

123. Man leite das aus Natriumformiat u. konz. Schwefelsäure gebildete CO durch eine Verbrennungsröhre, in der sich zwischen Asbestpfropfen eine 10 cm lange Schicht von entwässerten Brauneisenerzstückchen befindet, die von außen erhitzt wird. Knallgasprobe! Das aufgefangene Gas wird mittels Kalilauge auf seinen CO_2-Geh. untersucht. Geschwindigkeit des Gasstromes: ca. 1 mm/Sek.

124. Leitet man dann umgekehrt trockenes CO_2 bei gleicher Temperatur durch dasselbe Rohr, so erhält man ein

Gasgemisch aus CO u. CO_2, das den gleichen CO_2-Geh. hat wie im vorigen Versuch.

Das Brauneisenerz wirkt hierbei als Katalysator. Daß sich an ihm Kohlenstoff abgeschieden hat, kann man durch Kalkwassertrübung nachweisen, wenn man Sauerstoff langsam durch das erhitzte Rohr leitet.

P. Rischbieth, P. **44** (31) 22—24.

4. $C + O_2 \rightleftarrows CO_2$; $2\,C + O_2 \rightleftarrows 2\,CO$

125. Leitet man Sauerstoff von oben durch ein senkrecht gestelltes Verbrennungsrohr, das zwischen Asbestpfropfen feinkörnige, ausgekühlte Holzkohle enthält, u. erhitzt diese oben mit einem oder zwei Bunsenbrennern, so erhält man je nach Temp. u. Sauerstoffgeschwindigkeit Gasgemische aus CO_2 u. CO, die etwa gleiche Volumenverhältnisse zeigen, wie man sie in Vers. Nr. 122 gefunden hat.

F. C. G. Müller, P. **32** (19) 42—44.

5. Ammoniakgleichgewicht: $N_2 + 3\,H_2 \rightleftarrows 2\,NH_3$

a) Ammoniaksynthese

Verbrennungsrohr. Cereisen. Reibschale mit Pistill. T-Stück. 2 Schraubenquetschhähne. Wasserstoff- u. Stickstoff-Entwickler. 2 Waschflaschen. Bunsenbrenner. 2 Kolbenprober. Glaswolle. Eisenpulver. Al_2O_3.

α) Cereisen als Katalysator

126. An ein Verbrennungsrohr, das mit gepulvertem Cereisen (aus 6—8 Zündsteinen) beschickt ist, wird ein T-Stück mit Schraubenquetschhähnen u. je einem Wasserstoff- u. Stickstoffentwickler mit vorgeschalteten Wasserflaschen, die konz. Schwefelsäure enthalten, angeschlossen. Zunächst wird Wasserstoff durch das Rohr geleitet. Nach negativer Knallgasprobe wird das Rohr erhitzt, wobei unter Aufglühen des Pulvers Cerhydrid zu entstehen scheint, das den gleichzeitig übergeleiteten Stickstoff in NH_3 verwandelt. Ist das Verhältnis $N_2 : H_2 = 1 : 3$, was man durch Auszählen der Gasblasen erreichen kann, so läßt sich das gebildete Ammoniak bes. gut nachweisen: Geruch, Lackmus, Salzsäure usw. Fängt man es im trockenen Kolbenprober auf, so kann man es quantitativ bestimmen, z. B. durch Titration.

E. Mannheimer, P. **29** (16) 207; vgl. auch F. Haber und R. Le Rossignol, B. **40** (07) 2144—2154.

127. Man kann auch mit zwei Kolbenprobern arbeiten, zwischen denen sich das Verbrennungsrohr mit auf Glaswolle fein verteiltem Cereisenpulver befindet. Füllt man den einen Prober mit 25 ml Stickstoff u. das Rohr sowie den zweiten Kolbenprober mit 75 ml Wasserstoff (Knallgasprobe!), so beobachtet man nach Hin- und Herbewegen der Gase über den schwach glühenden Katalysator starke Volumenabnahme. Das gebildete Ammoniak kann man wie in Nr. 126 nachweisen.

H.-H. Hövermeyer, MNU **12** (59/60) 320—321.

β) Eisenpulver und Al-Oxyd als Katalysator

128. Ein Katalysator aus 2 Gew.-Teilen Eisenpulver u. 1 Gew.-Teil Al-Oxid auf Glaswolle wirkt bereits bei geringer Erhitzung.

F. Bukatsch, Pr. **9** (60) Ch. 52—53.

γ) Synthese am Glühdraht

12-Volt-Lampe. Widerstand. Weites Kugelrohr mit Stopfen u. Glasrohr. 2 Zuleitungen. Siegellack. Wasserstoff- u. Stickstoffentwickler. 2 Waschflaschen mit konz. Schwefelsäure. Lackmus.

129. Die Pole am Sockel einer kleinen elektr. Lampe, z. B. einer 12-Volt-Lampe, deren Glaskolben entfernt ist, werden mit Zuleitungen versehen u. mit Siegellack in ein Glasrohr gekittet, das in ein weites Kugelrohr eingeführt wird. Dann leite man von unten her ein Gemisch aus Stickstoff u. Wasserstoff im Verhältnis 1 : 3 ein u. bringe nach negativer Knallgasprobe den Lampendraht zu schwachem Glühen (Widerstand!). Dabei entsteht Ammoniak, das man am oberen Ende des Kugelrohres mit Lackmus nachweisen kann.

Nimmt man statt des Lampendrahtes dünnen Eisendraht, dann dauert die Rk. länger.

W. Flörke, P. **39** (26) 80, 283.

b) Zerlegung des Ammoniaks in Stickstoff u. Wasserstoff

α) Cereisen oder Eisenwolle als Katalysatoren

2 Kolbenprober. Verbrennungsrohr mit Cereisenpulver oder Eisenwolle. Kolben mit Tropftrichter. Ammoniak 25 %). Festes Kaliumhydroxid. Natronkalkrohr. Verbindungsschläuche.

130. Werden 50 ml Ammoniak, das man durch Auftropfen einer konz. Ammoniaklsg. auf festes KOH u. Trocknen im Natronkalkrohr erhalten hat, aus einem Kolbenprober über stark erhitztes grobes Cereisenpulver oder Eisenwolle in einen zweiten Kolbenprober geleitet u. wird der Vers. 2- bis 3mal wiederholt, so verdoppelt sich das Volumen. Der Totraum ist mit Albest oder Stickstoff auszufüllen.

Die ersten Verss. verlaufen wenig befriedigend, weil das Cereisen bzw. die Eisenwolle durch den Stickstoff offenbar erst in Cer- bzw. Eisennitrid verwandelt werden müssen.

M. Schmidt, P. 52 (39) 199; W. Flörke, MNU **1943**, 67—68.

β) Zerlegung durch Induktionsfunken

Knallgaseudiometer mit Induktor. Quecksilber. Palladiumrohr. — 2 Kolbenprober. Rohr mit eingebauter Funkenstrecke (2 cm lang). Ammoniakgas (wasserfrei). Stickstoff. Sauerstoff.

131. Schließt man in ein Knallgaseudiometer trockenes Ammoniak über Quecksilber ein u. läßt längere Zeit kräftige Funken überspringen, so ist das Vol. nach dem Abkühlen fast doppelt so groß; denn das Gleichgewicht $N_2 + 3\,H_2 \rightleftarrows 2\,NH_3$ ist bei 1000° fast vollständig nach links verschoben. Der entstandene Wasserstoff kann im Pd-Rohr bestimmt werden.

P. Rischbieth, P. 15 (02) 80; Quant. Verss. **1928** S. 58.

132. Leitet man trockenes Ammoniakgas aus einem Kolbenprober durch das Rohr mit der Funkenstrecke in einen zweiten Kolbenprober, so wird beim Überspringen der Funken nach wiederholtem Hin- u. Herleiten des Ammoniaks sein Vol. fast verdoppelt. Um die umständliche Volumenbest. des Rohrinhaltes zu vermeiden, fülle man das Rohr vorher mit Stickstoff. Ist das Ammoniak nicht absol. trocken oder sind geringe Wasserreste im Gerät, so erhält man ein zu großes Vol., weil dann die gelösten Ammoniakmengen auch an der Rk. teilnehmen.

Der entstandene Wasserstoff kann durch Verbrennen mit Sauerstoff bestimmt werden.

M. Schmidt, P. **52** (39) 199.

γ) Zerlegung am glühenden Platindraht

2 Kolbenprober. Glasrohr mit eingeschmolzener Platindrahtspirale. — Glühdrahtpipette. Palladiumrohr oder Knallgaseudiometer. Ammoniak (wasserfrei).

133. Man fülle einen Kolbenprober mit 40 ml trockenem Ammoniak u. verbinde ihn über die Platindrahtspirale mit einem zweiten Kolbenprober. Dann schließe man die Platindrahtspirale an eine Stromquelle u. bringe sie auf helle Rotglut (10—15 A). Drückt man jetzt das Ammoniak wiederholt über die Spirale, so wird es fast vollständig in Stickstoff u. Wasserstoff zerlegt. Den Ammoniakrest kann man durch Lösen in W. bestimmen.

Beispiele:

Ausgangs-Vol. ml	Endvol. ml	absorb. NH_3 ml	NH_3 in Rk. ml	Rest ml
40	78	2	38	76
40	76	4	36	72
39	77	3	36	79
36	70	2	34	68

A. Kemper, Pr. **6** (57) Ch. 91.

134. Hat man eine Glühdrahtpipette (Abb. 18) zur Verfügung, so fülle man sie mit trockenem Ammoniak u. verbinde sie mit einem Kolbenprober bzw. mit einer mit W. gefüllten Gasbürette. Dann bringe man den Platindraht zur hellen Rotglut. Das Ammoniak dissoziiert in Stickstoff u. Wasserstoff, so daß sich das Vol. nach dem Abkühlen fast verdoppelt hat. Der Wasserstoff läßt sich durch Überleiten über Pd bzw. durch Verbrennen mit Sauerstoff bestimmen.

P. Rischbieth, P. 40 (27) 219—220; Quant. Verss. 1928, S. 54—57.

Das Le Chatelier-Braunsche Gesetz von der Verschiebung der Gleichgewichte besagt, daß jedes bewegliche System bei Temperaturerhöhung das Gleichgewicht nach der Richtung verlagert, in der der Wärme verbrauchende Vorgang einsetzt, u. bei Erhöhung des Druckes nach der Richtung, in der das Vol. abnimmt. NH_3 entsteht aus den Elementen unter Wärmeentwicklung u. Volumenabnahme: $N_2 + 3\,H_2 = 2\,NH_3$. Daher arbeitet die techn. NH_3-Synthese mit hohem Druck u. einer so niedrigen Temp., daß der Katalysator gerade noch wirkt. In einem Gemisch aus 1 Rmt. N_2 u. 3 Rmt. H_2 entstehen folgende prozentualen NH_3-Mengen:

Temp. °C	Druck in at: 1 at	30 at	100 at	200 at
200	15,3	67,6	80,6	85,8
300	2,18	31,8	52,1	62,8
400	0,44	10,7	25,1	36,3
600	0,049	1,43	4,47	8,25
800	0,0117	0,35	1,15	2,24

Erst bei ca. 500° C ist die Reaktionsgeschwindigkeit groß genug, um in der Technik Anwendung zu finden. Der Druck beträgt hier 200 at.

Beziehungen zwischen Ausbeute u. Druck in elementarer Darst. bringt R. Scheer, Pr. **6** (57) Ch. 5, eine ausführlichere Darst. gibt R. Rose, MNU **9** (56/57) 327.

6. Ammoniumchlorid-Gleichgewicht: $NH_3 + HCl \rightleftharpoons NH_4Cl$

a) NH_4Cl-Synthese

135. Leitet man in einen Kolben mit Thermometer NH_3- u. HCl-Gas ein, so entsteht unter Erwärmung NH_4Cl als weißer Rauch.

b) NH_4Cl-Dissoziation

136. Erhitzt man im Reagenzglas NH_4Cl, so zerfällt es in NH_3- u. HCl-Gas. Man kann die thermische Dissoziation nachweisen, wenn man in der oberen Hälfte des Reagenzglases feuchtes blaues Lackmuspapier an die Wand klebt, darüber einen Bausch Glaswolle schiebt u. ganz oben feuchtes rotes Lackmuspapier anklebt. Da HCl-Gas schwerer u. NH_3 leichter als Luft sind, wird das untere Papier rot u. das obere blau.

H. Marthaler, Pr. **5** (57) Ch. **38—39.**

7. Gleichgewicht im Deaconprozeß: $4\,HCl + O_2 \rightleftarrows 2\,Cl_2 + 2\,H_2O$

Verbrennungsrohre. 4 Waschflaschen. Stativ mit Klammer. Kolben mit Stopfen, Einleitungs- u. Ableitungsrohr. Dreifuß mit Asbestdrahtnetz. Bunsenbrenner. Bimsstein, gekörnt. Konz. Salzsäure. Konz. Schwefelsäure. Indigolsg. $KMnO_4$. $CuCl_2$. KJ. Stärke.

137. *Deaconprozeß:* Durch eine zur Hälfte mit konz. Salzsäure gefüllte Waschflasche wird ein Luftstrom geleitet u. dann durch eine zweite Waschflasche mit konz. Schwefelsäure u. durch ein Verbrennungsrohr geführt, an das eine Waschflasche mit schwacher Indigolsg. u. eine zweite mit KJ u. Stärke angeschlossen sind. Das Rohr ist mit Bimsstein gefüllt, der vorher mit konz. $CuCl_2$-Lsg. getränkt u. scharf getrocknet worden ist. Wird der Bimsstein mäßig erhitzt, dann wird die Indigolsg. durch das entstehende Chlor entfärbt und der KJ-Lsg. blau gefärbt (Abzug).

138. *Umkehrung der Reaktion:* Durch dasselbe Rohr kann man einen Chlorstrom, der vorher über in einem Kolben erzeugte Wasserdämpfe gestrichen ist, leiten. Wird das Reaktionsrohr stark erhitzt, dann treten am anderen Rohrende HCl-Nebel auf. Fängt man das Gas über W. auf, so kann man mit dem glimmenden Span Sauerstoff nachweisen.

H. Rheinboldt, Unterr.-Verss **1953**, S. **62—64.**

Für 750° C ist die Gleichgewichtskonstante

$$K = \frac{[Cl_2]^2\,[H_2O]^2}{[H\,Cl]^4\,[O_2]} = 0{,}127\,.$$

Ist x die Konz. des Chlors in Vol.-% u. sind a und b die Anfangskonzz. von HCl u. O_2, so ergibt sich

$$\frac{x^2 \cdot x^2}{(a - 2\,x)^4 \left(b - \frac{x}{2}\right)} = 0{,}127 : 100\,.$$

Bezeichnet man die Stickstoffkonz. der Luft mit c, dann gelten die Beziehungen $a + b + c = 100$ u. $b : c = 1 : 4$. Daraus erhält man $a + b + 4\,b = 100$ oder $b = 20 - a/5$, so daß man für x folgende Gl. 5. Grades findet:

$$\frac{x^4}{(a - 2\,x)^4 \left(20 - \frac{a}{5} - \frac{x}{2}\right)} = 0{,}00127 \quad \text{oder}$$

$$\frac{x^4}{0{,}00127 \left(20 - \frac{a}{5} - \frac{x}{2}\right)} = (a - 2\,x)^4 \quad \text{bzw.}$$

$$\frac{1}{0{,}00127 \left(20 - \frac{a}{5} - \frac{x}{2}\right)} = \left(\frac{a}{x} - 2\right)^4.$$

Die Gl. geht nach Anwendung der Substitution

$$\frac{a}{x} - 2 = u \quad \text{bzw.} \quad x = \frac{a}{u + 2}$$

über in

$$\frac{1}{0{,}00127 \left(20 - \frac{a}{5} - \frac{a}{2\,(u + 2)}\right)} = u^4 \quad \text{oder}$$

$$\frac{7870\,(u + 2)}{(200 - 2\,a)\,(u + 2) - 5\,a} = u^4\,.$$

Zeichnet man die Einheitsparabel $y_1 = u^4$ u. die Schar gleichseitiger Hyperbeln aus

$$y_2 = \frac{7870\,(u+2)}{(200-2\,a)\,(u+2)-5\,a}$$

für verschied. Werte von a, so erhält man nach Einsetzen von a die Werte für u u. $x = a/(u+2)$ die Konz. von x in Vol.-%, z. B. für

a	u	x
10	2,60	2,2
20	2,75	4,2
30	2,95	6,1
40	3,15	7,8

Für jede HCl-Konz. a läßt sich also die erforderliche Clorkonz. x bestimmen u. umgekehrt.

K. H. Cuny und H. Voelkner, P. **55** (42) 148—151.

8. Gleichgewicht der Stickstoffoxide:

$$\underset{\text{hellgelb}}{N_2O_4} \overset{150^\circ}{\rightleftarrows} \underset{\text{tiefbraun}}{2\,NO_2} \overset{620^\circ}{\rightleftarrows} \underset{\text{farblos}}{NO + O_2}$$

Eiskochsalz-Kältemischung. Kolben (100 ml). Glaswolle. Bunsenbrenner. Reagenzglas mit Ableitungsrohr. $Pb(NO_3)_2$. — 2 Kolbenprober, einer mit Hahn. Stativ mit Ring. Geww. Wasserdampfrohr. $NaNO_2$. $FeSO_4 \cdot 7\,H_2O$. Konz. Salzsäure. Sauerstoff.

a) Qualitativer Versuch

139. In eine Eis-Kochsalzmischung wird ein 100-ml-Kolben gestellt u. ein Gemisch von NO_2—O_2 aus $Pb(NO_3)_2$ eingeleitet. Wenn durch Verdampfen eines Teiles von N_2O_4 aller Sauerstoff verdrängt ist, kann man die Phasen der Umwandlung durch Erhitzen und Abkühlen gegen einen weißen Hintergrund gut beobachten. Es empfiehlt sich, den Kolben mit einem Bausch Glaswolle locker zu verschließen.

P. Habitz, MNU **9** (56/57) 413.

b) Quantitative Versuche

140. Man fülle 80 ml NO (erhalten durch Zutropfen einer konz. $NaNO_2$-Lsg. zu einer mit dem gleichen Vol. konz. Salzsäure versetzten $FeSO_4$-Lsg. nach H. Rheinboldt, Unterr.-Verss. **1953,** S. 223) in einen Kolbenprober u. die halbe Menge Sauerstoff in einen zweiten Kolbenprober, verbinde beide u. bringe durch Hin- u. Herschieben der Kolben beide Gase zur Rk: $2\,NO + O_2 = 2\,NO_2$. Nach der Gl. sind 80 ml NO_2 zu erwarten. In Wirklichkeit ist aber das Vol. kleiner, weil eine beträchtliche Menge NO_2 in N_2O_4 übergegangen ist. Stelle aus dem erhaltenen Vol. a ml fest, wieviel ml NO_2 sich in N_2O_4 verwandelt haben!

B e i s p i e l : Aus 80 ml NO_2 haben sich x ml in x/2 ml N_2O_4 umgewandelt; folglich ist

$$(80 - x) + \frac{x}{2} = a\,, \qquad a = 46\text{ ml}$$

$$x/2 = 34$$

Das Gas besteht also aus 12 ml NO_2 u. 34 ml N_2O_4 oder aus 26 % NO_2 u. 74 % N_2O_4.

R. Böse, MNU **11** (58/59) 44.

141. *Temperaturabhängigkeit:* Bringt man den Kolbenprober mit dem NO_2–N_2O_4-Gasgemisch in ein mit Wasserdampf beheiztes Rohr, so zerfällt ein Teil des N_2O_4, so daß eine Volumenzunahme eintritt. Stelle fest, wieviel % N_2O_4 noch im Gasgemisch vorhanden sind!

A. Kemper, Pr. **6** (57) Ch. 1; vgl. R. Böse, l. c., S. 45.

142. *Abhängigkeit vom Druck:* Man hänge den Kolbenprober mit dem Gasgemisch locker in einen Stativring u. erzeuge durch Anhängen von Geww. an den nach unten gerichteten Kolben Unterdruck.

Für die Unters. bei Überdruck kann man das reine NO_2–N_2O_4-Gemisch nicht verwenden, da bei Belastung des Kolbens bald Kondensation eintreten würde. Man vermeidet diese experimentelle Klippe, indem man mit einem mit 50 % Luft verd. Gemisch arbeitet.

Beispiele:

Anfangs- Vol. ml	Anfangs- druck g/cm	Gew. kg	End- druck g/cm	End- Vol. gef.	End- Vol. ber.	Diff.
48	975	1	822	58,7	56,9	+1,8
47,5	975	2	669	73,7	69,6	+4,5
47	975	3	516	98,1	88,8	+9,8
75,7	1083	5	1848	42,2	44,4	- 2,2
75,3	1083	10	2613	26,8	31,2	−4,4

Bezeichnet man die Zahl der Mole/l mit $[NO_2]$ u. $[N_2O_4]$, dann erhält man das Gleichgewicht

$$K = \frac{[NO_2]^2}{[N_2O_4]}$$

und nach Einsetzen der Partialdrucke

$$K' = \frac{p^2_{NO_2}}{p_{N_2O_4}}.$$

In dem Beispiel zu Vers. Nr. 140 (NO_2 = 26 % u. N_2O_4 = 74 %) ist

$$K' = \frac{\left(\frac{26}{100}\right)^2}{\frac{74}{100}} = 0{,}09\,.$$

Bei einem Gesamtdruck von 0,5 at würde man $x/100$ Anteile NO_2 u. $100 - x/100$ Anteile N_2O_4 erhalten; folglich ist

$$\frac{\left(\frac{1}{2}\cdot\frac{x}{100}\right)^2}{\frac{1}{2}\cdot\frac{100-x}{100}} = 0{,}09$$

u. $x = 34{,}4$. Es wären also 34 % NO_2 u. 66 % N_2O_4 vorhanden. Von den ursprünglich vorhandenen 34 ml N_2O_4 in Vers. 140 mögen y ml zerfallen sein; dann wächst der Anteil des NO_2 auf $(12 + 2\,y)$ ml. Das Verhältnis

$$\frac{12 + 2\,y}{34 - y} = \frac{34}{66}$$

ergibt $y = 2{,}2$ ml. Das Gemisch enthält also bei 0,5 at Druck 14,2 ml NO_2 und 31,8 ml N_2O_4.

R. Böse, l. c., S. 44.

9. Gleichgewicht $2\,SO_2 + O_2 \rightleftarrows 2\,SO_3$

Vergl. auch Katalyse: Verss. 181—182.

a) Synthese des SO_3

Elektr. beheiztes Verbrennungsrohr. 3 Waschflaschen. Asbestwolle. Sauerstoff- u. SO_2-Entwickler. Fe_2O_3. 10%ig. alkoh. Jodlsg. Stärke.

143. Durch ein elektr. beheiztes Rohr mit auf Asbestwolle aufgetragenen Fe_2O_3-Katalysator wird ein O_2-Strom (4—5 Gasperlen/Sek.) geleitet, der vorher durch gesätt. SO_2-Lsg. gegangen ist. Das so erhaltene SO_2-O_2-Gemisch, das einen O_2-Überschuß enthält, wird nach der Rk. in eine abgemessene Menge (50 ml) mit Stärke versetzter Jodlsg. (1 ml 10%ig. alkoholische Jodlsg. auf 100 ml Wasser) geleitet, bis die Jodlsg. durch überschüssiges SO_2 entfärbt wird: $SO_3^{2-} + J_2 + H_2O = SO_4^{2-} + 2\,J^- + 2\,H^+$. Bei systemat. Veränderung der Temp. kann man aus der Zeit bis zur Entfärbung der Jodlsg. feststellen, bei welcher Temp. eine optimale Ausbeute erreicht wird.

Beispiel: Bei 600° C seien nach der Umsetzung vorhanden: 68,2 Vol% SO_3, 21,2 Vol% SO_2 u. 10,6 Vol% O_2, in 1 l also 682 ml SO_3, 212 ml SO_2 u. 106 ml O_2. Daraus erhält man als Gleichgewichtskonstante

$$K = \frac{\left(\frac{212}{22\,400}\right)^2 \cdot \left(\frac{106}{22\,400}\right)}{\left(\frac{682}{22\,400}\right)^2} = \frac{(212)^2 \cdot 106}{(682)^2} \cdot \frac{1}{22\,400} = 0{,}000\,46\,.$$

H. Weiss, MNU 11 (58/59) 71.

b) Dissoziation des SO_3

Destillierkolben (50 ml). Glaswolle. Quarzrohr (20 cm lang, 5—6 mm weit) mit Heizofen aus Blech oder Diatomit. 2 Waschflaschen. Stativ mit Klammer. Dreifuß mit Asbestdrahtnetz. Bunsenbrenner. Rauchende Schwefelsäure (40 % SO_3). Platinasbest. Fuchsin. Natronlauge. Kurze Verbindungsschläuche.

144. Das Destillierkölbchen fülle man mit 20 ml rauchender Schwefelsäure, schiebe einen Bausch Glaswolle in den Hals, um den Korken zu schonen, u. verbinde das Seitenrohr mit dem Quarzrohr, in das man eine Flocke Platinasbest bringt. An das freie Ende des Rohres schalte man eine mit Fuchsinlsg. gefüllte Waschflasche u. dahinter eine zweite Waschflasche, die ca. 3 cm hoch mit Natronlauge gefüllt ist. Das Quarzrohr wird auf ca. 1100° C erhitzt (Heizofen aus Blech oder Diatomitsteinen) u. die rauchende Schwefelsäure erwärmt, so daß ein lebhafter Gasstrom durch die Waschflaschen streicht. Ist die Fuchsinlsg. gebleicht u. am Ableitungsrohr der zweiten Waschflasche Sauerstoff nachgewiesen, so unterbreche man das Erhitzen u. trenne die Waschflaschen, indem man den Verbindungsschlauch mit der Schere durchschneidet. Die erste Waschflasche riecht stark nach SO_2; in der zweiten läßt sich Sauerstoff nachweisen.

Kurze Schlauchstücke benutzen! Abzug!

W. Flörke, Ubl. **47** (41) 176—177.

10. Gleichgewicht $MgCO_3 \rightleftarrows MgO + CO_2$

Reagenzglas mit Stativ. Standzylinder. Gaswanne. Bunsenbrenner. Glasrohr. Verbindungsschlauch.

145. Man erhitze etwas $MgCO_3$ im Reagenzglas u. fülle mit dem CO_2-Gas über W. einen Standzylinder, dessen Einleitungsrohr bis dicht an den Boden des Zylinders hinaufreicht. Nach dem Abkühlen wird das Gas in 20 bis 45 Min. wieder vom MgO absorbiert.

11. Gleichgewicht $CaCO_3 \rightleftarrows CaO + CO_2$

Verbrennungsrohr mit Heizspirale. Vorschaltwiderstand. Amperemeter. Krokodilklemmen. Stickstoffthermometer. Schraubenquetschhahn. Metalldraht. Porzellanschiffchen. Manometer. T-Stück mit Hahn. $CaCO_3$.

146. Ein schwer schmelzbares Rohr wird in der Mitte mit einer 1000-Watt-Heizspirale umwickelt u. an zwei Stegen mit einem Gemisch aus Wasserglas u. Talkum befestigt. Mit einem Vorschaltwiderstand bis 5 A, den man durch Umwickeln von Heizdraht um einen Ziegelstein sich selbst herstellen u. mit Krokodilklammern abgreifen kann, wird das Rohr beheizt. Durch Einschalten eines Amperemeters ist es möglich, mit Hilfe eines Stickstoffthermometers zu bestimmen, welche Temperaturhöhen bestimmten Stromstärken entsprechen. Bei 600° C beginnt man mit den Verss., indem man die Schraubklemme öffnet (Abb. 19),

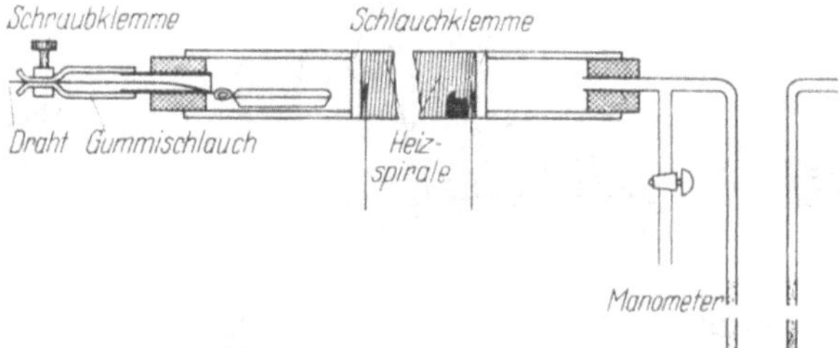

Abb. 19.

das Schiffchen mit dem Ca-carbonat in die erhitzte Zone schiebt u. die Klemme gleich wieder schließt. Sobald das Schiffchen mit seinem Inhalt die Heiztemperatur angenommen hat, zeigt das Manometer den Zersetzungsdruck an. Läßt man ihn durch das T-Stück ab, so stellt er sich nach Schließen des Hahnes schnell wieder ein. Für Temp. bis 600° C genügt ein Wassermanometer; für höhere Temp. ist Quecksilber zu empfehlen.

Ergebnisse: Die Zersetzungsdrucke betragen

bei	500° C	0,21 mm Hg
„	600° C	2,35 mm Hg
„	700° C	25,30 mm Hg
„	800° C	180 mm Hg
„	900° C	760 mm Hg
„	1000° C	2710 mm Hg

Trägt man auf der Abszisse (Abb. 20) oben den Zerfall des $CaCO_3$ in % u. unten die Prozente für die Synthese in

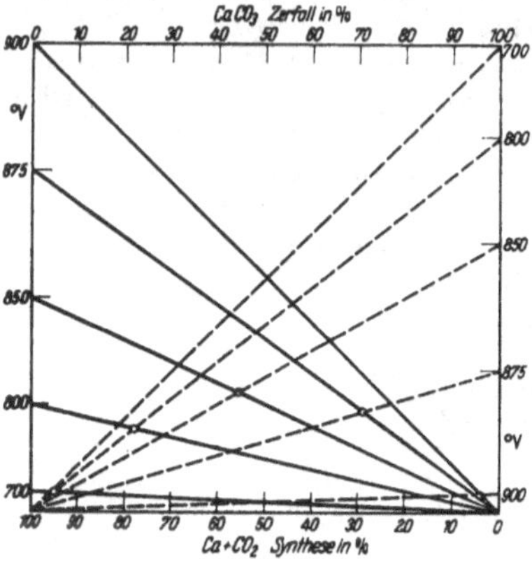

Abb. 21.

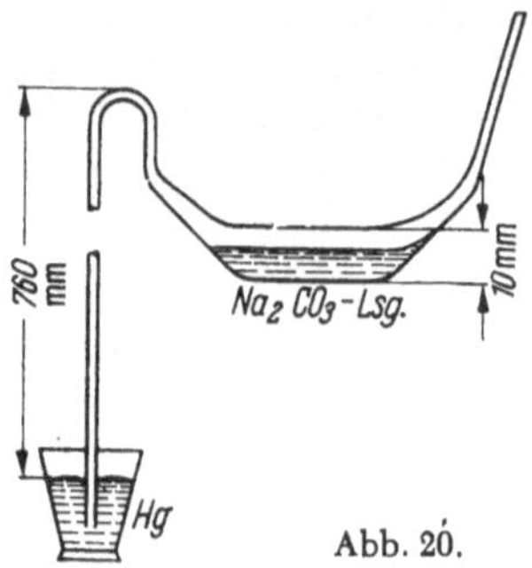

Abb. 20.

umgekehrter Richtung u. auf den Ordinaten die entsprechenden Zerfall- und Bildungsgeschwindigkeiten als Funktionen der Temp. ein, deren relative Lagen sich aus den Zersetzungsdrucken ergeben, so erhält man in den zugehörigen Schnittpunkten den zur entspr. Temp. gehörenden Gleichgewichtszustand.

H. Weiss, MNU **11** (58/59) 68—71; vgl. L. Doermer, P. **40** (27) 122.

12. Gleichgewicht: $2\,NaHCO_3 \rightleftarrows Na_2CO_3 + H_2O + CO_2$

Reagenzglas mit Stativ. Standzylinder. Gaswanne. Bunsenbrenner. Glasrohr. Verbindungsschlauch. $NaHCO_3$.- Porzellanschale. Quecksilber. $Na_2CO_3 \cdot 10\,H_2O$. CO_2-Entwickler.

147. Na-hydrogencabonat wird im waagerecht, schwach nach unten gehaltenen Reagenzglas, das mit einem Auffangszylinder in der Gaswanne verbunden ist, erhitzt. Das Gasableitungsrohr reicht wie in Vers. Nr. 145 bis dicht unter den Boden des Zylinders. Die Zersetzung

$2\,NaHCO_3 \rightarrow Na_2CO_3 + H_2O + CO_2\uparrow$ geht sehr schnell, die Wiedervereinigung viel langsamer vor sich.

148. Man stelle sich aus einem 1 m langen Glasrohr einen App. nach Abb. 21 her. Die ca. 76 cm lange Kapillare taucht in Quecksilber. Durch das kurze Rohr wird Sodalösung einpipettiert u. CO_2 durch die ganze App. geleitet. Schmilzt man das kurze Rohr zu, so klettert je nach der Konz. der Sodalösung das Quecksilber in 1 Stunde 60—70 cm hoch.

A. Weis, P. 42 (29) 152, 157.

13. Gleichgewicht $AgCl + (h_\nu) \rightleftarrows Ag + 1/2\,Cl_2$

Dunkelkammer. Reagenzgläser. Glasröhrchen. $AgNO_3$. NaCl. KJ-Stärkepapier.

149. Man fälle bei rotem Licht AgCl aus $AgNO_3$- u. NaCl-Lsg., wasche es aus, bis keine Cl-Ionen mehr nachzuweisen sind, u. schlämme es in etwas dest. W. auf. Setzt man die Aufschlämmung unter häufigem Schütteln einer intensiven Lichtquelle aus, so wird das AgCl über Hell- u. Dunkelviolett schließlich schwarz. Im abfiltrierten W. läßt sich freies Chlor mit KJ-Stärkepapier nachweisen.

150. Das aus $AgNO_3$- u. NaCl-Lsgg. gefällte AgCl wird nach dem Auswaschen u. Trocknen in ein kleines Glasröhrchen eingeschmolzen u. belichtet, bis es dunkelviolett ist. Läßt man das Röhrchen dann 24 Std. oder länger im Dunkeln, so geht die Verfärbung wieder zurück, da sich aus dem Silber u. dem Chlor das AgCl wieder zurückgebildet hat.

Käufliches Ag-Chlorid, auch pro anal., ist wenig geeignet, weil die Reaktionsgeschwindigkeit hier zu gering ist.

K. Müller, MNU 12 (59/60) 171.

14. Gleichgewicht: $Ag^+ + Fe^{2+} \rightleftarrows Ag\downarrow + Fe^{3+}$

Kolben (100 ml) mit Bunsenventil. Meßzylinder (50 ml). Trichter. Filter. Erlenmeyerkolben (100 ml). Bürette.

Eisenpulver. $FeSO_4 \cdot 7\,H_2O$. Verd. Schwefelsäure. 0,1 n $AgNO_3$-Lsg. 0,1 n $KMnO_4$-Lsg. 0,1 n KSCN-Lsg.

151. Man stelle sich eine ungefähr 0,1 n $FeSO_4$-Lsg. her, indem man knapp die berechnete Menge $FeSO_4 \cdot 7\,H_2O$ in dest. W. löst, den Kolben bis fast zum Rande damit füllt, etwas Eisenpulver u. verd. Schwefelsäure zusetzt, ihn dann mit einem Bunsenventil verschließt u. nach Aufhören der Gasentwicklung den Geh. der Lsg. durch Titrieren mit 0,1 n $KMnO_4$-Lsg. bestimmt.

Man versetze dann je 6 ml einer 0,1 n $AgNO_3$-Lsg. mit 6, 4 u. 2 ml der hergestellten $FeSO_4$-Lsg. u. setze so viel W. zu, daß das Gesamtvol. stets 12 ml beträgt. Nach wiederholtem Schütteln wird das ausgeschiedene Silber filtriert, u. im Filtrat werden die noch vorhandenen Ag-Ionen durch Titrieren mit 0,1 n KSCN-Lsg. bis zur Rotfärbung durch $Fe(SCN)_3$ bestimmt. Aus der Differenz der Ag-Ionen vor u. nach dem Vers. kann man die Zahl der gefällten Ag-mg-Atome/ml u. damit auch die der oxydierten Fe(III)-Ionen bestimmen, da 1 Ag-Ion 1 Fe(II)-Ion oxydiert.

Betragen die Anfangskonzz. der Ag- u. Fe(II)-Ionen $C_{Ag^+} = 6 \cdot 0{,}1/12 = 0{,}05$ mg-Ionen/ml u. $C_{Fe^{2+}} = 6 \cdot a/12 = b$ mg-Ionen/ml (a = Normalität der $FeSO_4$-Lsg.), u. erhält man nach der Rk. durch Titrieren mit 0,1 n KSCN-Lsg. die Ionenkonz. c_{Ag^+}, so sind $(C_{Ag^+} - c_{Ag^+})$ mg Ag-Atome/ml im Niederschlag. Derselbe Wert gilt auch für die oxydierten Fe(III)-Ionen $c_{Fe^{3+}} = C_{Ag^+} - c_{Ag^+}$, während für die übriggebliebenen Fe(II)-Ionen $c_{Fe^{2+}} = C_{Fe^{2+}} - c_{Fe^{3+}}$ gilt.

Bestimme aus c_{Ag^+}, $c_{Fe^{2+}}$ und $c_{Fe^{3+}}$ die Gleichgewichtskonstante

$$K = \frac{[Ag^+] \cdot [Fe^{2+}]}{[Fe^{3+}]} = \frac{c_{Ag^+} \cdot c_{Fe^{2+}}}{c_{Fe^{3+}}}\ !$$

Beispiele:

0,1 n $AgNO_3$	0,133 n $FeSO_4$	Wasser	0,1 n KCNS	C_{Ag^+}	$C_{Fe^{2+}}$	c_{Ag^+}	$c_{Fe^{3+}}$	$c_{Fe^{2+}}$	K
6 ml	6 ml	—	2,6 ml	0,05	0,0665	0,022	0,028	0,0385	0,03025
6 ml	4 ml	2 ml	3,5 ml	0,05	0,044	0,029	0,021	0,023	0,0318
6 ml	2 ml	4 ml	4,6 ml	0,05	0,022	0,038	0,012	0,010	0,032

Die drei K-Werte stimmen gut überein.

K. Vogt, MNU 5 (52/53) 10—11.

15. Gleichgewicht: $Fe^{2+} + J \rightleftarrows Fe^{3+} + J^-$

Reagenzgläser. $FeSO_4 \cdot 7\,H_2O$. Eisenpulver. Jodjodkalilsg. Stärke.

152. Wird eine $FeSO_4$-Lsg., die durch Zusatz von etwas Eisenpulver möglichst frei von Fe(III)-Ionen ist (s. Vers. Nr. 151), mit einer Jodjodkaliumlsg. versetzt, so verschwindet die Jodfarbe fast vollständig, ist aber noch durch Stärke nachzuweisen. Das dreiwertige Fe(III)-Ion gibt mit KSCN-Lsg. eine tiefrote Färbung durch Eisen(III)-rhodanid. Die Gegenprobe mit der Ausgangslösg., die schwer vor Luftoxydation zu schützen ist, gibt eine viel schwächere Rotfärbung.

153. Versetzt man umgekehrt eine $FeCl_3$-Lsg. mit wenig KJ-Lsg., so färbt sich die Fl. infolge Jodabscheidung sofort braun. Nach Zusatz von Kaliumhexacyanoferrat(III)-Lsg. zu einer Probe entsteht Turnbulls Blau. Teilt man die restliche Lsg. in zwei Teile, u. setzt man zum ersten Teil weitere KJ-Lsg. u. zum zweiten die gleiche Menge W., so erkennt man am Dunklerwerden des ersten Teiles deutlich die Verschiebung des Gleichgewichtes durch Konzentrationsänderung.

W. Bindseil, Pr. 2 (53) 175.

16. Gleichgewicht: $2\,HgO \rightleftarrows 2\,Hg + O_2$

Reagenzglas. Glaswolle. Kölbchen (100 ml) aus dickem Jenaer Glas mit Gummistopfen u. Hahnrohr. Kolbenprober. Regulierbare Heizplatte. — Quecksilber. HgO. Sauerstoffentwickler.

154. Erhitzt man 2—3 g HgO im locker verschlossenen Reagenzglas auf 400—500° C, so beobachtet man beim Abkühlen auf 300° C zwischen dem HgO u. dem hochdest. Hg einen schwärzlich glitzernden Anflug von HgO, der bei weiterem Abkühlen rot wird.

155. Erhitzt man ein paar Tropfen Quecksilber in einem mit Sauerstoff gefüllten Kölbchen, das oben mit Gummistopfen, Hahnrohr u. Kolbenprober als Druckausgleich versehen ist, auf einer regulierbaren Heizplatte auf 300 bis 400° C, so bildet sich HgO.

B. Malewski, MNU 7 (54/55) 71—72; MNU 12 (59/60) 415.

17. Gleichgewicht: Acetaldehyd ⇄ Paraldehyd

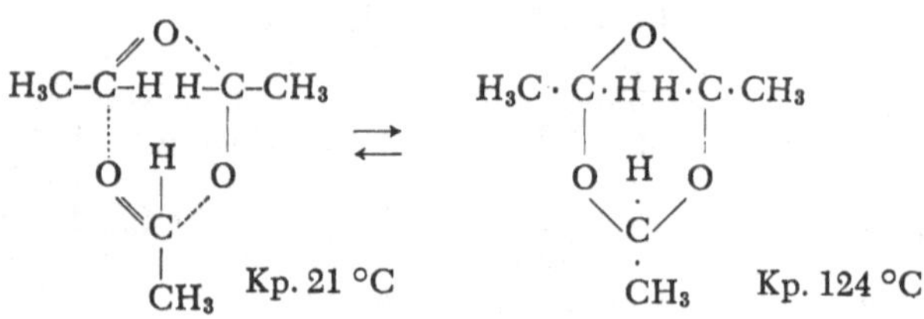

Reagenzgläser ohne u. mit Ableitungsrohr. Wasserbad. Thermometer. Acetaldehyd. Paraldehyd. Konz. Schwefelsäure. Fuchsinschweflige Säure.

156. Gibt man zu Acetaldehyd einige Tropfen konz. Schwefelsäure, so beobachtet man Erwärmung u. Bldg. von Paraldehyd.

157. Man erhitze Paraldehyd im Wasserbad auf 60° C. Dabei entweicht Acetaldehyd u. kann mit fuchsinschwefliger Säure nachgewiesen werden. Verteilt man jetzt den erhitzten Paraldehyd auf zwei Reagenzgläser mit Ableitungsröhren, die in fuchsinschweflige Säure tauchen, tropft in das eine wieder etwas konz. Schwefelsäure u. erhitzt beide Gläser auf 60° C, so entweicht aus dem, das die Schwefelsäure enthält, ständig Acetaldehyd, während er sich im anderen Glase nicht nachweisen läßt, weil die Umwandlung ohne Katalysatoren zu langsam vor sich geht. Gleichgewicht besteht bei 3 % Acetaldehyd u. 97 % Paraldehyd. Die H-Ionen der Schwefelsäure katalysieren die Rk. nach beiden Richtungen.

M. Braun, Pr. 9 (60) Ch. 37—38.

18. Gleichgewicht: Essigsäure + Äthanol ⇄ Essigester

$$CH_3 \cdot COOH + HOC_2H_5 \rightleftarrows CH_3 \cdot CO \cdot O \cdot C_2H_5 + H_2O$$

Kolben (250 ml) mit Rückflußkühler. Wasserbad. Thermometer. Stativ mit Klammer. Meßzylinder (100 u. 1 ml). Bürette mit Schlauch u. Quetschhahn. Bürettenstativ. Erlenmeyerkolben (100 ml). — Äthanol (96 %). Eisessig. Essigester. Konz. Schwefelsäure. 2 n Natronlauge. Alkoh. Phenolphthaleinlsg.

a) Esterbildung

158. Man erwärme 88 ml 96%ig. Äthanol (1,5 Mol) mit 0,3 ml konz. Schwefelsäure*) im Kolben mit Rückflußkühler auf 75° C u. setze 57 ml Eisessig (1 Mol) von 75° C zu. Die Reaktionstemp. von 75° C wird konstant gehalten. In Abständen von etwa 20 Min. entnehme man der Mischung Proben von je 10 ml u. bestimme den Essigsäuregehalt mit 2 n Natronlauge u. Phenolphthalein, wobei 0,4 ml Natronlauge für die mittitrierte Schwefelsäure abgezogen werden müssen. Nach ca. 3 Std. wird der Titrationswert konstant. Bestimme den Mol-gehalt der Essigsäure pro l u. stelle die Werte graphisch dar.

b) Verseifung

159. Werden umgekehrt 98 ml Essigester (1 Mol) im gleichen Kolben auf 75° C erwärmt u. ein Gemisch von 29 ml 96%ig. Äthanol**) (0,5 Mol), 18 ml W. (1 Mol) u. 0,6 ml konz. Schwefelsäure*), gleichfalls auf 75° C erwärmt,

*) Die H-Ionen der Schwefelsäure katalysieren die Reaktion nach beiden Richtungen.

**) Das Äthanol ist als Lösungsmittel notwendig, weil sich der Ester in Wasser allein zu schwer löst.

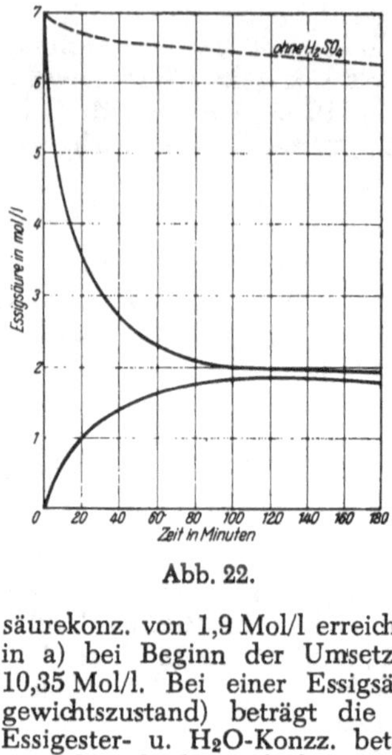

Abb. 22.

zugesetzt u. werden wieder bei der konstanten Temp. von 75° in Abständen von 20 Min. Proben entnommen u. der jeweilige Essigsäuregehalt wie in a) mit 2 n Natronlauge bestimmt (0,6 ml Schwefelsäure entsprechen 0,8 ml Natronlauge), so erhält man für den Mol-gehalt der Essigsäure jetzt Werte, die im Diagramm dem gleichen Wert wie in a) zustreben.

Bestimme die Gleichgewichtskonstante der Reaktion!

Beispiel: Die graph. Darst. (Abb. 22) zeigt, daß das Gleichgewicht bei einer Essigsäurekonz. von 1,9 Mol/l erreicht ist. Die Essigsäurekonz. beträgt in a) bei Beginn der Umsetzung 6,9 Mol/l, die Äthanolkonz. 10,35 Mol/l. Bei einer Essigsäurekonz. von 1,9 Mol/l (Gleichgewichtszustand) beträgt die Äthanolkonz. 5,35 Mol/l, u. die Essigester- u. H_2O-Konzz. betragen je 5 Mol/l. Hieraus erhält man die Gleichgewichtskonstante

$$K = \frac{c_{\text{Alk.}} \cdot c_{\text{Säure}}}{c_{\text{Ester}} \cdot c_{H_2O}} = \frac{5{,}35 \cdot 1{,}9}{5 \cdot 5} = 0{,}406 .$$

F. Gnädinger, MNU **8** (55/56) 326—327; vgl. M. Braun, Pr. **9** (60) Ch. 37.

XII. Reaktionsgeschwindigkeit

Die Reaktionsgeschwindigkeit ist experimentell nur zu bestimmen, wenn

1. die Rk. irreversibel abläuft,
2. die Wärmetönung der Rk. die Temp. des Reaktionsgemisches nicht wesentlich beeinflußt,
3. die Rk. mindestens ein Reaktionsprodukt liefert, das jederzeit meßbar ist,
4. die Rk. in angemessener Zeit abläuft.

1. Einwirkung von Säuren auf Metalle

Kolben (250 ml) mit doppelt durchbohrtem Stopfen für Glasstab u. Ableitungsrohr. Gasbürette. Wasserbad. Thermometer. — Magnesium oder Zink in Stangen. Kleine Metallsäge. Schmirgel. Paraffin. n Salzsäure. n Schwefelsäure. $CuSO_4 \cdot 5\,H_2O$. $MgSO_4 \cdot 7\,H_2O$.

160. Man zerlege eine Magnesium- oder Zinkstange in 7—8 mm hohe Zylinder, glätte die Schnittfläche mit feinstem Schmirgel, bedecke die anderen Flächen mit Paraffiin u. befestige die Metallzylinder mit Paraffin so am Glasstab, daß die Reaktionsfläche in der Säure senkrecht nach unten gerichtet ist.

Zeige, daß die Reaktionsgeschwindigkeit von der Art der Säure, von der Konz. u. von der Temp. abhängig ist. Wie ändert sich die Reaktionsgeschwindigkeit nach Zusatz von 1%ig. $CuSO_4$-Lsg., wie nach Zusatz von 10%ig. $MgSO_4$-Lösung?

Beispiele: *a) Einwirkung verschiedener Säuren:*
25 ml H_2 werden entwickelt von

200 ml n HCl in Sek.	200 ml n H_2SO_4 in Sek.	Temp. °C	Verhältn. der R-G.
195	281	17,4	195 : 281
161	250	18,3	195 : 303
162	257	18,3	195 : 309

195 : 298 ist das Verhältnis der Leitfähigkeit beider n Säuren.

b) Abhängigkeit von der Konzentration:

n HCl ml	H_2O ml	20 ml H_2 in Sek.
200	—	196
180	20	237
160	40	279
140	60	375
120	80	493
100	100	630

c) Abhängigkeit von der Temperatur:

Temp. °C	20 ml H_2 in Sek.
15	216
20	140
25	96
30	80
35	62

E. Mannheimer, P. **34** (21) 118.

2. Umsetzung von Brom mit Wasserstoffperoxid:

$$Br_2 + H_2O_2 \rightarrow 2\,HBr + O_2$$

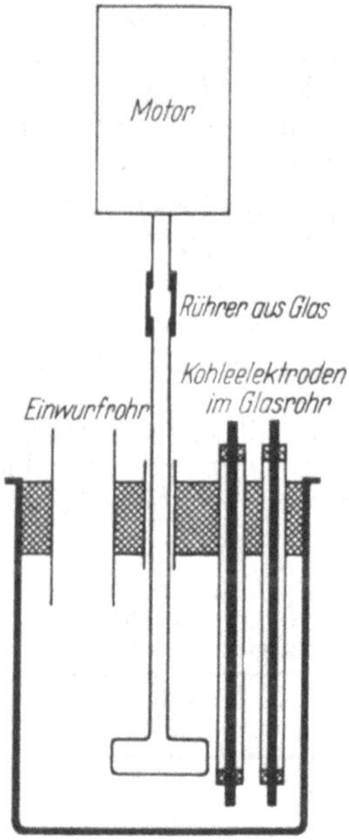

Abb. 23.

Standzylinder mit 4-fach durchbohrtem Stopfen für Rührwerk, Elektroden und Einwurf (Abb. 23). Kohleelektroden. Ampere-Voltmeter. Waage mit Geww. Meßzylinder (100 ml). Erlenmeyerkolben (500 ml) Brom. Perhydrol. KJ. 0,1 n $Na_2S_2O_3$-Lsg. Stärke.

161. Man stelle sich eine 3⁰/₀ig. Bromlösung her, indem man ca. 20 g Brom mit 500 ml dest. W. während einer Woche mehrmals täglich schüttelt. Zur Best. des Broms wird die Lsg. mit KJ- u. $Na_2S_2O_3$-Lsg. titriert. Die Wasserstoffperoxidlsg. enthalte 6,56 mg H_2O_2/ml; sie wird durch Verdünnen des käuflichen Perhydrols im Verhältnis 1 : 50 hergestellt.

Zum Vers. werden 100 ml dest. W. mit 100 ml der 3⁰/₀ig. Bromlsg. in das Reaktionsgefäß gebracht, nach Ingangsetzen des Rührwerkes 100 ml der H_2O_2-Lsg. zugegeben, u. am Meßinstrument (Multizet) werden sofort in Abständen von je 5 Sek. die Stromstärken abgelesen. Elektrodenabstand 1 cm, 6 V Wechselspannung. Da HBr das einzige ionisierte Prod. u. die Leitfähigkeit der HBr-Konz. direkt proportional ist, kann man aus ihr die HBr- u. damit auch die Brom-Konz. berechnen. Ist die Anfangskonz. des Broms

$$\frac{3 : x = 300 : 1000}{x = 10\text{ g Brom/l}} \quad \text{oder} \quad \frac{160 : 10 = 1 : y}{y = 0{,}0625\text{ Mol/l}},$$

so wird man als Endkonz. des HBr den Wert $2\gamma = 0{,}125$ Mol/l erhalten. Die Endlösung (E) wird zur Ermittlung der Beziehung zwischen Leitfähigkeit u. Konz. des HBr benutzt:

$$c_{HBr} = \frac{\text{Menge } E \cdot 0{,}125}{\text{Menge } E \cdot \text{Menge } H_2O}.$$

Die Berechnung der HBr-Konz. für jeden beliebigen Zeitpunkt erhält man aus

$$\frac{\text{Leitfähigkeitszuwachs}}{\text{HBr-Konzentrationszuwachs}} = 1{,}9$$

u. $y_t = 1{,}9 \cdot (x_t + 0{,}01)$. Die Bromkonz. ist dann

$$c_{Br_2} = 0{,}0625 - \frac{c_{HBr}}{2},$$

die Konz des H_2O_2 ist ebenso groß.

Dividiert man die jeweils innerhalb 5 Sek. gebildete HBr-Menge durch die 4. Potenz der entspr. Bromkonz., so erhält man als Geschwindigkeitskonstante den Mittelwert $k = 1{,}2 \cdot 10^3$. Die Rk. ist also ein Prozeß 4. Ordnung mit der Geschwindigkeitsgleichung $\varphi = 1{,}2 \cdot 10^3 \cdot c_1^2 \cdot c_2^2$ $(c_1 = c_2)$ u. scheint in folgenden Phasen zu verlaufen:

$$2\,Br_2 + 2\,H_2O_2 \rightarrow 3\,HBr + HBrO_2 + O_2$$
$$HBrO_2 \rightarrow HBr + O_2.$$

F. Gnädinger, MNU **10** (57/58) 76—80.

3. Zersetzung von Jodwasserstoff durch Wasserstoffperoxid:

$$2\,HJ + H_2O_2 \rightarrow 2\,H_2O + J_2$$

Reagenzgläser. Meßzylinder (10 u. 100 ml). Meßpipetten (1, 2 u. 5 ml). Thermometer. KJ. Jod. Perhydrol. n Salzsäure. n Schwefelsäure. $FeSO_4 \cdot 7\,H_2O$. 1%ig. Stärkelsg.

162. Als Stammlsgg. werden verwendet: 1%ig. KJ-Lsg., ein Gemisch aus 94 ml 1%ig. H_2O_2-Lsg. u. 6 ml n Salzsäure u. eine 1%ig. Stärkelösung. Als Vergleichslösung diene ein Gemisch aus 100 ml gesätt. Jodwasser u. 10 ml der 1%ig. Stärkelösung, das mit W. auf 400 ml verdünnt wird. Die Stärkelsg. muß frisch sein.

a) Man fülle in sechs Reagenzgläser 0,25, 0,5, 1, 2, 4 u. 8 ml einer 1‰ig. KJ-Lsg., verdünne auf 10 ml u. setze zu jeder Lsg. 10 ml einer 1‰ig. H_2O_2-Lsg. u. 1 ml der Stärkelsg. hinzu, schüttle u. stelle fest, wann die Blaufärbung mit der Farbintensität der Vergleichslsg. übereinstimmt. Stelle eine Wertetabelle auf u. zeichne das Zeit-Konzentration-Diagramm!

b) Jetzt wird die Konz. der KJ-Lsg. konstant 1 ‰ gelassen u. die der 1‰ig. H_2O_2-Lsg. zwischen den Grenzen 0,25 u. 8 ml variiert. Die Durchführung u. Auswertung soll genauso wie in a) erfolgen.

c) Zeige, daß höhere Tempp. oder Zusätze von 1 ml n Schwefelsäure oder 1 ml einer 1%ig. $FeSO_4$-Lsg. die Rk. beschleunigen!

B e i s p i e l e :

a) 10 ml 1‰ig. H_2O_2 bei 19° C

u. 1‰ig. KJ ml	Wasser ml	Zeit
0,25	9,75	~9 Min.
0,50	9,50	~4½ „
1,0	9,0	140 Sek.
2,0	8,0	70 „
4,0	6,0	35 „
8,0	2,0	17 „

b) 10 ml 1‰ig. KJ bei 20° C

u. 1‰ig. H_2O_2 ml	Wasser ml	Zeit
0,25	9,75	8 Min.
0,50	9,50	4 „
1,0	9,0	2 „
2,0	8,0	1 „
4,0	6,0	30 Sek.
8,0	2,0	15 „

W. Seeger, P. **43** (30) 216—217.

Noyes und Scott stellten 1896 fest, daß die Rk. sich in 2 Stufen vollzieht:

$J^- + H_2O_2 \rightarrow JO^- + H_2O$ verläuft meßbar langsam,

$J^- + JO^- + 2\,H^+ \rightarrow J_2 + H_2O$ unmeßbar schnell.

Es handelt sich also um eine Reaktion 2. Ordnung, in der die H-Ionen katalytisch wirken. Die Zeit-Konzentration-Funktionen haben also Hyperbelgestalt.

Sind a u. b die HJ- u. H_2O_2-Konzz. u. werden x Mole Jod zur Zeit t gebildet, so daß x Mole H_2O_2 u. $2\,x$ J-Ionen verschwinden, dann lautet die Differentialgleichung

$$\frac{dx}{dt} = k \cdot (a - 2\,x) \cdot (b - x)\,,$$

die nach dem Integrieren

$$k\,t = \frac{1}{2\,b - a} \cdot \ln \frac{b - x}{a - 2\,x} + C$$

oder, da für $t = 0$, $x = 0$

$$0 = \frac{1}{2\,b - a} \cdot \ln \frac{b}{a} + C \text{ oder } C = -\frac{1}{2\,b - a} \cdot \ln \frac{b}{a} \text{ wird,}$$

$$k\,t = \frac{1}{2\,b - a} \cdot \ln \frac{a\,(b - x)}{b\,(a - 2\,x)}$$

ergibt. Ist x gegenüber a u. b klein, dann wird $dx/dt = k \cdot a \cdot b$ u. $x = kt \cdot ab$.

In der ersten Versuchsreihe ist b (H_2O_2) konstant: $x/b = k \cdot t \cdot a$, in der zweiten Versuchsreihe ist a (HJ) konstant: $x/a = k \cdot t \cdot b$. Man setze für die Vergleichslsg. $x = 0{,}000\,25$ Mol/l an u. erhält in der ersten Versuchsreihe 0,03 Mole H_2O_2 u. nach Verdünnen mit dem gleichen Vol. KJ-Lsg. nur noch 0,015 Mole. Für $x = 1$ ergibt sich

$$\frac{1}{b} = \frac{0{,}000\,25}{0{,}015}$$

oder $b = 60$. Die niedrigste KJ-Konz. beträgt 0,25 ‰ oder $0{,}25 \cdot 128/166 = 0{,}19 = 0{,}0015$ Mole HJ/l u. nach Versuchen mit der gleichen Menge H_2O_2-Lsg. 0,000 75 Mole HJ/l. Das ist aber das Dreifache des Wertes für Jod, so daß man für a die Reihe 3, 6, 12, 24, 48, 96 erhält. Setzt man statt der natürlichen Logarithmen die dekad. ein, so ergibt sich die erste Versuchsreihe ($x = 1$, $b = 60$):

a	$k \cdot t$	$a \cdot k \cdot t$
3	$4040 \cdot 10^{-6}$	$121 \cdot 10^{-4}$
6	$1485 \cdot 10^{-6}$	$89{,}1 \cdot 10^{-4}$
12	$668 \cdot 10^{-6}$	$80{,}1 \cdot 10^{-4}$
24	$317 \cdot 10^{-6}$	$76{,}1 \cdot 10^{-4}$
48	$155 \cdot 10^{-6}$	$76{,}4 \cdot 10^{-4}$
96	$76{,}7 \cdot 10^{-6}$	$73{,}6 \cdot 10^{-4}$

In der zweiten Versuchsreihe entspricht der 1%ig. KJ-Lsg. 0,006 Mol HJ/l u. nach Verdünnen mit der gleichen H_2O_2-Menge 0,003 Mol HJ/l. Für $x = 1$ ergibt sich

$$\frac{1}{a} = \frac{0{,}000\,25}{0{,}003}$$

u. daraus $a = 12$. Die 0,25%ig. H_2O_2-Lsg. enthält 0,0075 Mol H_2O_2 oder nach Verdünnen 0,003 75 Mol H_2O_2/l. Das ist das 15fache der Jodlösung u. ergibt die b-Werte: 15, 30, 60, 120, 240, 480. Setzt man statt der natürlichen wieder die dekad. Logarithmen ein, so erhält man für die zweite Versuchsreihe:

b	$k \cdot t$	$b \cdot k \cdot t$
15	$272 \cdot 10^{-5}$	$40{,}8 \cdot 10^{-3}$
30	$134 \cdot 10^{-5}$	$40{,}2 \cdot 10^{-3}$
60	$66{,}8 \cdot 10^{-5}$	$40{,}1 \cdot 10^{-3}$
120	$32{,}2 \cdot 10^{-5}$	$39{,}8 \cdot 10^{-3}$
240	$16{,}6 \cdot 10^{-5}$	$39{,}8 \cdot 10^{-3}$
480	$8{,}26 \cdot 10^{-5}$	$36{,}9 \cdot 10^{-3}$

Bis auf die ersten beiden Werte ist das Prod. $a \cdot k \cdot t$ der ersten Versuchsreihe leidlich konstant, das Prod. der zweiten Versuchsreihe in allen Versuchen zufriedenstellend, so daß die Einstufung als Rk. zweiter Ordnung bestätigt wird.

W. Seeger, MNU **11** (58/59) 221—222.

4. Zersetzung von Jodsäure durch Sulfite (Landoltsche Zeitreaktion)

Die Rk. erfolgt in 3 Stufen:

1. $3\,SO_3^{2-} + JO_3^- \rightarrow 3\,SO_4^{2-} + J^-$,
2. $5\,J^- + JO_3^- + 6\,H^+ \rightarrow 3\,H_2O + 3\,J_2\downarrow$,
3. $SO_3^{2-} + J_2 + H_2O \rightarrow SO_4^{2-} + 2\,J^- + 2\,H^+$.

Solange SO_3-Ionen vorhanden sind, bleibt die Lsg. klar; erst wenn sie aufgebraucht sind, kommen die Rkk. 1 u. 3 zum Stillstand, u. 2 findet allein unter plötzlicher Jodabscheidung statt. Es dürfen nicht mehr SO_3-Ionen vorhanden sein, als dem Verhältnis $JO_3^- : SO_3^{2-} = 1 : 3$ entspricht.

Bechergläser (500 ml). Meßzylinder (100 u. 1000 ml). Waage mit Geww. Thermometer. Glasstab. 01 n HJO_3-Lsg. 0,1 n $NaHSO_3$-Lsg. 0,1 n Salzsäure. — KJO_3. Gesätt. SO_2-Lsg. Schwefelsäure. Salicylsäure. Methanol oder Äthanol.

163. Für prakt. Verss. verwende man am besten 0,1 n $NaHSO_3$- u. HJO_3-Lsgg., die man, mit je 100 oder 50 ml W. verdünnt, zusammenbringt, nachdem man 5 ml einer Lsg. von 1 g Stärke in 150 ml zugesetzt hat. Statt der Normallösungen kann man auch eine Lsg. von 1 g Jodsäure in 1 l W. oder eine Lsg. von 4,25 g KJO_3 in 1 l W. u. statt der $NaHSO_3$-Lsg. eine Lsg. von SO_2, die durch 80fache Verdünnung einer gesätt. Lsg. hergestellt wird, oder eine Mischung von 1,16 g $Na_2SO_3 \cdot 7\,H_2O$, 4 g konz. Schwefelsäure, 1 g Salicylsäure u. 10 ml Methanol oder Äthanol in 1 l W. verwenden.

Erwärmt man die Jodsäurelsg. um 20° C, so daß nach dem Mischen mit der $NaHSO_3$-Lsg. 10° C Temperaturerhöhung stattgefunden hat, so sinkt die Reaktionszeit auf die Hälfte. Zeige, daß H-Ionen, KJ-Lsgg. u. $FeCl_3$-Lsgg. (1 : 1000 u. 1 : 100) die Rkk. beschleunigen, $HgCl_2$-Lsg. (1 : 2000) sie dagegen verzögert.

Stelle die aus den Versuchsreihen erhaltenen Werte graph. dar!

Beispiel: Zur Anwendung kommen: *Lösung I:* 0,1 n HJO_3-Lsg., 20 ml 0,1 n Salzsäure, 5 ml Stärkelsg. u. W. bis zur Gesamtmenge von 150 ml. — *Lösung II:* 0,1 n $NaHSO_3$-Lsg. u. W. bis 150 ml insgesamt. Lösung I wird auf Kommando schnell in Lösung II gegossen u. kurze Zeit mit dem Glasstab vermischt. Die Abhängigkeit der Reaktionsgeschwindigkeit von der Konz. u. der Temp. zeigt nachst. Tabelle:

Nr.	0,1 n HJO_3 ml	Wasser ml	0,1 n $NaHSO_3$ ml	Wasser ml	Temp. °C	Zeit Sek.
1	10	115	10	140	15	31
2	20	105	10	140	15	10
3	40	85	10	140	15	2,8
4	5	120	5	145	15	126
5	10	115	5	145	15	42
6	20	105	5	145	15	13,2
7	10	115	10	140	25	23,8
8	10	115	10	140	35	18

E. Mannheimer, B. **19** (86) 1317; **20** (87) 745; Ubl. **37** (31) 36—38; W. Müller, Pr. **5** (56) Ch. 62—64; G. Simon, Pr. **5** (56) Ch. 84—87.

Die Landolt-Reaktion ist auch auf andere Reduktionsvorgänge übertragbar, zeigt dann aber nicht ganz die Schärfe der oben beschriebenen Reaktion. So reagieren ähnlich miteinander: Jodsäure — Natriumthiosulfat, Jodsäure — Kaliumhexacyanoferrat(II), Jodsäure — arsenige Säure u. a.

Die Landolt-Reaktion ist sehr verwickelt. Gleichung (2) zeigt, daß sie von der 12. Ordnung ist. Dennoch kann man setzen:

$$\frac{d[J^-]}{dt} = k_1\left([SO_3^{2-}] - [J^-]\right) + k_2[J^-].$$

$k_1\left([SO_3^{2-}] - [J^-]\right)$ gibt den Vorgang von Gl. (1) u. $k_2[J^-]$ den der Gll. (2) u. (3) wieder.

Setzt man $[J^-] = x$ (Ionenkonz. zur Zeit t) und $[SO_3^{\cdot}] = a$ (Anfangskonz. der SO_3-Ionen), so ist

$$\frac{dx}{dt} = k_1 (a - x) + k_2 x \quad \text{oder} \quad dt = \frac{dx}{k_1 (a - x) + k_2 x} = \\ = \frac{dx}{k_1 \cdot a + (k_2 - k_1) x}.$$

Nach dem Integrieren erhält man

$$t = \int_0^x \frac{dx}{k_1 a + (k_2 - k_1) x} = \frac{1}{k_2 - k_1} \cdot [\ln [k_1 a + (k_2 - k_1) x]]_0^x = \\ = \frac{1}{k_2 - k_1} \cdot \ln [k_1 a + (k_2 - k_1) x] - \ln k_1 a.$$

Nimmt man die Bedingung hinzu, daß SO_3^{2-} vollständig zur Bldg. von J-Ionen verbraucht wird, dann ist $x = a$, u. für die Verzögerungsdauer τ ergibt sich:

$$\tau = \frac{1}{k_2 - k_1} (\ln k_2 a - \ln k_1 a) = \frac{1}{k_2 - k_1} \ln \left(\frac{k_2}{k_1}\right).$$

τ ist der JO_3^--Konz. umgekehrt proportional; denn k_1 u. k_2 sind ihr einzeln proportional, während die Anfangskonz. a der SO_3-Ionen sich kürzen läßt. Es genügt also beim Vers., nur die Iodatlösung zu verdünnen.

W. Müller, l. c.; G. Simon, l. c.

5. Schwefelabscheidung aus saurer Natriumthiosulfatlösung:

$$S_2O_3^{2-} + 2\,H^+ \rightarrow SO_2 + H_2O + S\downarrow.$$

Reagenzgläser. Wasserbad. Thermometer. Meßkolben (100 ml). Pipetten (10 u. 50 ml). n $Na_2S_2O_3$-Lsg. 0,1 n Salz- oder Schwefelsäure.

a) Abhängigkeit von der Temperatur

164. Man mische gleiche Mengen 0,1 n $Na_2S_2O_3$-Lsg. (12,4 g/l) u. 0,1 n Schwefel- oder Salzsäure, nachdem man beide auf 20, 30 ... 60° erwärmt hat, und stelle fest, wann Trübung durch Abscheidung von Schwefel eintritt.

Beispiel: Trübung beginnt bei 20° 30° 40° 50° 60°
nach 90 45 28 15 9 Sek.

Die Reaktionsgeschwindigkeit ist bei 60° C genau 10mal so groß wie bei 20° C. Faßt man die Zahlenfolge als geometr. Reihe mit dem Anfangsglied $a = 9$ u. dem 5. Glied $a\,q^4 = 90$ auf, so erhält man $q = \sqrt[4]{10} = 1{,}78$ u. daraus die Reihe 9; 16,1; 28,5; 51,1; 90 ... Der Beginn der Trübung ist nicht immer scharf festzustellen; außerdem tritt beim Vermischen Abkühlung bis zu 3° C auf. Will man bei höheren Temperaturen arbeiten, muß man den Eintritt der Trübung durch größere Verdünnung verzögern.

b) Abhängigkeit von der Konzentration

165. Man zeige, daß die Reaktionsgeschwindigkeit der Konz. der $Na_2S_2O_3$-Lsg. proportional ist, indem man die Reaktionszeiten der Schwefelabscheidung an n-, 0,1 n-, 0,05 n-Lösungen feststellt. Von der Konzentration der Säure ist die Reaktionsgeschwindigkeit nur wenig abhängig.

W. Bindseil, Pr. 1 (52) 51—52; 2 (53) 175.

6. Zersetzung von Formaldehyd durch Sulfite:

Die Rk. verläuft in 3 Stufen:

1. $HCHO + HSO_3^- \rightarrow HCHOH\,SO_3^-$
2. $HCHO + SO_3^{2-} + H_2O \rightarrow HCH\,OHSO_3^- + OH^-$
3. $OH^- + HSO_3^- \rightarrow SO_3^{2-} + H_2O$.

Formaldehyd bildet mit Hydrogensulfit (1) u. Sulfit (2) aldehydschweflige Säure. Läßt man beide Rkk. gleichzeitig ablaufen, so treten die OH-Ionen erst auf, wenn keine HSO_3-Ionen mehr vorhanden sind (3); erst dann tritt mit Phenolphthalein Rotfärbung ein.

Erlenmeyerkolben (250 ml). Meßzylinder (100 ml). Formalin. $NaHSO_3$. $Na_2SO_3 \cdot 7\,H_2O$. Alkohol. 0,1%ig. Phenolphthaleinlsg.

166. Man stelle sich eine 0,3 mol. Formaldehydlsg. durch Verdünnen der käuflichen Lsg. auf das 35—40fache her.

Als zweite Lsg. mische man eine 0,2 mol. $NaHSO_3$-Lsg. u. eine 0,05 mol. Na_2SO_3-Lsg., indem man 20,8 g $NaHSO_3$ u. 10,8 g $Na_2SO_3 \cdot 5\,H_2O$ in je 1 l Wasser löst, 5 ml Phenolphthaleinlösg. u. eine Lsg. von 1 g Salicylsäure in 10 ml 98⁰/₀ig. Alkohol zusetzt. Man gebe zusammen:

0,3 m Formalin ml	Wasser ml	$NaHSO_3 + Na_2SO_2$ ml	Wasser ml
100	—	100	—
80	20	80	20
60	40	60	40
40	60	40	60
20	80	20	80

Die Verzögerungsdauer τ steht im umgekehrten Verhältnis zur Konzentration. Bezeichnet man mit c die Konz. in Mol/l u. die Verzögerungsdauer mit τ Sek., so erhält man $c \cdot \tau = \text{const.}$ u. als Zeichnung eine gleichseitige Hyperbel.

G. Simon, Pr. 5 (56) Ch. 84—85.

7. Zersetzung von Ameisensäure durch Schwefelsäure:

$$HCOOH \rightarrow H_2O + CO \uparrow$$

Kolben (100 ml) mit Gasableitungsrohr, bzw. Langhalskolben mit 20 ml Kugelinhalt. Müllersche Gasmeßglocke (s. Abb. 24). Becherglas. Bunsenbrenner. Gummischlauch. — Ameisensäure. Konz. Schwefelsäure. Kieselgur.

167. Zuerst wird die CO-Menge bestimmt, die 1 ml Ameisensäure ($D = 1{,}107$) beim vollständigen Zerfall abgibt. Zu diesem Zwecke werden 20 ml konz. Schwefelsäure mit 1 ml Ameisensäure im Kolben, der mit der Gasmeßglocke verbunden ist, überschichtet. Die Fll. werden durch Umschwenken des Kolbens gemischt u. erwärmt. Nach Beendigung der Gasentwicklung wird der Kolben wieder auf Zimmertemp. abgekühlt u. das Gasvol. gemessen.

Abb. 24.

Im Hauptvers. dient als Reaktionsgefäß der Langhalskolben, der zur Vermeidung von Wärmeverlusten in einem Becher mit Kieselgur steckt. In den Kolben werden 20 ml konz. Schwefelsäure gefüllt u. 1 ml Ameisensäure vorsichtig darüber geschichtet. Dann wird das Gefäß durch einen ca. 50 cm langen Gummischlauch mit der Gasmeßglocke mit 5 cm-Teilung verbunden u. mehrmals umgeschwenkt. Da die Rk. langsam einsetzt, läßt man erst 50 ml Gas entweichen u. liest dann von Min. zu Min. die entwickelten CO-Mengen ab

Beispiel:

Zahl Min.	CO ml	CO-Menge (noch in HCOOH)	Quotient aus 3
0	0	250	
1	32	218	1 : 1,15
2	60	190	1 : 1,15
3	82,5	167,5	1 : 1,14
4	102,5	147,5	1 : 1,14
5	118	132	1 : 1,12
6	133	117	1 : 1,13
7	145	105	1 : 1,12
8	156,5	93,5	1 : 1,12
9	165	85	1 : 1,1
10	173	77	1 : 1,1

Die Zahlen der dritten Spalte bilden eine geometr. Reihe mit dem Quotienten $q = 1 : 1{,}13$. Wenn zur Zeit $t = 0$ a Mole Ameisensäure vorhanden sind, so sind nach t Min. noch $a/1{,}13^t$ Mole übrig. Nennt man diese Menge $a - x$, wobei x die Zahl der entwickelten CO-Mole bedeutet, dann ist $a - x = a/1{,}13^t$. Hieraus folgt

$$t = \frac{1}{\ln 1{,}13} \cdot \ln \frac{a}{a-x} = 8{,}18 \cdot \ln \frac{a}{a-x}.$$

Nach 8,18 Min. ist

$$\ln \frac{a}{a-x} = 1, \quad \text{d. h.} \quad \frac{a}{a-x} = e$$

oder $a - x = a/e$ ($e = 2{,}72$). Da die Gesamtmenge CO in der Ameisensäure 250 ml beträgt, sind nach 8,18 Min. noch

$$a - x = \frac{250}{2{,}72} = 91{,}9 \text{ ml}$$

CO zu entwickeln. Die Tabelle zeigt nach 8 Min. 93,5 ml CO an. Bildet man

$$\frac{dt}{dx} = 8{,}18 \frac{1}{a-x},$$

so erhält man

$$\frac{dx}{dt} = \frac{1}{8{,}18}(a-x) = 0{,}122\,(a-x)\,.$$

Die Reaktionsgeschwindigkeit ist also proportional der Menge der unzersetzten Ameisensäure. Berechnet man die Zeit, in der die Hälfte der Ameisensäure zerfallen ist, so erhält man $t = 8{,}18 \cdot \ln 2 = 8{,}18 \cdot 0{,}693 = 5{,}7$ Min. (nach der Tabelle ca. 5,5 Min.). Da es sich beim *radioaktiven Zerfall* gleichfalls um monomolekulare Rkk. handelt, kann die Berechnung auch hierauf bezogen werden: **Aus**

$$t = \frac{1}{\ln 1{,}13} \cdot \ln \frac{a}{a-x}$$

erhält man

$$\frac{a-x}{a} = e^{-\lambda t}$$

($\lambda = \ln 1{,}13 = 0{,}122$). Setzt man $a - x = A_t$ u. $a = A_0$ für die Mengen an radioaktiver Subst. zur Zeit t, bzw. $t_0 = 0$, so ist

$$A_t = A_0 \cdot e^{-\lambda t}\,.$$

F. Roth, MNU **1943**, 58—60.

8. Zersetzung der Oxalsäure durch Kaliumpermanganat:

$$\mathbf{2\,MnO_4^- + 16\,H^+ + 5\,C_2O_4^{2-} \rightarrow 2\,Mn^{2+} + 10\,CO_2\uparrow + 8\,H_2O}$$

Waage mit Geww. Stehkolben (100 u. 300 ml). Meßzylinder (50 u. 1000 ml). $KMnO_4$. Oxalsäure. Schwefelsäure. Salzsäure.

168. Man bereite drei Lsgg. vor: a) 6 g $KMnO_4$ in 1 l W.; die Lsg. ist in dunkler Flasche aufzubewahren, b) 63 g Oxalsäure in 1 l W., c) 250 ml konz. Schwefelsäure, auf 1 l verdünnt.

Zu 12,5 ml Oxalsäurelsg. gebe man 25 ml der verd. Schwefelsäure u. 10 ml $KMnO_4$-Lsg., messe die Zeit bis zum Beginn der Entfärbung bzw. bis zum Ende u. wiederhole die Rkk. nach Zugabe von 125 u. 250 ml Wasser.

Temperaturerhöhung beschleunigt die Reaktionszeit, ebenso Erhöhung der H-Ionenkonzentration.

Stelle die erhaltenen Werte tabellar. zusammen!

Vgl. auch *Autokatalyse:* Vers. Nr. 197.

Beispiele: Die Reaktionsgeschwindigkeit ist abhängig

a) von der Konzentration:

verd. H_2SO_4 ml	HOOC·COOH ml	Wasser ml	$KMnO_4$-Lsg. ml	Zeit
25	12,5	—	10	230 Sek.
25	12,5	125	10	11 Min.
25	12,5	250	10	18 Min.

b) von der H-Ionenkonzentration (Zusatz konz. Salzsäure):

verd. H_2SO_4 ml	HOOC·COOH ml	Wasser ml	HCl ml	$KMnO_4$-Lsg. ml	Zeit
20	10	20	—	5	3,75 Min.
20	10	20	5	5	2 Min.
20	10	20	10	5	1,5 Min.

H. Prügel, MNU 4 (51/52) 309—310; 5 (52/53) 109.

9. Invertierungsgeschwindigkeit der Saccharose durch Ionenaustausch (vgl. Kapitel VIII, 5)

Reagenzgläser. Erlenmeyerkolben (100 ml). Meßzylinder (100 ml). Wasserbad. Trockenschrank. Thermometer. Zylindr. Gefäß mit Deckel zur Chromatographie. Filtrierpapier Nr. 2043 b. Bürette. Bunsenbrenner. Stativ mit Klammer. — Kationenaustauscher. Rohrzucker. *Fehling*sche Lsgg. Glucose. Fructose. Saccharose. Propanol. Äthylacetat. Butanol. Eisessig. Äthanol (96 %). Anilin. Phthalsäure. Resorcin. Salzsäure. p-Aminodimethylanilin. $Sn(NH_4)_2Cl_6$.

a) Einrührverfahren (Batchverfahren):

169. 10 g eines stark sauren Kationenaustauschers (Lewatit S 100, Merck I, Wofatit P oder KPS 200) werden im Erlenmeyerkolben mit 50 ml einer 2—5%ig. Lsg. von Rohrzucker, die mit Fehlingscher Lsg. keine positive Rk. gibt, einige Min. geschüttelt, um die Diffusion der Lsg. in den Poren des Austauschers zu unterstützen. Dann werden sofort u. in Abständen von je einer halben Std. nach vorherigem Schütteln kleine, gleiche Proben dekantiert oder filtriert u. jedesmal mit der gleichen Menge *Fehling*scher Lsg. geprüft. Dabei beobachtet man deutlich eine Zunahme des von den Hydrolyseprodd. gebildeten Cu_2O.

H. Daecke, MNU 11 (58/59) 264; W. Affeld, MNU 12 (59/60) 400.

Während die vollständige Hydrolysierung des Rohrzuckers sich über mehrere Wochen erstreckt, wird sie bei 80—85° schon innerhalb einer Stunde erreicht.

170. Den Fortschritt der hydrolyt. Spaltung kann man auch papierchromatograph. verfolgen, indem man in gewissen Zeitabständen je 6,5 mm³ auf das Papier Nr. 2043 b bringt u. daneben die gleichen Mengen reiner, 2%ig. Lsgg. von Glucose, Fructose u. Saccharose. Als Lösungsm. verwende man entweder n Propanol : Äthylacetat : Wasser = 7 : 1 : 2 oder Butanol : Eisessig : Wasser = 4 : 1 : 1, da beide Mischungen günstige R_f-Werte geben:

Substanz	R_f-Werte für Lösungsmittel	
	Propanol	Butanol
Rohrzucker	0,23	0,13
Traubenzucker	0,31	0,18
Fruchtzucker	0,36	0,23

Laufzeit: 20 Std. nach 24stündiger Äquilibrierung.

Entwicklung: a) *Anilinphthalat:* 0,93 g Anilin u. 1,66 g Phthalsäure in 100 ml wassergesätt. n Butanol. Nach kräftigem Sprühen u. Trocknen bei 120° C zeigt auch Saccharose Fleckenbildung.

b) *Resorcin-Salzsäure:* 10 ml 1%ige alkoholische Resorcinlsg. u. 90 ml 2 n Salzsäure. Bei 80—90° C geben Fructose u. Saccharose rote Flecken; Glucose reagiert nicht.

c) *N,N-Dimethyl-p-phenylendiamin (p-Aminodimethylanilin):* Man verwende das $SnCl_4$-Doppelsalz in 0,3%ig.

alkohol. Lsg. u. trockne 10 Min. bei 120° C. Fructose, Galaktose u. Xylose geben rote Flecken auf gelbem Grund; Glucose erscheint gelborange; Maltose u. Lactose sind schwer zu erkennen.

Durch Vgl. mit den reinen Zuckern läßt sich die Invertierungsgeschwindigkeit annähernd bestimmen. Von der Saccharose werden bei Zimmertemp. am 1. Tage ca. 20 % u. nach 7 Tagen über 80 % umgesetzt, bei 80—85° C werden schon nach 1 Std. ca. 90 % gespalten.

Bei Anwendung der *Rundfiltermethode* kann man das Chromatogramm bereits nach 4 Stunden entwickeln.

W. Affeld, l. c., S. 400—404.

b) Säulenverfahren:

171. Etwa 20 g eines der unter a) genannten Austauscher werden in der Bürette mit H-Ionen beladen u. mit dest. W. ausgewaschen. Dann gebe man eine 2—5%ig. Lsg. von Rohrzucker in die Säule u. spüle das Waschwasser aus. In Abständen von halben Std. werden kleine, aber gleiche Proben entnommen, um mit *Fehling*scher Lsg. den Fortgang der Hydrolyse zu verfolgen.

H. Daecke, l. c.

XIII. Katalyse

Katalysatoren vermögen die Reaktionsgeschwindigkeit zu steigern, mit der ein System seinem endgültigen Gleichgewichtszustand zustrebt. Die Wirkungsweise solcher Katalysatoren hat Wilhelm Ostwald (1853—1932) eingehend studiert. Man unterscheidet „*Überträgerkatalysatoren*", die mit einem der Reaktionspartner ein Zwischenprod. bilden, das dann mit dem anderen Partner unter Rückbildung des Katalysators weiter reagiert, u. „*Oberflächenaktivatoren*", die durch Adsorption die Substanzen anregen, schneller als im unaktivierten Zustand miteinander zu reagieren. Zu diesen gehören auch die in der chem. Großindustrie benutzten, aus verschied. Substanzen bestehenden „*Mischkatalysatoren*", um deren Auffindung sich bes. A. Mittasch (1869 bis 1953) verdient gemacht hat.

1. Sauerstoffentwicklung

a) aus Kaliumchlorat mit Braunstein als Katalysator:

$$2\,K\overset{+5}{Cl}\overset{-2}{O_3} \rightarrow 2\,K\overset{-1}{Cl} + 3\,\overset{0}{O_2}.$$

Das Chlor im $KClO_3$ hat die Oxydationszahl + 5 u. wird zum (– 1)-wertigen Cl-Ion reduziert.

Reagenzgläser. Waage mit Geww. Bunsenbrenner. Holzspan. Schutzbrille. — $KClO_3$. Braunstein (gepulv.).

172. Man fülle ein Reagenzglas mit 1 g $KClO_3$ u. ein zweites mit 0,5 g $KClO_3$ und 0,5 g Braunstein. Erwärmt man beide Gläser vorsichtig mit gleichstarker, nicht zu hoher Flamme (Schutzbrille), so daß die Substanzen von ihrem oberen Ende her erhitzt werden, dann stellt man fest, daß die Sauerstoffentw. aus dem $KClO_3$-MnO_2-Gemisch sehr bald beginnt u. beendet ist, während sie im anderen Reagenzglas viel später einsetzt.

Die Zerfallstemp. wird durch den Katalysator um mehr als 200° C herabgesetzt; sie beträgt für reines $KClO_3$ ca. 350°. Der Katalysator wird bei der Zers. nicht mitangegriffen; denn er gibt mit konz. Salzsäure Chlorgas ab.

Auch Co_2O_3, V_2O_5 u. WO_3 lassen sich als Katalysatoren verwenden.

H. Rheinboldt. Unterr.-Verss. **1953,** S. 38—39.

b) durch Zersetzung von Wasserstoffperoxid:

$$2\,H_2O_2 \rightarrow 2\,H_2O + O_2$$

α) Holzkohle als Katalysator: Reagenzglas. Perhydrol. A-Kohle. Holzspan.

173. Man mische im Reagenzglas etwa gleiche Teile Perhydrol u. W. u. werfe ein Stückchen Holzkohle, am besten A-Kohle, hinein. Es entwickelt sich sofort Sauerstoff. Auch Braunstein eignet sich.

β) Silbersol als Katalysator: Reagenzglas. Perhydrol. $AgNO_3$. $Na_2CO_3 \cdot 10\,H_2O$. Tannin. Waage mit Geww. Becherglas. Meßzylinder.

174. Nach Einträufeln von *Silbersol*, das man aus 100 ml einer 0,02%ig. $AgNO_3$-Lsg. nach Zugabe von einem Tropfen 1%ig. Sodalsg. u. einigen Tropfen einer frisch bereiteten 1%ig. Tanninlsg. beim Sieden als rotbraunes Sol erhält, in die 15%ig. H_2O_2-Lsg. erhält man ebenfalls lebhafte Sauerstoffentwicklung.

γ) Zersetzung durch Katalasen:

175. Kartoffelsaft, Weizenmehlauszüge, Hefeaufschlämmungen, Leberpreßsaft, Blut usw. enthalten ein „*Katalase*" genanntes Ferment, das die Eig. hat, verd. H_2O_2-Lsgg. unter Sauerstoffentw. aufzuspalten. Zusätze von H_2S, CS_2, Schwermetallsalzen, bes. von Hg-, Pb-, Bi-salzen oder Uranylnitratlsgg., hemmen die Reaktion. Tempp. oberhalb 50° C zerstören das Enzym.

H. Rheinboldt, Unterr.-Verss. **1953**, S. 299—300; J. Schormüller, MNU **11** (58/59) 267.

2. Wassersynthese mit Platin als Katalysator

Medizinflasche (200 ml) mit Gummistopfen. Stativ mit Klammer. Glasrohr. Gummischlauch. Müllersche Gasmeßglocke. Wasserstoff- u. Sauerstoffentwickler. Platinierte Quarzglaswolle oder Platinblech. — Hoher Standzylinder (200 ml). Gaswanne. Platinschwamm. Schutzscheibe!

a) Qualitativ:

176. Man leite in ein eingespanntes, unten abgesprengtes, enghalsiges u. mit einem Gummistopfen verschlossenes Fläschchen ein Gemisch aus 2 Raumteilen Wasserstoff u. 5 Raumteilen Luft u. führe von unten hier ein Glasrohr ein, in dessen Mündung ein kleiner Bausch platinierter Quarzglaswolle (Bezugsquelle: HERÄUS-Hanau) oder ein zum Röllchen gebogenes dünnes Platinblech steckt. Es kommt bald zum Glühen u. entzündet das Gasgemisch unter Verpuffung u. Bldg. eines Wasserbeschlages.

b) Quantitativ:

177. Im schmalen, ca. 200 ml fassenden Standzylinder, der in 4 gleiche Raumteile geteilt ist, z. B. durch 3 Gummiringe, fange man in der Gaswanne 3 Raumteile Wasserstoff u. 1 Raumteil Sauerstoff auf. Den gefüllten Zylinder stülpe man dann über eine auf dem W. schwimmende Korkplatte, auf der ein Blech mit etwas Platinschwamm liegt. Schutzscheibe!

Nach kurzer Zeit steigt das Wasser bis zur Dreiviertelhöhe des Zylinders hoch. Der Rest ist Wasserstoff.

Ein Platinblech statt des Platinschwammes verschmort unter Umständen bei diesem Versuch.

Bei Ausführung des gleichen Versuchs mit 2 Raumteilen Wasserstoff u. 2 Raumteilen Sauerstoff tritt heftige Verpuffung ein, weil der Sauerstoff ein viel schlechterer Wärmeleiter als Wasserstoff ist. Schutzscheibe!

W. Seeger, MNU **10** (57/58) 32.

3. Katalytische Synthese und Dissoziation von Ammoniak

$$N_2 + 3\,H_2 \rightleftarrows 2\,NH_3$$

s. Vers. Nr. 126—134

4. Oxydation von Ammoniak: $4\,\overset{-3}{N}H_3 + 7\,O_2 \rightarrow 4\,\overset{+4}{N}O_2 + 6\,H_2O$

a) Platin als Katalysator

Erlenmeyerkolben (250 ml). Waschflasche. Trockenrohr. Verbrennungsrohr. Stativ mit Klammer. Peligotrohr. Stehkolben. Glasrohr. Schlauchverbindungen. — Ammoniaklsg. (25 %). Sauerstoffentwickler. Platindraht. Platinasbest. CaO. Stahlwolle.

178. Man schwenke den etwa zur Hälfte mit Sauerstoff gefüllten Erlenmeyerkolben mit ein paar Tropfen NH_3-Lsg. aus u. halte eine glühende Platindrahtspirale hinein. Sie glüht im NH_3-Luft-Sauerstoff-Gemisch weiter, wobei zuerst braune Stickoxide und dann weiße Nebel von NH_4NO_2 u. NH_4NO_3 gebildet werden.

179. Man leite ein Gemisch aus 2 Raumt. Luft u. 1 Raumt. Sauerstoff in die Waschflasche, in der das Zuleitungsrohr etwa 1 cm tief in die Ammoniaklsg. eintaucht. Das Ammoniak-Luft-Sauerstoff-Gemisch schicke man durch eine mit CaO beschickte Trockenröhre u. dann durch das Verbrennungsrohr, in dessen Mitte sich eine Schicht Platinasbest befindet, während an den Enden je ein Pfropfen Stahlwolle zur Vermeidung etwaiger Explosionen eingeschoben wird. An das Rohr wird eine mit etwas W. gefüllte Peligotröhre u. dahinter ein offener Kolben geschaltet.

Nach Erhitzen des Katalysators erkennt man am Auftreten der braunen Stickoxide die Rk. u. am lebhaften Glühen des Platinasbestes, der jetzt nicht mehr weiter erhitzt zu werden braucht, die auftretende Reaktionswärme. Die Reaktionstemp. liegt bei etwa 400° C.

Aus den Stickoxiden entstehen im Peligótrohr salpetrige Säure HNO_2 u. Salpetersäure HNO_3, die sich mit Ferroammonpapier, KJ-Lsg. u. Stärke u. am Nitrobenzolgeruch nach Zusatz weniger Tropfen Schwefelsäure u. Benzol nachweisen lassen.

H. Zeitler, P. **42** (29) 20—21; G. Simon, Pr. **2** (53) 145.

b) Kupfer-Wismut-Oxide als Katalysator

Statt Platindraht, Platinasbest oder Ceroxid kann auch Kupferoxid-Wismutoxid-Asbest als wirksamer Katalysator benutzt werden.

Man stelle sich den Katalysator in Anlehnung an ein Patent der BASF folgendermaßen her:

180. Je 5 g Kupfernitrat u. Wismutnitrat werden mit 20 ml W. übergossen. Dann wird tropfenweise Salpetersäure zugesetzt, bis sich das bas. Wismutnitrat gelöst hat. In diese Lsg. tauche man 5 g gewaschenen u. zerfaserten Asbest u. versetze das Gemisch einige Std. später mit so viel Natronlauge, daß es gerade alkal. reagiert. Der Asbest mit den daran haftenden Hydroxiden wird filtriert u. so lange heiß ausgewaschen, bis das Waschwasser neutral reagiert. Dann erhitze man ihn im schwerschmelzbaren Reagenzglas u. führe so die Hydroxide in ihre Oxide über.

W. Franck, P. **33** (20) 188.

5. Katalytische Oxydation des Schwefeldioxids (s. auch Nr. 143)

Waschflasche. Verbrennungsrohr. Stative mit Klammern. 2 Kolbenprober (100 ml). 2 T-Stücke mit Hahn. Kolben mit Topftrichter u. Gasableitungsrohr. Gasbürette. Schlauchverbindungen. Sauerstoff- und SO_2-Entwickler. Schweflige Säure. Platinasbest, Fe_2O_3 oder V_2O_5. Magnesium. Glaswolle. Watte. Holzspan.

181. Man leite Sauerstoff durch eine Waschflasche mit schwefliger Säure u. dann durch ein Supremaxrohr, das etwas Platinasbest zwischen Glaswolle enthält. Schon bei schwachem Erhitzen treten dichte weiße Nebel auf, deren Stärke bei höherem Erhitzen zurückgeht.

F. Flohr, MNU 9 (56/57) 332.

182. In die Mitte eines ca. 30 cm langen Verbrennungsrohres bringe man zwischen Glaswolle eine 5 cm lange Schicht Platinasbest, Fe_2O_3 oder V_2O_5 u. an beide Enden 2—3 cm lange Pfropfen aus reiner Watte. Dann werden rechts u. links über je ein T-Stück mit Glas- oder Quetschhahn je ein Kolbenprober angeschlossen u. auf 0 eingestellt. Man verdränge aus dem Totraum alle Luft durch Sauerstoff u. messe in den einen Kolben 50 ml Sauerstoff u. 26 ml Schwefeldioxid (aus Na-sulfit u. Schwefelsäure) ein. Nach Erhitzen des Katalysators wird das Gasgemisch zwischen beiden Kolbenprobern so lange hin- und hergeleitet, bis das Volumen konstant bleibt. Dabei beobachtet man auf den Innenseiten der Wattepfropfen braune bis schwarze Flecken durch das gebildete Schwefeltrioxid. Nach Abkühlen kann man feststellen, daß 37 ml Sauerstoff übriggeblieben sind, die sich mit dem glimmenden Span nachweisen lassen, daß also 26 ml Schwefeldioxid sich mit 13 ml Sauerstoff nach der Gl. $2\,SO_2 + O_2 = 2\,SO_3$ zum Schwefeltrioxid verbunden haben.

Man nehme die Wattepfropfen vorsichtig heraus, bringe sie in ca. 25 ml dest. W. u. spüle auch das Rohr mit etwas dest. W. aus. Die entstandene Schwefelsäure entwickelt aus Magnesium genau 26 ml Wasserstoff.

M. Schmidt, P. 51 (38) 197—199; W. Kinttof, Pr. 7 (58) Ch. 41—42.

6. Katalytische Dissoziation des Schwefeltrioxids

(s. unter Nr. 144)

7. Oxydation von Kohlenmonoxid zu Kohlendioxid durch Wasserdampf: $CO + H_2O \rightarrow CO_2 + H_2$.

(Vgl. auch Verss. Nr. 116—118)

Stehkolben mit Tropftrichter u. Gasableitungsrohr. Gasometer. Thermometer. Porzellan- oder Eisenrohr im

Röhrenofen oder Verbrennungsrohr mit Stativ. Dampferzeuger. T-Stück. 4 Waschflaschen. Gaswanne. Standzylinder mit geschliffenem Rand u. Deckel. Wasserbad. Dreifuß mit Asbestplatte. Bunsenbrenner. Glasrohr. Schlauchverbindungen. — Ameisensäure. Konz. Schwefelsäure. Natronlauge. Ammoniak. Kalk- oder Barytwasser. Nickelnitrat. $AgNO_3$. Fe_2O_3. Bimsstein. Asbestwolle.

a) Nickel als Katalysator

183. Durch Eintropfen konz. Ameisensäure auf konz. Schwefelsäure bei 70—80° C erhält man das giftige Kohlenmonoxid, das man in einem Gasometer auffängt, an den man eine Waschflasche mit konz. Natronlauge, eine zweite mit Kalk- oder Barytwasser, ein Porzellan- oder Eisenrohr mit einer 30 cm langen Nickelbimssteinschicht (s. Vers. Nr. 184) angeschlossen hat. An das freie Ende des Rohres, das in einem Röhrenofen liegt, schalte man eine Waschflasche mit Kalk- oder Barytwasser u. eine andere mit ammoniakal. $AgNO_3$-Lsg. an; von ihr führt ein Rohr zur Gaswanne. Vor dem Porzellanrohr ist noch ein Dampferzeuger mittels T-Stück zwischengeschaltet. Nach kräftigem Erhitzen des Röhrenofens leite man den CO-Strom zusammen mit dem Wasserdampf durch das Rohr. In der Waschflasche mit dem Kalk- oder Barytwasser darf vor dem Rohr kein Nd. entstehen, wohl aber in der Waschflasche hinter dem Rohr. Die ammoniakal. $AgNO_3$-Lsg. darf keinen Nd. zeigen, sonst müßte die Geschwindigkeit des CO-Stromes gemäßigt werden. In der Gaswanne kann man den Wasserstoff auffangen u. entzünden; er muß mit farbloser Flamme brennen.

b) Herstellung des Nickelkatalysators

184. Man digeriere erbsengroße Bimssteinstückchen mit einer konz. $Ni(NO_3)_2$-Lsg. ca. 30 Min. auf dem Wasserbade, gieße die Lsg. ab u. glühe die imprägnierten Stücke auf einer Asbestplatte gut durch, bis keine Stickoxide mehr entweichen.

H. Rheinboldt, Unterr.-Verss. **1953**, S. 240—242.

185. Der Vers. läßt sich auch im Supremaxrohr mit Eisenoxid auf Asbestwolle als Katalysator ausführen.

8. Oxydation des Kohlenmonoxids zu Kohlendioxid durch Sauerstoff

Hopcalit als Katalysator

Röhrchen mit Hopcalit (Oxid-Peroxid-Gemisch von Mangan, Silber, Kobalt u. Kupfer). Metallwolle. Waschflaschen. Wasserstrahlpumpe. Stadtgas.

186. Man leite Luft, die etwa 5 % CO enthält, oder ein Gemisch aus Stadtgas u. Luft durch ein Röhrchen, das etwas Metallwolle zur Vermeidung von Rückzündungen u. Explosionen u. dahinter gekörntes Hopcalit enthält. Vor u. hinter dem Röhrchen werden vorher je eine Waschflasche mit Barytwasser u. mit ammoniakal. $AgNO_3$-Lsg. angeschlossen. Bei Verwendung eines Luft-CO-Gemisches wird die Silberlösung vor dem Röhrchen schwarz, u. das Barytwasser hinter dem Röhrchen zeigt den $BaCO_3$-Niederschlag.

H. Petzold, Ubl. **40** (34) 372; R. Scharf, P. **47** (34) 59; K. H. Cuny, Ubl. **43** (37) 54.

9. Azotierung des Calciumcarbids durch Calciumchlorid als Katalysator: $CaC_2 + N_2 \rightarrow CaCN_2 + C$

Quarzrohr im Röhrenofen. Offenes Quecksilbermanometer. Stahlmörser. 2 Waschflaschen. Bunsenbrenner. N_2-Entwickler. 2 Stehkolben (1 l). Watte. CaC_2. $CaCl_2$. Konz. Schwefelsäure. Phenolphthaleinpapier.

187. Um die Reaktionstemp. von über 1000° C um 400 bis 500° C herabzusetzen, wird das vorher ausgeglühte CaC_2 mit 20 % $CaCl_2$, das vorher 1 Std. lang auf 130° erhitzt worden ist, vermischt, noch warm im Stahlmörser zerkleinert u. locker in ein Quarzrohr gefüllt, das in einem Röhrenofen liegt. An das vordere Ende des Rohres schließe man einen Stickstoffentwickler u. eine Waschflasche mit konz. Schwefelsäure an, an das hintere Ende eine Waschflasche mit konz. Schwefelsäure oder ein offenes Quecksilbermanometer. Man erhitze das Rohr möglichst hoch u. leite den Stickstoffstrom gerade so schnell durch (bis zu 180 Blasen/Min.), daß weder Gas aus dem Rohr austritt, noch Luft eintreten kann. Nach 1—2 Std. ist die Azotierung des Carbids so weit fortgeschritten, daß man den Azotierungsgrad durch Behandeln einer Probe mit konz. Kochsalzlsg. bestimmen kann.

B e i s p i e l : 2 g Ca-carbid lieferten 500 ml C_2H_2. 2 g des Reaktionsprod. lieferten nur 233 ml C_2H_2. Aus dem Verlust an $C_2H_2 = 500 - 233 = 267$ ml ergibt sich als Azotierungsgrad:

$$\gamma = \frac{267 \cdot 100}{500} = 53{,}4\,\%.$$

Daß das Prod. mit W. nach der Gl. $CaCN_2 + 3\,H_2O = CaCO_3 + 2\,NH_3$ Ammoniak bildet, zeige man, indem man 2 g reines CaC_2 u. azotiertes Prod. in je einen Kolben bringt, Kochsalzlsg. zusetzt u. nach Ablauf der stürmischen Umsetzung je einen Streifen feuchtes Phenolphthaleinpapier mittels Watte in den Kolbenhals hängt. Nach 15 Min. ist das Papier in dem Kolben mit dem azotierten Prod. deutlich rot, das im anderen Kolben dagegen nur unten ganz schwach rot gefärbt.

H. Zeitler, P. **42** (29) 17—19; H. Rheinboldt, l. c., S. 329—331.

10. Katalytisches Cracken von Erdöl

Reagenzgläser, 1 schwerschmelzbar u. 1 mit seitlichem Ansatzrohr. Meßzylinder (10 ml). Korken mit Ableitungsrohr. Gaswanne. Standzylinder mit geschiffenem Rand u. Deckel. Stativ mit Klammer. Bunsenbrenner. Verbindungsschlauch. Paraffinöl oder rohes Erdöl. Stahlwolle oder „Perlkatalysator“. Glaswolle.

188. Über 3—5 ml Paraffinöl oder rohes Erdöl schichte man im schwerschmelzbaren Reagenzglas Stahlwolle, setze einen Korken mit langem Ableitungsrohr, das im Winkel von 140° gebogen ist, auf, spanne das Ganze so ein, daß das Reagenzglas fast waagerecht liegt, u. erhitze zuerst die Stahlwolle u. dann das Öl. Als Vorlage benutze man ein Reagenzglas mit seitlichem Ansatzrohr zum Auffangen der Gase.

1 ml Destillat genügt bereits zum Nachw. der leichteren Entzündbarkeit u. zum Nachw. ungesätt. Kohlenwasserstoffe durch Bromwasser. Auch im Crackgas kann man die Bromaddition zeigen.

L. Doermer, P. **52** (39) 21; R. Scheer, Pr. **3** (54) 248.

189. Die Technik benutzt aktivierte Tone u. synthet. Al-Silikate als Katalysatoren. Schichtet man über das Erdöl einen Bausch Glaswolle u. darauf eine Schicht des gelblichen *„Perlkatalysators"* der KALI-CHEMIE, Werk Nienburg/Weser, dann erfolgt die Crackung schneller. Der Katalysator überzieht sich dabei mit einer Kohleschicht u. kann im heißen Luftstrom wieder regeneriert werden.

11. Oxydation der Alkohole durch Kupfer als Katalysator

Oxydation von Methanol und Äthanol:

$R \cdot CH_2OH \rightarrow R \cdot CHO + H_2$

Reagenzglas mit Stopfen u. Ableitungsrohr. Verbrennungsrohr. 2 Asbestscheiben. Kupferdrahtnetz. Bunsenbrenner. Stativ mit Klammer. Vorlage. Porzellanschale. Gaswanne. Standzylinder. Glasrohr. Verbindungsschlauch. Methanol oder Äthanol. A-Kohle. Eis.

190. Man leite durch schwaches Erwärmen die Alkoholdämpfe durch ein Supremaxrohr, in dem ein zusammengerolltes Kupferdrahtnetz kräftig erhitzt wird; zum Schutz der Stopfen empfiehlt es sich, über die Rohrenden Asbestscheiben zu streifen. Der gebildete Aldehyd wird zusammen mit dem überschüssigen Alkohol in einer gekühlten Vorlage aufgefangen, entweichender Aldehyddampf in einem mit A-Kohle gefüllten Rohr zurückgehalten und der Wasserstoff in der Gaswanne aufgefangen.

F. Flohr, MNU **10** (57/58) 457.

12. Dehydratisierung des Äthanols durch Aluminiumoxid: $CH_3 \cdot CH_2OH \rightarrow CH_2 : CH_2 + H_2O$

Reagenzglas mit Stopfen u. Ableitungsrohr. Verbrennungsrohr. Stativ mit Klammer. 2 Waschflaschen. Gaswanne. Standzylinder. Glasrohr. Verbindungsschlauch. Bunsenbrenner. Glaswolle. Al_2O_3. $KMnO_4$. Natronlauge. Bromwasser.

191. Man leite durch schwaches Erwärmen Äthanoldämpfe durch ein Supremaxrohr, in dem eine lockere Schicht von ausgeglühtem Al_2O_3 zwischen Glaswollebäuschen bis zur beginnenden Rotglut erhitzt wird. Das dabei entstehende Äthylen wird durch Waschflaschen mit stark verd. alkal. $KMnO_4$-Lsg. bzw. mit Bromwasser geleitet u. entfärbt beide. Das in der Gaswanne aufgefangene Gas brennt nicht so stark leuchtend wie das aus Äthanol u. Schwefelsäure enthaltene Produkt.

H. Rheinboldt, Unterr. Verss. **1953**, 165—166; F. Flohr, l. c., S. 457—458; vgl. W. Seeger, MNU **7** (54/55) 187.

13. Hydratisierung des Acetylens: $C_2H_2 + H_2O \rightarrow CH_3CHO$

a) mit verschiedenen Katalysatoren

Acetylen wird durch A-Kohle, Säuren, Quecksilber-, Zink- u. Aluminiumverbb. als Katalysatoren unter Wasseraufnahme in Acetaldehyd verwandelt, wobei man folgende Reaktionsmechanismen annimmt:

1. *Schwefelsäure:*

$$HC:CH + HOSO_3H \rightarrow H_2C:CH \cdot OSO_3H$$
$$H_2C:CH \cdot OSO_3H + H_2O \rightarrow H_2C:CH(OH) + HOSO_3H$$
$$\rightarrow H_3C \cdot CHO + H_2SO_4$$

2. *Hg^{2+} als Katalysator:*

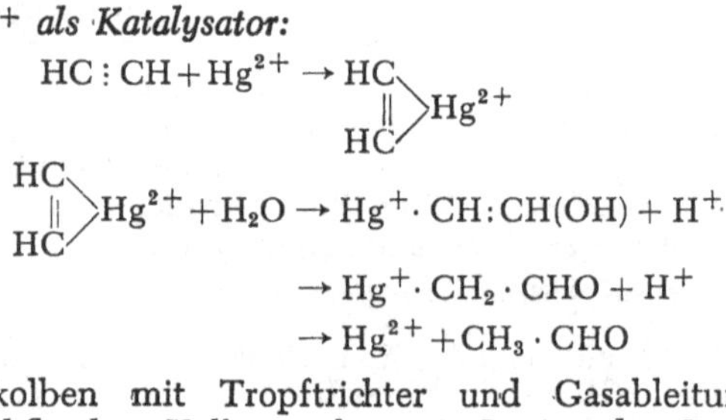

Stehkolben mit Tropftrichter und Gasableitungsrohr. Waschflasche. Kolbenprober mit Stativ oder Gasometer. Stehkolben (1 l) mit doppelt durchbohrtem Stopfen. Meßzylinder. Trichter mit Filtriergestell. Filter. App. zur Wasserdampfdest. Reagenzgläser. Glasrohr u. Verbindungsschlauch. — CaC_2. NaCl. $K_2Cr_2O_7$. Konz. Schwefelsäure. $Hg(NO_3)_2 \cdot 2\,H_2O$, HgO oder $HgCl_2$ bzw. HgJ_2. Braunstein. Fuchsinschweflige Säure. Natriumnitroprussid. Piperazin, Piperidin oder Dimethylamin.

192. Man stelle sich Acetylen durch Auftropfen von NaCl-Lsg. auf CaC_2 her, wasche es mit Chromschwefelsäure u. leite es in den Kolben von 1 l Inhalt, der mit einem mit Acetylen gefüllten Kolbenprober oder besser noch mit einem Acetylengasometer verbunden ist. Dann werden zu dem Kolbeninhalt ca. 20 ml Katalysatorlsg. gegeben, z. B. eine mäßig konz. $Hg(NO_3)_2$-Lsg. oder ein Gemenge von HgO, $HgCl_2$ oder HgJ_2 in konz. Schwefelsäure, etwas Braunstein zugesetzt u. ca. 10 Min. geschüttelt, wobei beträchtliche Gasmengen aufgenommen werden. Filtriert man, unterwirft Filtrat u. Rückstand gesondert der Wasserdampfdest. u. fängt die Destillationsprodd. in W. oder Äther auf, so erhält man aus dem Filterrückstand mindestens ebensoviel Acetaldehyd wie aus dem Filtrat. Es liegt also ein großer Teil des vom Katalysator aufgenommenen Acetylens als Zwischenverb. vor, die durch den Wasserdampf zerlegt worden ist.

Zum Nachw. des Acetaldehyds sind die Reduktionsreaktionen wegen der erforderlichen hohen p_H-Werte wenig geeignet; dagegen sind die Farbreaktionen nach SCHIFF (funchsinschweflige Säure) u. SIMON gut zu verwenden:

Reaktion nach Simon: Man mische einige Tropfen einer gut gefärbten Lsg. von Natriumnitroprussid mit 3—4 ml der Aldehydprobe u. schichte eine 1%ig. Lsg. von Piperazin, Piperidin oder Dimethylamin darüber. An der Berührungsstelle entsteht Blaufärbung, mit Piperidin auch Violettfärbung, die langsam über Rot nach Gelb verschwindet.

Mit den nachstehend genannten Katalysatoren werden folgende Absorptionswerte erhalten:

Katalysator 20 ml, 0,01 mol. Salz; bei Hg-Verbindungen MnO_2-Zusatz	Absorption bei Zimmertemperatur in ml
HgO in H_2SO_4 (45%ig)	200—400
HgO in H_2SO_4 (15%ig)	90—120
HgO in Wasser, mit H_2SO_4 angesäuert	80—100
$HgSO_4$, 45%ig	50—70
$HgSO_4$ oder HgO in Essigsäure	100—125
Essigsäure, 90%ig	100
$Hg(NO_3)_2 \cdot 2\,H_2O$ in Wasser	200—400
$HgCl_2$ (2,5 mol.)	100—140
$AlCl_3$ in Essigsäure	100

A. Danz, MNU **12** (59/60) 362—366.

193. Man kann den Acetaldehyd auch direkt erhalten, indem man das gereinigte Acetylen durch einen Kolben mit dem Katalysator (2 g $HgSO_4$ oder HgO u. 5 g Eisenammoniakalaun in 100 ml W. von 70—90° C) u. ein Rohr mit A-Kohle zur Adsorption des unverbrauchten Acetylens strömen läßt u. in einer Waschflasche mit dest. W. auffängt. Nach etwa 30 Min. hat sich so viel Acetaldehyd darin gelöst, daß es deutlich danach riecht. Nach kurzem Aufkochen kann man die bekannten Aldehydrkk. ausführen: 1. Rotfärbung der fuchsinschwefligen Säure, 2. Silberspiegel mit ammoniakal. $AgNO_3$-Lsg., 3. Cu_2O-Fällung aus FEHLINGscher Lösung, 4. deutlicher Essigsäuregeruch nach Erhitzen mit einigen $KMnO_4$-Kriställchen. 5. Zur *quantitativen* Aldehydbestimmung eignet sich am besten die Oxidbildung aus Hydroxylaminchlorhydrat: $CH_3 \cdot CHO + NH_2OH \cdot HCl \rightarrow CH_3 \cdot CH : NOH + H_2O + HCl$. Man versetze die Aldehydlösung mit ca. 0,5 g Hydroxylaminchlorhydrat u. titriere die abgespaltene Salzsäure mit 0,1 n Natronlauge.

R. Scharf, P. **50** (37) 240—243; A. Danz, l. c.

b) mit Aktivkohle

Destillierkolben (100 ml). Acetylenentwickler (s. Vers. 192). Quarzrohr. Waschflasche. Bunsenbrenner. Breitbrenner.

Reagenzglas. Glasrohr. Glaswolle. Verbindungsschlauch. — Zylindr. A-Kohle. $AgNO_3$. Ammoniak. Natronlauge. Eis. CaC_2. Kochsalz.

194. Der halb mit W. gefüllte Destillierkolben wird mit dem Quarzrohr verbunden, das in der Mitte eine dichte Packung von A-Kohle zwischen Glaswollebäuschen enthält. Am anderen Ende des Rohres wird eine eisgekühlte Waschflasche mit dest. W. angeschlossen. In den Hals des Destillierkolbens setzt man mittels Stopfens ein bis auf den Boden reichendes Winkelrohr, durch das vom Entwickler oder Gasometer her Acetylen geleitet wird. Nachdem es alle Luft aus dem Gerät vertrieben hat (Knallgasprobe!), erhitzt man das W. im Kolben fast bis zum Sieden u. gleichzeitig die A-Kohle mit einem Breitbrenner auf schwache Rotglut.

Nach 5—10 Min. kann man in der Waschflasche den entstandenen Acetaldehyd mittels der bekannten Rkk. nachweisen.

W. Kinttof, Pr. 9 (60) Ch. 25—26.

14. Verwandlung von Acetaldehyd in Paraldehyd durch Schwefelsäure und umgekehrt s. Vers. Nr. 156—157

15. Essigester aus Essigsäure und Äthanol mit Schwefelsäure und Verseifung s. Vers. Nr. 158—159

16. Hydrierung flüssiger Fette mit Nickel als Katalysator (Fetthärtung)

Wasserstoffentwickler. 3 Waschflaschen. Weites Reagenzglas mit Ein- u. Ableitungsrohr. Stativ mit Klammer. Sandbad. Thermometer. Becherglas. Meßzylinder (10 ml). Trichter mit Filtriergestell. Filter. Porzellanschale. Bunsenbrenner. — Cottonöl. $KMnO_4$. Konz. Schwefelsäure. Kalilauge. Nickelformiat. Äther. Kohlepulver.

195. Man leite Wasserstoff, den man vorher zur Reinigung nacheinander durch Waschflaschen mit schwefelsaurer $KMnO_4$-Lsg., mit Kalilauge u. mit konz. Schwefelsäure geschickt hat, in ein weites Reagenzglas mit doppelt durchbohrtem Korken. Das Einleitungsrohr ist zur Spitze ausgezogen u. reicht fast bis zum Boden, das rechtwinklige

Ableitungsrohr ist ebenfalls zur Spitze ausgezogen. In das Reagenzglas bringe man ca. 5 ml eines raffinierten Öles, z. B. Cottonöl aus den Baumwollsamen, das man mit 0,3 g Nickelformiat innig verreibt. Man bette das so vorbereitete Reagenzglas zusammen mit einem Thermometer (bis 360°) in ein Sandbad, das man auf etwa 300° C erhitzt, sobald man die Luft aus dem Gerät vollständig verdrängt hat (Knallgasprobe!). Man lasse den Wasserstoff lebhaft durch das Öl perlen u. zünde ihn am Ableitungrohr an. Wenn das grüne Ni-formiat vollständig in fein verteiltes, schwarzes Nickel verwandelt ist, erniedrige man die Temp. auf 250° C. Ist das Öl nach ca. 30—40 Min. zähflüssig, entferne man das Heizbad u. stelle den Wasserstoffstrom ab. Beim Eintauchen des Reagenzglases in kaltes W. muß das Öl an den Wandungen erstarren. Ist das nicht der Fall, muß die Hydrierung fortgesetzt werden (Neue Knallgasprobe!). Nach völligem Erstarren u. Erkalten löse man das Reaktionsprod. in wenig Äther (feuergefährlich!) u. filtriere nach Zusatz von Kohlepulver in ein Schälchen, in dem nach Verdunsten des Äthers ein reinweißes, festes Fett zurückbleibt. Cottonöl läßt sich rasch härten, Sesamöl verhältnismäßig schnell; Rizinus-, Rüb- u. Sojabohnenöl brauchen etwas mehr Zeit.

H. Rheinboldt, Unterr. Verss. **1953**, S. 33—35.

17. Bromierung von Benzol mit Eisenfeilspänen:

$$C_6H_6 + Br_2 \longrightarrow C_6H_5Br + HBr$$

Waage mit Geww. Erlenmeyerkolben (100 ml). Trockenrohr. 300-W-Lampe. Benzol. Brom. Schwefelkohlenstoff. Aktivkohle. Eisenfeilspäne.

196. 5 ml Benzol werden mit 5 ml einer 20%ig. Bromlsg. in Schwefelkohlenstoff im Erlenmeyerkölbchen versetzt u. mit einem mit Aktivkohle gefüllten Trockenrohr verschlossen. Weder sofort noch bei Belichtung mit einer 300-Watt-Lampe erfolgt eine Rk., wohl aber nach Zugabe grober Eisenfeilspäne, wobei die Bromfarbe verschwindet, HBr entsteht (Lackmuspapier) u. Brombenzol gebildet wird.

W. Flörke, MNU **1944**, S. 83.

18. Autokatalyse durch Mn-Ionen bei der Zersetzung der Oxalsäure durch Kaliumpermanganat

Waage mit Geww. Bechergläser (100 u. 1000 ml). Dunkle l-Flasche. Meßzylinder (25 ml). — $KMnO_4$. Oxalsäure. Konz. Schwefelsäure.

197. Man löse 6 g $KMnO_4$ u. 63 g Oxalsäure in je 1 l W. u. verdünne 250 ml konz. Schwefelsäure auf das Vierfache. Die $KMnO_4$-Lsg. ist in dunkler Flasche aufzubewahren, da sie sich im Licht zersetzt, bzw. nach längerer Zeit zu erneuern.

Werden 25 ml der verd. Schwefelsäure mit 12,5 ml Oxalsäurelsg. u. 20 ml W. gemischt u. setzt man je 5 ml $KMnO_4$-Lsg. nach jeder erfolgten Entfärbung von neuem zu, so wächst die Reaktionsgeschwindigkeit nach jedem Permanganatzusatz wesentlich. Offenbar wird die Rk. durch die entstehenden Mn-Ionen katalyt. beschleunigt. Da der Katalysator erst bei der Umsetzung entsteht, spricht man von einer *Autokatalyse.*

B e i s p i e l :

5 ml 0,6 %ig. $KMnO_4$	Reakt.-Zeit
1. Zusatz	210 Sek.
2. Zusatz	165 Sek.
3. Zusatz	75 Sek.
4. Zusatz	70 Sek.

Nach dem 5. Zusatz beobachtet man keine Entfärbung mehr, da die Lösung zu arm an Oxalsäure u. Schwefelsäure geworden ist; daß nach dem 4. Zusatz die Reaktionsbeschleunigung kaum gewachsen ist, liegt an der starken Abnahme der Konz. der anderen Reaktionspartner.

H. Prügel, MNU **4** (51/52) 309; **5** (52/53) 109.

XIV. Thermochemie

1. Elektrische Temperaturmessung. Herstellung von Thermoelementen:

Silberdraht, Konstantandraht, Nickeldraht, Chromnickeldraht, je 0,5 mm stark. Lötkolben. Silberlot. Glasrohr verschied. Weite. Quarz-, Hartporzellan- oder Sillimanitröhrchen (1,2 mm innen, 1,8 mm außen). Porzellanröhrchen (1,7 mm innen u. 2,7 mm außen). Quarzrohr oder ä. (8 mm innen u. 10 mm außen). Sandpapier. Picein. Fahrradventilschlauch. Korken (ca. 30 mm Durchmesser). Millivoltmeter. Widerstandsofen mit Glimmerfenster. Magnesiarinne. — Borax. Naphthalin. Diphenylamin. Schwefel. $PbCl_2$. $CdCl_2$. Aluminiumblech. NaCl. Einseitig geschlossenes Stahlrohr (0,5 mm Wandstärke).

198. *Für Temperaturen bis 600°* verwende man 40 cm lange Silber- u. Konstantandrähte u. verlöte je einen an einem Ende mit Borax u. Silberlot. Die einzelnen Drähte werden durch selbstgezogene Glaskapillaren (h) gegeneinander isoliert u. je 4 Elemente hintereinander geschaltet. (In Abb. 25 sind der besseren Übersicht wegen nur 2 Elemente gezeichnet.) Die Lötstellen werden durch dünne Glasröhren (h_1) geschützt, und das ganze, aus 8 Drähten bestehende Bündel wird durch ein Schutzrohr (g) aus Glas von ca. 5 mm Durchmesser, das auf der Seite der Lötstellen zugeschmolzen ist, versenkt, nachdem man auch die Kaltstellen mit Fahrradventilschlauch (v) gegeneinander isoliert hat. Das Schutzrohr wird oben mit Picein (p) geschlossen, in das man eine Kapillare (cp) einsetzt, um den Luftaustausch zu ermöglichen. Zuletzt streife man einen Korken (k) über das Rohr, durch den man die Leitungsdrähte führt, um Knickstellen zu vermeiden. Das nunmehr fertige Thermoelement wird an ein empfindliches Millivoltmeter angeschlossen u. auf Wackelkontakte u. Kurzschlüsse untersucht: Die ersteren machen sich durch Schwankungen der Thermokraft bei Erschütterungen, die letzteren durch zu geringen Ausschlag des Voltmeters bemerkbar. Dieses zeigt bei 300° Temperaturunterschied ca. 14 Millivolt für jedes Silber-Konstantan-Paar an.

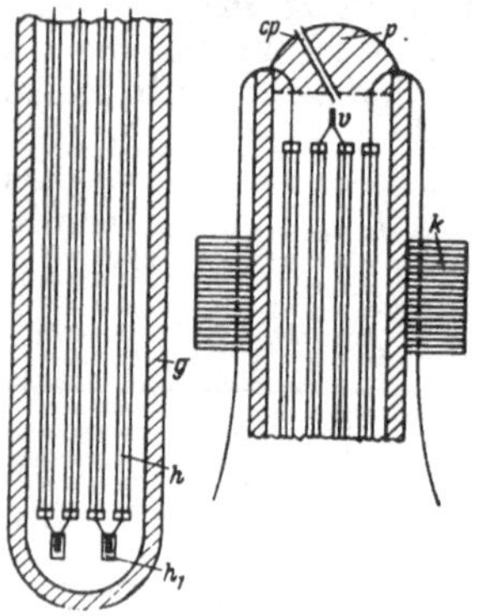

Abb. 25.

Die Eichung muß für jedes Element besonders durchgeführt werden, indem man als Fixpunkte die Kp. von W. (100°), Naphthalin (218°), Diphenylamin (302°) u. Schwefel (444°) sowie die F von $PbCl_2$ (498°) u. $CdCl_2$ (560°) benutzt, die Zimmertemp. abzieht, die erhaltenen Spannungswerte auf mm-Papier einträgt u. miteinander verbindet. Der Fehler beträgt etwa ± 1 %.

199. *Für Temperaturen oberhalb 600 bis 1100° C* benutze man Nickel-Chromnickelelemente (40 cm lang), von denen drei in Reihe geschaltet werden. Zur Isolation nehme man Quarz-, Hartporzellan- oder Sillimanitröhrchen (1,2 mm innen, 1,8 mm außen) für die heißen und Glaskapillaren für die kälteren Teile der Elemente. Man verdrille die sorgfältig mit Sandpapier gereinigten Drähte miteinander, isoliere sie durch kurze Porzellanröhrchen (1,7 mm innen, 2,7 mm außen), bringe das Ganze in ein einseitig geschlossenes Schutzrohr (8 mm innen, 10 mm außen) aus Quarz, Porzellan oder sog. K-Masse, nachdem man die Kaltstellen genau wie in Nr. 198 mit Ventilschlauch gegeneinander isoliert hat, dichte mit Picein u. Glasrohr ab u. stülpe wieder einen Korken für die Leitungsdrähte über das Rohr.

Zur Eichung benutze man die Kp. des Schwefels (444°) u. die F von Aluminium (659°), NaCl (803°) u. Silber (960°). Die Metalle müssen rein sein, weil sonst ihre F herabgesetzt werden. Das Thermoelement darf nicht direkt in die Schmelze getaucht werden, da es beim Erstarren leicht zerdrückt werden kann. Man benutze am besten ein einseitig geschlossenes Stahlrohr von 0,5 mm Wandstärke. Mit dem Silber wird die Eichung so durchgeführt, daß man das Element horizontal in einen Widerstandsofen mit Glimmerfenster schiebt, nachdem man auf dem Rohr über der Heizstelle eine Magnesiarinne mit Nickeldraht befestigt hat, in der etwas Silberdraht oder ein Stückchen Silberblech liegt.

Bei 300° Temperaturunterschied beträgt die Spannung ca. 12 Millivolt pro Metallpaar. Oberhalb 960° verläuft die Eichkurve fast geradlinig. Der Fehler beträgt ± 1,5 %.

H. Zeitler, Ubl. 41 (35) 166—170.

2. Schmelzpunktsbestimmungen

a) Direkte Bestimmung:

200. *Schmelzpunktsbestimmungsapparate:* Man erhält F, wenn man die Subst. 2—3 mm hoch in eine dünnwandige, 0,7—1 mm weite Kapillare aus Jenaer Glas, die sauber u. trocken sein muß, füllt u. mit einem Kupferdraht am Thermometer befestigt. Darauf setze man das Thermometer mit der Subst. in einen der vielen Schmelzpunktsbestimmungsapparate, in denen durch Erwärmen einer Fl. eine gleichmäßig steigende Temp. erzielt werden kann. Am bekanntesten ist der App. nach THIELE-DENNIS (Bild 26). Als Fl. wird Paraffinöl oder konz. Schwefelsäure benutzt. Um die Fadenkorrektur des Thermometers nach Möglichkeit auszuschalten, empfiehlt sich die Verwendung abgekürzter Thermometer, die mit dem Faden ganz ins Flüssigkeitsbad eintauchen.

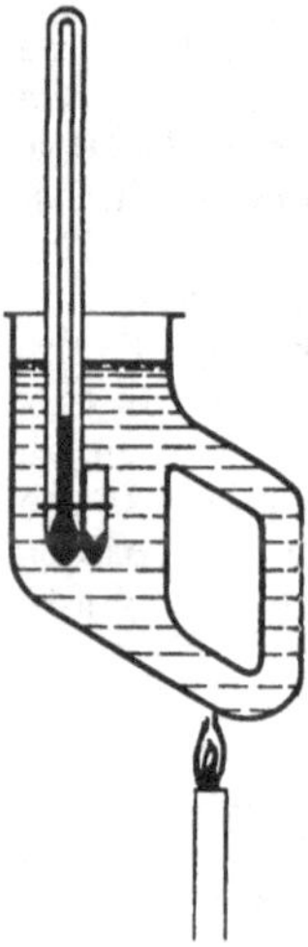

Abb. 26.

Apparate mit elektrischer Heizung: Einen ähnlichen Apparat, bei dem der untere Schenkel des b-förmigen Rohres mit einem elektrischen Heizmantel aus 12 Windungen Heizdraht von 0,4 mm Stärke umgeben ist (Spannung 7 V), beschreibt.

F. Flohr, MNU **12** (59/60) 67.

b) Bestimmung aus dem Zeit-Temperatur-Diagramm: Schmelzpunkt des Zinns

Becherglas. Jenaer Reagenzglas. Dreifuß mit Asbestdrahtnetz. Bunsenbrenner. Thermometer (360°). — Zinn (reinst). Paraffinöl. mm-Papier.

201. Im Becherglas mit Paraffinöl erwärme man das Reagenzglas mit soviel Zinn, daß es im geschmolzenen Zustand ca. 4 cm hoch steht, bis zum Schmelzen. Dann tauche man ein auf 200° C vorgewärmtes Thermometer in das fl. Zinn, lasse das Ganze abkühlen u. messe in gleichen Zeitabständen die Temperaturen. Sobald das Thermometer auf 220° C gefallen ist, erwärme man wieder das Paraffinölbad u. stelle die nunmehr in gleichen Zeitabständen steigenden Temppp. fest, bis alles Zinn geschmolzen ist. Aus den erhaltenen Werten stelle man Zeit-Temperatur-Diagramme auf, aus deren waagerechtem Verlauf man die Schmelz- und Erstarrungstemp. des Zinns ablesen kann. Die Temp. wird etwas unterhalb des wirklichen F (231° C) liegen, weil der Quecksilberfaden des Thermometers nicht miterwärmt wird.

3. Erstarrungskurven und Zustandsdiagramme binärer Systeme

Hat man eine aus zwei Metallen bestehende Schmelze, so wird sich beim Abkühlen im allg. zuerst nur eine der beiden Komponenten abscheiden, bis bei einem für jedes System charakterist. Mischungsverhältnis u. der zugehörigen Temp., dem Eutektikum, das ganze System erstarrt.

a) Erstarrungskurve einer Zink-Cadmium-Legierung

Waage mit Geww. Jenaer Reagenzglas. Blechbüchse. Thermometer (360°). Dreifuß mit Asbestdrahtnetz. Bunsenbrenner. — Zink (F = 419,9° C). Cadmium (F = 321° C). Pulv. Holzkohle. Kieselgur. mm-Papier.

202. Im Reagenzglas werden gleiche Gewichtsteile Cd u. Zn zusammengeschmolzen u. mit Holzkohle zwecks Vermeidung der Oxydation bedeckt. Dann stelle man das Reagenzglas samt Inhalt u. Thermometer in eine kleine mit Kieselgur gefüllte Blechbüchse u. heize von unten mit der Bunsenflamme, bis die Temp. auf ca. 300° gestiegen ist. Darauf nehme man das Reagenzglas samt Thermometer heraus, erhitze es über der freien Flamme vorsichtig bis ca. 360° (!) u. senke es wieder in die heiße Kieselgur, unter der man den Brenner weggenommen hat, so daß sich das Reagenzglas gleichmäßig u. langsam abkühlt. In Abständen von je 4 Min. werden die Temppp. gemessen u. als Zeitfunktion auf mm-Papier eingetragen (Bild 27).

Die Kurve zeigt zwischen 360 u. 315° C lediglich gleichmäßige Abkühlung der Schmelze. Bei 315° zeigt sie einen Knick u. etwas gewölbten Verlauf, weil sich jetzt Zink-

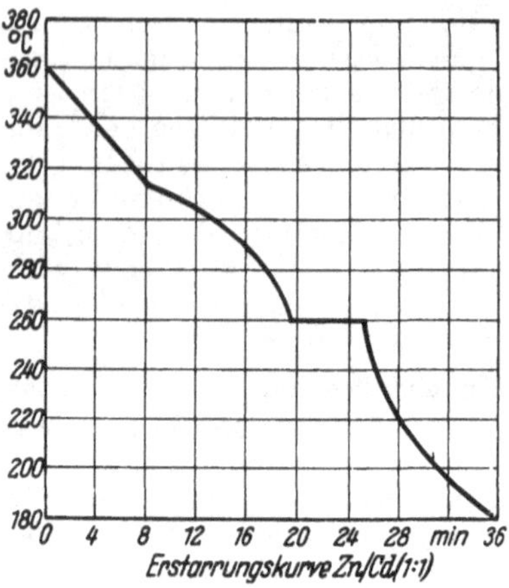

Abb. 27.

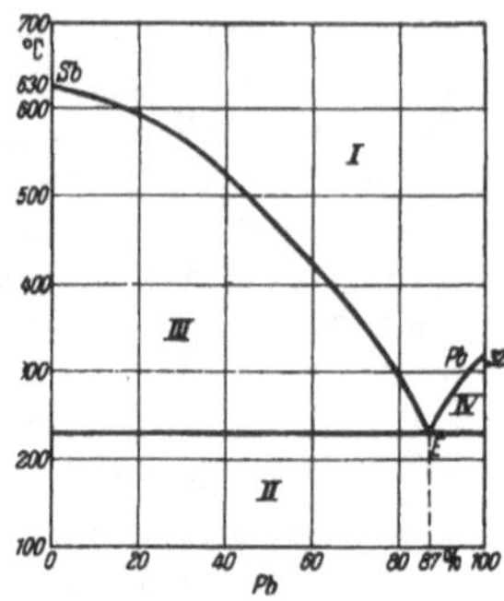

Abb. 28.

kristalle abscheiden u. deren Erstarrungswärme die Abkühlung verlangsamt. Bei 270° erfährt die Kurve einen neuen Knick u. verläuft etwa 6 Min. lang horizontal, weil jetzt das Eutektikum mit 17,35 % Zn u. 82,65 % Cd erreicht ist. Erst wenn alles erstarrt ist, fällt die Erstarrungskurve wieder gleichmäßig.

b) Zustandsdiagramm des Systems Antimon-Blei

Der Schmelzpunkt eines Metalles wird durch Zusatz eines anderen herabgesetzt. Wird eine Sb-Schmelze, die 50 %Pb enthält, abgekühlt, so scheidet sich bei 480° nur Sb aus, dessen Menge gemäß dem Verlauf der Kurve SB—E (Bild 28) wächst. Entspr. verhalten sich Sb-arme Pb-Schmelzen, die längs des Kurvenastes Pb—E nur Pb ausscheiden. Beim Schnittpunkt E (246°), dem Eutektikum, erhält man ein Gemenge beider Metalle mit 87 % Pb. Das Zustandsdiagramm begrenzt 4 Gebiete: I fl. Zustand, II das eutekt. Gemisch, III festes Sb u. IV festes Pb neben dem Schmelzgemisch.

203. Stelle die F von Schmelzen fest, die 75, 80 u. 90 % Pb neben den entspr. Sb-Mengen enthalten, u. benutze dazu die in Vers. 202 beschriebene Apparatur.

c) Zustandsdiagramm einer NaCl-Lösung

Eine wss. Lsg. von NaCl verhält sich beim Abkühlen wie die Sb-Pb-Schmelze. Enthält die Lsg. 10 oder 20 % NaCl, so erstarrt sie unterhalb 0° C unter Abscheidung von Eis. Die Konz. an NaCl wird größer, der Gefrierpunkt sinkt tiefer, bis bei – 21,2°, dem eutekt. Punkt, die ganze

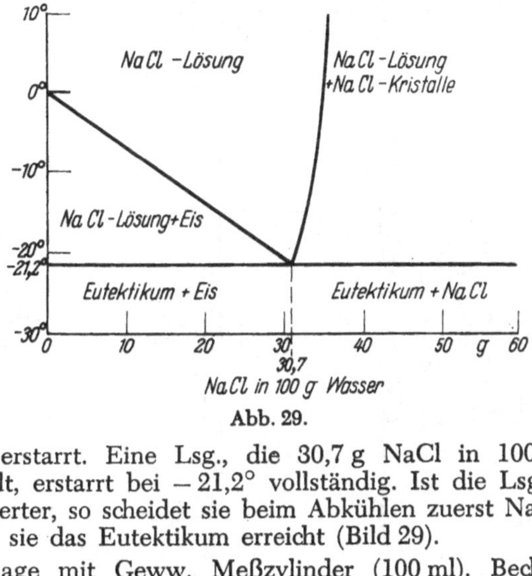

Abb. 29.

Lsg. erstarrt. Eine Lsg., die 30,7 g NaCl in 100 g W. enthält, erstarrt bei – 21,2° vollständig. Ist die Lsg. konzentrierter, so scheidet sie beim Abkühlen zuerst NaCl ab, bevor sie das Eutektikum erreicht (Bild 29).

Waage mit Gew. Meßzylinder (100 ml). Becherglas (250 ml). Reagenzgläser. Thermometer. NaCl. $CaCl_2 \cdot 6\,H_2O$. Eis bzw. Schnee.

204. Man stelle sich im Becherglas eine Kältemischung aus 2 Gew.-Teilen kleinstückigem, trocknem Eis (besser Schnee) u. 3 Gew.-Teilen $CaCl_2 \cdot 6\,H_2O$ her, setze das Reagenzglas mit verschied. konz. NaCl-Lsg. hinein, stelle die Schmelzpunkte fest u. bilde daraus das Zustandsdiagramm.

Mehrstoffsysteme haben im allg. niedrigere Schmelzpunkte als ihre Komponenten. Man kann deshalb auch aus dem F einer Subst. auf dessen Reinheitsgrad schließen (Therm. Analyse).

4. Verbrennungswärme

a) Einfache Kalorimeter zur Bestimmung von Verbrennungswärmen

205. Durch die Grundfläche eines Eisenblechzylinders A (Abb. 30) (35 cm hoch u. 15 cm weit) mit angelötetem Metallstift S zum Einstellen des Wasserniveaus führt ein

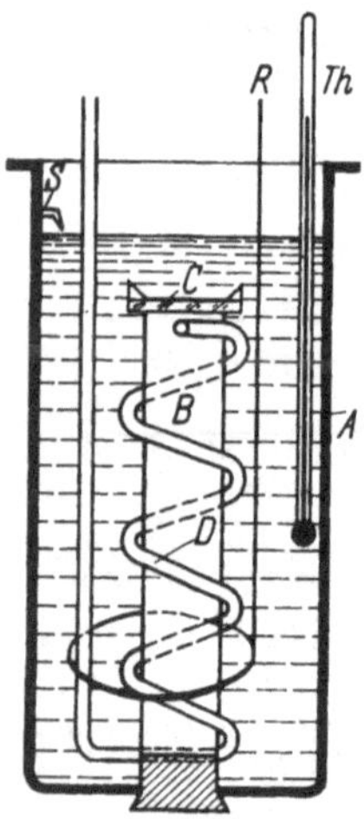

Abb. 30.

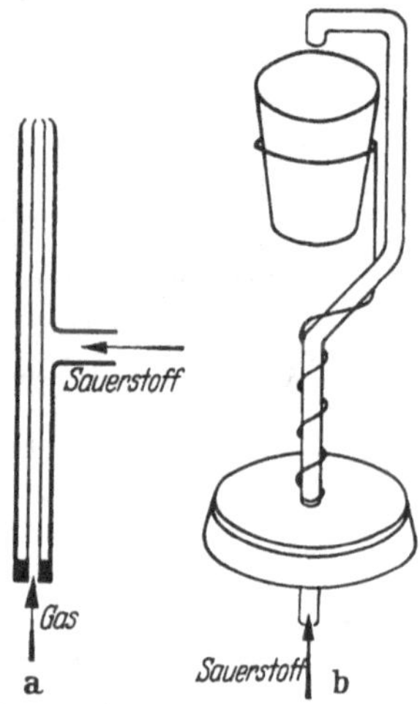

Abb. 31.

5 cm weiter, zweiter Eisenblechzylinder B (ca. 25 cm hoch), der oben durch eine wasserdicht aufgekittete Glasscheibe C, die das Beobachten der Verbrennung gestattet, verschlossen ist. Etwa 3 cm vom oberen Rande entfernt ist in B eine Gasabzugsröhre D aus Kupfer (2—3 m lang, 3 mm weit) eingelötet, die in Windungen um B gelegt ist u. dann senkrecht zur Saugpumpe führt. R dient als Rührer. Zur Temperaturmessung wird ein in 0,1° geteiltes Thermometer in A eingehängt.

Für die Verbrennung von Gasen benutze man ein 11 cm langes Messingrohr (1,5 mm Durchmesser), das in ein zweites Rohr von 4 mm Durchmesser gesteckt u. unten verlötet ist. Das weite Rohr hat etwa in der Mitte einen Abzeig für die Sauerstoffzufuhr (Abb. 31 a).

Zum Verbrennen von Fll. dient ein kleines Blechgefäß mit einem Docht aus Baumwolle oder Asbest; es steht in einem größeren Gefäß, in das Sauerstoff eingeleitet wird.

Feste Stoffe werden in einem Porzellantiegel verbrannt, der in einem Metallring sitzt, während von oben Sauerstoff zugeführt wird (Abb. 31 b). Handelt es sich um knetbare Substanzen (Paraffin, Stearin, Wachs, Schmalz usw.), so kann man sie mittels Docht direkt unter dem Kalorimeter verbrennen.

Durch die Glasscheibe C beobachte man, ob die Verbrennung normal, d. h. ohne Rußbildung, erfolgt, u. stelle danach die Saugpumpe u. die Sauerstoffzufuhr ein.

W. Bahrdt, P. **21** (08) 148—150; W. Flörke, MNU **1** (48) 47—49; F. Voit, Pr. **5** (57) Ch. 43—44; vgl. auch E. Mannheimer, P. **27** (14) 40—41.

206. Ein Glaskalorimeter erhält man, wenn man in ein Mantelrohr von 50—75 cm Länge, 4—5 cm Weite u. 2—3 mm Wandstärke von unten ein zweites Rohr von 10—12 cm Länge u. ca. 3 cm Weite einschiebt u. das Mantelrohr mit einem durchbohrten Stopfen abdichtet. Über das obere Ende des inneren Rohres schiebe man eine Gummikappe (Flaschenkappe oder Gummischlauch mit Stopfen) mit seitlich eingeschnittenen Bunsenventilen, die das Durchperlen der Luft gestatten, das Durchschlagen des Kühlwassers aber verhindern (Rückschlagventil). Das Mantelrohr ist oben mit einem dreifach durchbohrten Stopfen für Thermometer, Wassereinlaßrohr mit Hahn u. einem Rohr zur Saugpumpe verschlossen. Die Saugpumpe ist so zu regulieren, daß die Verbrennung normal (ohne Rußbildung) vor sich geht. Bei festen Substanzen, die man mittels Docht verbrennen kann, darf nur die Flamme in die Verbrennungskammer hineinragen, damit die Subst. nicht weich wird (Paraffin u. ä.). Andere feste Substanzen, z. B. Kohle, lassen sich im eingehängten Drahtnetz im

Luftstrom verbrennen, Fll. aus kleinem Lämpchen mit Docht u. Gase aus der Lötrohrspitze.

B. Malewski, MNU 9 (56/57) 84—85.

Beispiele:

Verbrennungswärme von 1 g Holzkohle:

a = 1,89 g Holzkohle.

Wassermenge m = 3875 g; Gewicht des Wassergefäßes r = 1280 g; spezifische Wärme s = 0,2 cal

$$\left.\begin{array}{l} t_1 = 15{,}40^\circ\,C \\ t_2 = 18{,}91^\circ\,C \end{array}\right\} t_2 - t_1 = 3{,}51^\circ\,C$$

$$Q = \frac{(m + r\,s)\,(t_2 - t_1)}{a} = \frac{(3875 + 256) \cdot 351}{1{,}89} = \begin{array}{l} 7{,}672\ \text{kcal/g}; \\ (7{,}840) \end{array}$$

auf 12 g Kohle berechnet:

$$Q_{12} = 92{,}064\ \text{kcal}\ (94{,}03)$$

Zu berücksichtigen ist bei diesem Wert, daß nicht aller Kohlenstoff zu CO_2 verbrennt, sondern nebenbei auch CO entsteht; außerdem wäre auch noch das Gewicht der Asche abzuziehen.

W. Bahrdt, l. c., S. 147—148; vgl. F. C. G. Müller, P. 32 (19) 42—44.

Verbrennungswärme von Anthrazit:

a (g)	Kühlwasser (l)	$t_2 - t_1$ (°C)	Q_1 (cal)	Q (kcal/g)
0,297	1,2	1,8	2160	7,272
0,26	1,2	1,55	1860	7,154
0,2	1,2	1,2	1440	7,2

E. Mannheimer, l. c., S. 40—41.

b) Verbrennungswärme einer Kerze

207. Man entzünde die vorher gewogene Kerze, setze sie unter das in Nr. 205 beschriebene Metallkalorimeter u. reguliere die Saugpumpe so, daß die Kerze nicht rußt. Nach 4—5° Temperaturerhöhung wird die Kerze wieder gewogen.

Gew. der Kerze vorher	14,571 g		t_1 = 14,20°
Gew. der Kerze nachher	12,561 g		t_2 = 18,25°
	a = 2,01 g		$t_2 - t_1$ = 4,05°

Kalorimeter leer 1774 g
Kalorimeter gefüllt 6882 g

Wassermenge m = 5108 g Wasserwert $r \cdot s$ = 200 cal

$$Q = \frac{(m + rs)(t_2 - t_1)}{a} = \frac{5308 \cdot 4{,}05}{2{,}01} = 10{,}695 \text{ kcal/g}$$

W. Bahrdt, l. c., S. 150—151; vgl. B. Malewski, l. c.

5. Lösungswärme

Thermosflasche (0,5 l) im Stahlblechmantel mit Korkstopfen. Thermometer (0,1°-Teilung). Waage mit Geww. — Subst. s. Beispiele.

208. Auf der Waage wird 0,1 Mol Subst. gewogen u. in die Thermosflasche zu 200—400 g W. geschüttet. Aus dem Gew. m der Lsg., ihrer spezif. Wärme s, dem Wasserwert w der Thermosflasche u. der Temperaturdifferenz t_2—t_1 erhält man die Lösungswärme:

$$Q = \pm (m \cdot s + w) \cdot (t_2 - t_1) \cdot 10 \quad \text{cal/Mol}$$

Q ist bei Abkühlung negativ, bei Erwärmung positiv.

Beispiele: Wasserwert der Thermosflasche $w = 17$ g.

Nr.	Substanz	Menge g	H_2O g	Gew. d. Lsg. g	t_2-t_1 °C	Lösungswärme in kcal/Mol
1	$Na_2SO_4 \cdot 10\,H_2O$	32,2	370	402,2	−4,52	−18,47
2	$MgSO_4 \cdot 7\,H_2O$	24,63	370	394,63	−1,0	− 3,94
3	NaCl	5,84	225	230,84	−0,48	− 1,16
4	KCl	7,45	225	232,45	−1,83	− 4,50
5	NH_4Cl	11,06	370	381,06	−2,14	− 4,14
6	KNO_3	10,1	225	235,1	−3,40	− 8,30
7	$Na_2CO_3 \cdot 10\,H_2O$	28,6	370	398,6	−4,07	−16,48
8	$BaCl_2$	20,84	370	390,84	+0.63	+ 2,44
9	NH_3-Gas	16,5	370	386,5	+1,62	+ 8,52
10	HCl-Gas	16,5	370	386,5	+2,28	+17,16

P. Bräuer, P. **30** (17) 190—193.

6. Neutralisationswärme

Thermosflasche u. Thermometer wie in 5. Meßzylinder (100 ml).

209. Äquivalente Lsgg. gleich starker Säuren u. Basen geben beim Vermischen ziemlich genau den gleichen Wärmewert $Q = 13{,}700$ kcal/Mol, weil stets nur die H- u. OH-Ionen zu nicht dissoziierten H_2O-Molekülen zusammentreten.

B e i s p i e l e:

a) $H^+ + Cl^- - Na^+ - OH^- = H_2O + Na^+ + \cdots Cl^-$

Man vermische 25 ml 5 n Salzsäure in 180 ml W. mit 25 ml 5 n Natronlauge in 180 ml Wasser.

$$t_2 - t_1 = 4{,}06°$$

Da 25 ml 5 n Salzsäure 22,5 g W. u. 25 ml 5 n Natronlauge 24,8 g W. enthalten, beträgt die gesamte Kalorimeterkapazität: $m + rs = 360 + 22{,}5 + 24{,}8 + 17$ (Wasserwert) $= 424{,}3$ g, u. für je 100 ml erhält man die Neutralisationswärme:

$$Q = (m + rs) \cdot (t_2 - t_1) \cdot 8 = 424{,}3 \cdot 4{,}06 \cdot 8 = 13\,781 \text{ cal/Mol.}$$

b) $H^+ + Cl^- + K^+ + OH^- = H_2O + K^+ + Cl^-$
liefert $Q = 13\,710$ cal/Mol.

c) Ungleich starke Säuren u. Basen:

210. Beim Vermischen starker Säuren mit schwachen Basen, z. B. NH_4OH, oder schwacher Säuren (H_3PO_4, HF) mit starken Laugen tritt zur Neutralisationswärme noch die durch Ionenzerfall oder -zusammenschluß erzeugte Wärmetönung.

B e i s p i e l e: a) Salzsäure u. Ammoniumhydroxid liefern $Q = 12\,180$ cal/Mol,

b) Flußsäure und Natronlauge $Q = 17\,000$ cal/Mol. Hier kommen zu den 13 700 cal Neutralisationswärme noch 3300 cal als Dissoziationswärme der Flußsäure.

d) Wärmeabsorption durch Dissoziation der Schwefelsäure im System Na_2SO_4—H_2SO_4

211. Beim Vermischen einer Na-sulfatlsg. mit verd. Schwefelsäure tritt Abkühlung ein, weil das Na_2SO_4 in Na- u. SO_4-Ionen u. die Schwefelsäure in H-, HSO_4- u. SO_4-Ionen dissoziieren. Mischt man je 1 Mol der in Lsg. befindlichen Verbb., so enthält die Lsg. 2 Mol $NaHSO_4$. Es müssen also eine Anzahl H- u. SO_4-Ionen zu HSO_4^- zusammengetreten sein, wobei Wärmeabsorption stattgefunden hat.

Ähnlich verhalten sich Lösungen von Na-sulfat und Salzsäure.

Beispiel: 14,2 g (0,1 Mol) Na_2SO_4 in 227 g Wasser und 40 ml Salzsäure (0,2 Mol) in 191 g Wasser werden von $t_1 = 13{,}44°$ auf $t_2 = 12{,}13°$ abgekühlt. Daraus erhält man $Q = 5460$ cal.

7. Bildungswärme

Bei der Bldg. von Salzen aus Metall u. Säure entsteht neben der entwickelten Wärme Wasserstoff, der zur Überwindung des Atmosphärendruckes eine Arbeit leisten muß, die in Liter-Atmosphären (l · at) gemessen werden kann. Darunter versteht man die Arbeit, die zu leisten ist, um einen in einem Zylinder verschiebbaren, gewichtslosen Stempel von 1 dm² Querschnitt um 1 dm zu heben. Da auf 1 cm² ein Druck von 76 · 13,596 = 1,0333 kg ausgeübt wird, ist die Arbeit so groß, als ob 103,33 kg um 1 dm oder 1 g um 1 033 300 cm gehoben werden; sie beträgt also 1 033 300 cm · g. Da 1 kcal = 427 m · kg oder 1 cal = 42 700 cm · g ist, so erhält man für

$$1\ l \cdot \mathrm{at} = \frac{1\,033\,300}{42\,700} = 24{,}20\ \mathrm{cal}\,.$$

Wird beim Auflösen von 1 g-Atom Metall in Säure 1 Mol H_2 entwickelt, so nimmt er bei der absol. Temp. T einen Raum

$$v = 22{,}4 \cdot \left(1 + \frac{t}{273}\right) = 22{,}4 \cdot \frac{T}{273}\ l$$

ein.

Die geleistete Arbeit beträgt also

$$A = 22{,}4 \cdot \frac{T}{273} = 0{,}0821 \cdot T\ l \cdot \mathrm{at}\,.$$

Da 1 $l \cdot at$ = 24,20 cal ist, so beträgt die Arbeit

$$A = 0{,}0821 \cdot T \cdot 24{,}20 = 1{,}897 \cdot T\ \mathrm{cal} \approx 2\ T\ \mathrm{cal}.$$

Wird also bei der Rk. Metall-Säure 1 Mol H_2 frei, so sind zur entwickelten Wärmemenge *2 T* cal zuzuzählen.

W. Müller, Pr. **5** (56) Ch. 30—31.

a) Bildungswärme des flüssigen Wassers aus Wasserstoff und Sauerstoff: $2\,H_2 + O_2 = 2\,H_2O$

Bei der Verbrennung von 1 Mol H_2 wird ½ Mol O_2 verbraucht, u. es werden 1½ Mole in fl. W. verwandelt. Folglich sind von der gemessenen Wärme $2 \cdot T \cdot 1{,}5$ cal abzuziehen.

212. Man verbrenne in dem in Nr. 205 beschriebenen App. 5 l Wasserstoff einmal mit u. einmal ohne Sauerstoffzufuhr u. bestimme aus den erhaltenen Daten die Bildungswärme des fl. Wassers!

Beispiele:

1. *mit Sauerstoffzufuhr:* 6,5 l Wasserstoff von 18,4° C u. 760 Torr:

$$v_0 = \frac{v}{1+\alpha t} = \frac{6{,}5}{1+0{,}004 \cdot 18{,}4} = \frac{6{,}5}{1{,}074}\, l\,.$$

$$\left.\begin{array}{ll}\text{Anfangstemp.} & t_1 = 15{,}54^\circ\,\text{C}\\ \text{Endtemp.} & t_2 = 19{,}12^\circ\,\text{C}\end{array}\right\}\, t_2 - t_1 = 3{,}58^\circ\,\text{C}$$

Aufgenommene Wärme: $Q_1 = (m + r\,s) \cdot (t_2 - t_1) = 5280 \cdot 3{,}58$ cal. Unter Berücksichtigung des Litergewichtes des Wasserstoffs $L_0 = 0{,}0897$ erhält man

$$Q = \frac{5280 \cdot 3{,}58 \cdot 1{,}074}{6{,}5 \cdot 0{,}0897} \cdot 2 - 2 \cdot T \cdot 1{,}5 = (69\,640 - 874)\ \text{cal} = \\ = 68\,770\ \text{cal}\ \ (68\,350)\,.$$

2. *ohne Sauerstoffzufuhr:* Verbrennt man dieselbe Menge Wasserstoff ohne Sauerstoffzufuhr, so erhält man

$$\left.\begin{array}{l} t_1 = 15{,}61^\circ\,\text{C}\\ t_2 = 19{,}12^\circ\,\text{C}\end{array}\right\}\, t_2 - t_1 = 3{,}51^\circ\,\text{C}$$

u. daraus

$$Q = \frac{5280 \cdot 3{,}51 \cdot 1{,}074}{6{,}5 \cdot 0{,}0897} \cdot 2 - 2 \cdot T \cdot 1{,}5 = (68\,260 - 874)\ \text{cal} = \\ = 67\,390\ \text{cal}\,.$$

W. Bahrdt, P. **21** (08) 152—153.

b) Bildungswärme des Ca-Ions im Calciumchlorid:

$$Ca + 2\,HCl \rightarrow Ca^{2+} + 2\,Cl^{-} + H_2^{\uparrow}.$$

Waage mit Geww. Thermosflasche. Thermometer (0,1°-Teilung). Meßzylinder (100 ml). Calciumspäne. 5 n Salzsäure.

213. Man schütte 0,5 g Ca-späne in eine Thermosflasche, in der sich 175 g Wasser u. 25 ml 5 n Salzsäure befinden. Anfang- u. Endtemp., spezif. Wärme der Lsg. u. der Wasserwert der Thermosflasche ergeben zusammen mit dem Ca-gew. die Bildungswärme. Bestimme sie!

Beispiel:

$$\begin{aligned} a &= 0{,}503 \text{ g Ca} \\ m\,s &= 197{,}5 \text{ g} \\ w &= 17 \text{ g} \\ \hline a+m\,s+w &= 215{,}003 \text{ g} \end{aligned} \qquad \left.\begin{aligned} t_1 &= 13{,}8^\circ \text{ C} \\ t_2 &= 21{,}2^\circ \text{ C} \end{aligned}\right\} t_2 - t_1 = 7{,}4^\circ \text{ C}$$

Atomgewicht des Ca = 40,08

$$2\,T = 2 \cdot 294 = 588^\circ$$

$$Q = \left(\frac{215 \cdot 7{,}4 \cdot 40.03}{0{,}503} + 588\right) \text{cal} = 127\,288 \text{ cal } (129\,700)\,.$$

P. Breuer, P. **30** (17) 194.

c) Bildungswärme des Mg-Ions im Magnesiumsulfat:

$$Mg + H_2SO_4 \rightarrow Mg^{2+} + SO_4^{2-} + H_2^{\uparrow}$$

Geräte wie in b). Magnesium. 5 n Schwefelsäure.

214. In eine Thermosflasche mit dem Wasserwert w g bringe man 200 ml W. u. 50 ml 5 n Schwefelsäure. Nachdem man die Anfangstemp. t_1 bestimmt hat, setze man 0,3—0,4 g Magnesium hinzu, bestimme die Endtemp. t_2 u. die spez. Wärme s der Lösung. Bezeichnet man das Gesamtgew. mit m g u. die Menge des zugesetzten Magnesiums mit a g, so erhält man als Bildungswärme

$$Q = \left(\frac{(m\,s + w)\,(t_2 - t_1)}{a} \cdot 24{,}32 + 2\,T\right) \text{cal}\,,$$

(Mol.gew. d. Mg = 24,32)

B e i s p i e l :

$a = 0{,}314$ g — Zimmertemp. 19° C

$m \cdot s = 246{,}5$ g — $t_1 = 13{,}7°$ C

$w = 17$ g — $t_2 = 19{,}08°$ C

$$\left.\begin{matrix} t_1 = 13{,}7^\circ\,\mathrm{C} \\ t_2 = 19{,}08^\circ\,\mathrm{C} \end{matrix}\right\} t_2 - t_1 = 5{,}38^\circ$$

$$Q = \frac{(246{,}5 + 17) \cdot 5{,}38}{0{,}314} \cdot 24{,}32 + 584 = (109\,830 + 584)\ \mathrm{cal}$$

$$= 110{,}414\ \mathrm{kcal}\ (110{,}2)$$

P. Bräuer, P. **30** (17) 194; W. Bahrdt, l. c., S. 155—156.

d) Bildungswärme des Magnesiumoxids:

$$2\,Mg + O_2 \rightarrow 2\,MgO$$

Die Bestimmung erfolgt indirekt über folgende Reaktionen:

1. $Mg + 2\,HCl = MgCl_2 + H_2 + w_1$ cal
2. $MgO + 2\,HCl = MgCl_2 + H_2O + w_2$ cal
3. $2\,H_2 + O_2 = 2\,H_2O + 2\,w_3$ cal

$$w = w_1 - (w_2 - w_3) = w_1 - w_2 + w_3\ \mathrm{cal}$$

Hier findet das Gesetz von G. H. Hess (1840) seine Anwendung: Die Bildungswärme einer Rk. ist gleich der Summe der Bildungswärmen der entstehenden, vermindert um die Summe der Bildungswärmen der verschwindenden Stoffe.

Waage mit Geww. Thermosflasche. Meßzylinder (200 ml). Thermometer (0,1°-Teilung). — n Salzsäure. Magnesiumdraht. MgO. Schmirgel- oder Sandpapier.

215. In die Thermosflasche werden 200 ml n Salzsäure eingefüllt u. eine genau gewogene Menge m_1 g Magnesiumdraht, dessen Oxidschicht vorher gut abgeschmirgelt worden ist, eingeworfen. Die Anfangs- u. Endtempp. t_1 u. t_2 werden auf 0,1° genau gemessen. Ebenso verfährt man mit dem Magnesiumoxid, von dem man etwa die dreifache Menge einwirft u. die Tempp. t_1' und t_2' erhält. Unter Berücksichtigung der spez. Wärme der Salzsäure ($s = 0{,}935$) sowie ihres Gewichtes g u. der Wärmekapazitäten k von Thermosflasche u. Thermometer erhält man

$$w_1 = \frac{(g \cdot s + k)(t_2 - t_1)}{m_1 \cdot 1000} \cdot 24{,}32 \text{ kcal} \quad (\text{Atomgew. d. Mg} = 24{,}32)$$

$$w_2 = \frac{(g \cdot s + k)(t_2' - t_1')}{m_2 \cdot 1000} \cdot 40{,}32 \text{ kcal} \quad (\text{Mol-gew. d. MgO} = 40{,}32)$$

u. nach Hinzunahme der Bildungswärme des fl. Wassers $w_3 = 68{,}4$ kcal (s. Nr. 212) die Bildungswärme des MgO.

Beispiel:

Bildungswärme w_1 ($Mg + 2\,HCl = MgCl_2 + H_2\uparrow$)

Gew. d. Mg $m_1 = 0{,}250$ g
gew. d. n HCl $g = 203{,}4$ g
Spez. Wärme $s = 0{,}935$ cal
Wärmekap. $k = 14{,}4$ kcal

$\left.\begin{array}{l} t_1 = 18{,}4^\circ \text{ C} \\ t_2 = 23{,}6^\circ \text{ C} \end{array}\right\} t_2 - t_1 = 5{,}2^\circ \text{ C}$

Zimmertemp. = 20° C

$$w_1 = \frac{(203{,}4 \cdot 0{,}935 + 14{,}4) \cdot 5{,}2}{0{,}250} \cdot 24{,}32 + 2\,T = (103\,500 + 586) \text{ cal} = 104{,}080 \text{ kcal.}$$

Bildungswärme w_2 ($MgO + 2\,HCl = MgCl_2 + H_2O$)

Gew. des MgO $m_2 = 0{,}730$ g
Gew. des n HCl $g = 203{,}4$ g

$\left.\begin{array}{l} t_1' = 21{,}8^\circ \\ t_2' = 25{,}0^\circ \end{array}\right\} t_2' - t_1' = 3{,}2^\circ \text{ C}$

$$w_2 = \frac{(203{,}4 \cdot 0{,}935 + 14{,}4) \cdot 3{,}2}{0{,}730 \cdot 1000} \cdot 40{,}32 = 36{,}2 \text{ kcal}$$

$$w_3 = 68{,}4 \text{ kcal}$$

Bildungswärme des MgO: $w = w_1 - w_2 + w_3 =$
$= 104{,}08 - 36{,}2 + 68{,}4$
$= 136{,}28$ kcal (146,1)

H. Zeitler, Ubl. **41** (35) 312—313.

e) Bildungswärme des Zinkjodids: $Zn + J_2 \rightarrow ZnJ_2$

Waage mit Geww. Meßzylinder (100 ml). Flasche mit Stopfen (ca. 150 ml). Thermosflasche. Thermometer (0,1°-Teilung). — KJ. Jod. Zinkpulver p. a.

216. In einer Flasche mit Stopfen werden 3,5 g KJ in 8 ml dest. W. gelöst, 2,7 g Jod zugefügt u. geschüttelt. Nach Auflösung des Jods werden noch 90 ml dest. W. zugesetzt, so daß das Gesamtvol. 100 ml beträgt.

Die Durchführung der Messung erfolgt am besten in einer kleinen Thermosflasche mit dem Wasserwert w g. Die 100 ml haben die Temp. t_1 u. nach Zusatz von 1—2 g Zinkpulver (theoret. 0,7 g) u. Umrühren die Temp. t_2. Aus dem Gesamtgewicht m, der spezif. Wärme s der Lsg., dem Wasserwert w der Thermosflasche u. der Temperaturdifferenz erhält man $Q_1 = (m \cdot s + w) \cdot (t_2 - t_1)$ u. daraus die Bildungswärme

$$Q = (Q_1 \cdot 254 : 2{,}7) \text{ cal} \quad (\text{Mol-gew. von } J_2 = 254).$$

Beispiel:

Gew. der Jodlösung $m = 3.5 + 2{,}7 + 0{,}7 + 98 = 104{,}9$ g

Spezif. Wärme $s = 0{,}87$ cal $\quad t_1 = 19{,}4°$ C
Wasserwert $w = 15$ g $\quad t_2 = 25{,}1°$ C $\Big\} \; t_2 - t_1 = 5{,}7°$ C

$$Q_1 = (104{,}9 \cdot 0{,}87 + 15) \cdot 5{,}7 = 605{,}9 \text{ cal}$$
$$Q = (605{,}9 \cdot 254 : 2{,}7) \text{ cal} = 57{,}000 \text{ kcal}$$

Den theoret. Wert erhält man aus

$$J_2\,aq \rightarrow 2\,J^- + 21{,}1 \text{ kcal}$$
$$Zn \rightarrow Zn^{2+} + 36{,}6 \text{ kcal}$$
$$Q = 57{,}7 \text{ kcal}$$

F. Gnädinger, MNU 9 (56/57) 184—185.

f) Bildungswärme des Mn-Ions im Mangansulfat:

$$Mn + 2\,HCl \rightarrow Mn^{2+} + 2\,Cl^- + H_2\uparrow$$

Geräte wie in e) (außer der Flasche). — Mangan. 5 n Salzsäure.

217. a g Mangan (nach Goldschmidt) werden in die Thermosflasche zu einer Mischung von 200 g dest. W. u. 25 ml 5 n Salzsäure gegeben. Anfangstemperatur t_1 u. Endtemperatur t_2 sowie die Lösungsmenge m, ihre spezif. Wärme s und der Wasserwert w der Thermosflasche ergeben die Bildungswärme

$$Q = \left(\frac{(m\,s + w) \cdot (t_2 - t()}{a} \cdot 54{,}93 + 2\,T \right) \text{cal}$$

(Atomgew. des Mg = 54,93)

Beispiel:

$$\begin{aligned} a &= 1\,\text{g} \\ m \cdot s &= 223\,\text{g} \\ w &= 17\,\text{g} \\ \hline m \cdot s + w &= 240\,\text{g} \end{aligned}$$

Zimmertemp. 22° C

$t_2 - t_1 = 4{,}03°$ C

$$Q = \left(\frac{240 \cdot 4{,}03}{1} \cdot 54{,}93 + 590\right) = 53{,}720\ \text{kcal}$$

P. Bräuer, P. **30** (17) 194.

g) Hydratationswärme des Calciumoxids:

$CaO + H_2O \rightarrow Ca(OH)_2$

Waage mit Geww. Wägeglas. Meßzylinder (300 ml). Thermosflasche. Thermometer. CaO aus frisch gebranntem Marmor. Salzsäure.

218. Man wäge ca. 1,5 g CaO nach völligem Erkalten im verschlossenen Wägeglas, schütte es in 300 ml dest. W., das CO_2-frei sein muß (auskochen!), u. bestimme vorher u. nachher die Temperatur. Eine Probe der am Grunde liegenden Subst. darf mit Salzsäure keine CO_2-Entw. geben.

Beispiele:

CaO g	Hydratat.-Wärme cal	Hydr. Wärme/Mol kcal
1,60	437	15,288
1,47	404	15,344
1,39	437	15,288

E. Mannheimer, P. **37** (24) 45; vgl. W. Seeger, MNU **7** (54/55) 188.

8. Erstarrungswärme des Natriumthiosulfats nach Unterkühlung

2 kleine, einseitig geschlossene Röhrchen verschiedener Weite. Becherglas. Waage mit Geww. Thermometer (0,1°-Teilung). mm-Papier. — $Na_2S_2O_3 \cdot 5\,H_2O$.

219. 3 g Natriumthiosulfat, die sich in einem gewogenen Röhrchen befinden, werden durch Eintauchen des Röhrchens in W. von 60° C zur klaren Schmelze gebracht. Dann wird das Röhrchen herausgenommen, abgetrocknet u. von unten über das Thermometer geschoben, dessen Tempp. in

Abständen von je 1 Min. abgelesen werden. Obwohl der *F* des Thiosulfates von 48° C längst unterschritten ist, bleibt die Schmelze bestehen. Nach 5 Min. setze man das Röhrchen in ein zweites, ebenfalls vorher gewogenes, mit 10 ml W. von Zimmertemp. u. einem Thermometer, messe die Temp. innen u. außen, wie oben angegeben, u. trage die Werte in mm-Papier ein. Sobald innen u. außen annähernd gleiche Temp. herrschen, hebe man durch Einwerfen eines festen Thiosulfatkristalles die Unterkühlung auf. Sofort trübt sich die Schmelze. Die frei werdende Erstarrungswärme teilt sich dem W. mit, das dadurch von t_1^0 auf t_2^0 *C* erwärmt wird; auch aus dem Kurvenbild läßt sich die Temperaturdifferenz ablesen. Nach Bestimmen des Wasserwertes *w* erhält man die Erstarrungswärme für 1 g Thiosulfat nach der Gl. $Q = w \cdot (t_2 - t_1) : 3$ cal.

B e i s p i e l :

Wasserwert *w* aus 3 g $Na_2S_2O_3 \cdot 5\,H_2O = 3 \cdot 0{,}46 =$	1,4 cal
Wasserwert *w* aus 10 g Wasser $=$	10,0 cal
für das innere Gefäß (1,6 g) 1,6 0,19 $=$	0,3 cal
für daß äußere Gefäß (8 g) $8 \cdot 0{,}19 =$	1,52 cal
für das Thermometer $0{,}8 \cdot 0{,}46 =$	0,37 cal
$w =$	13,6 cal

$$t_2 = 32{,}2^\circ\,C$$
$$t_1 = 22\ ^\circ C$$
$$t_2 - t_1 = 10{,}2^\circ\,C$$

$$Q = 13{,}6 \cdot 10{,}2 : 3 = 46{,}24\ \text{cal/g}\ \ (47{,}8\ \text{cal/g})\,.$$

E. Greiner, Pr. **3** (54) 12—13.

Die Schmelze ist monatelang haltbar, besonders wenn man vorher 2—5 % W. zugesetzt hat. Weder durch Schütteln noch durch Reiben mit einem Glasstab an der Wandung kristallisiert sie, wohl aber, wenn festes Natriumthiosulfat, NaCl oder $NaClO_3$ zugesetzt werden, obwohl NaCl u. $NaClO_3$ andere Debye-Scherrer-Diagramme als das Thiosulfat haben. Alle anderen Substanzen versagen; es sind 85 verschied. Stoffe geprüft worden.

W. Flörke, MNU **7** (54/55) 230—231.

9. Thermische Dissoziation

a) Dissoziation von Wasserdampf: $2\ H_2O \rightarrow 2\ H_2\uparrow + O_2\uparrow$

220. In einem Erlenmeyerkolben, durch dessen Gummistopfen ein Ableitungsrohr u. zwei kurze Kupferdrähte, deren Enden durch eine Platindrahtspirale verbunden sind,

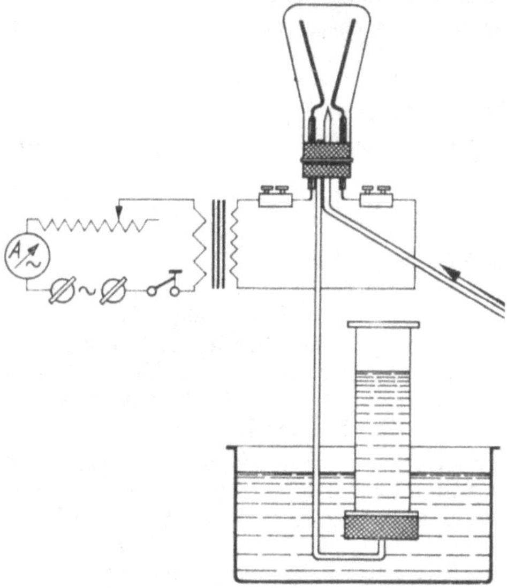

Abb. 32.

geführt werden, erhitze man W. zum Sieden u. bringe die Platinspirale elektr. zur Weißglut. Sie zerlegt einen Teil des Wasserdampfes in Knallgas, das man, mit Luft gemischt, zur Explosion bringen kann.

W. R. Grove, Liebigs Ann. **63** (1847) 1—10; B. Batscha, P. **41** (28) 226 bis 228.

221. Leitet man Wasserdampf aus einem Dampfentwickler in einen umgekehrten Erlenmeyerkolben von ca. 300 ml Inhalt mit zwei Hörnerelektroden aus Kupferdraht

(Abb. 32), die durch einen Transformator mit dem Übersetzungsverhältnis 1 : 20 u. dem Netz von 200 V verbunden sind, so wird bei einer Spannung von 2000—3000 V (Vorsicht! Hochspannung!) ein Funkenband entstehen, das den Dampfstrahl in Knallgas zerlegt. In ca. 2 Min. entstehen etwa 20 ml Knallgas, das man, mit Luft gemischt, zur Explosion bringen kann.

H. Rheinboldt, P. **46** (33) 61—62; Unterr.-Verss. **1953**, S. 122—124.

b) Dissoziation des Ammoniaks s. Verss. Nr. 130—134.

c) Dissoziation von Ammoniumchlorid s. Vers. Nr. 136.

d) Dissoziation und Dissoziationsgrad von Ammoniumjodid:

$$NH_4J \rightarrow NH_3 + HJ; \quad 2\,HJ \rightarrow H_2\uparrow + J_2\uparrow$$

222. Erhitzt man NH_4J im Reagenzglas, so zerfällt es bei 400° C vollständig in NH_3 u. HJ, das seinerseits bei dieser Temp. weitgehend in seine Elemente gespalten wird. Bringt man in das Glas einen Bausch Glaswolle, so läßt sich, wie beim NH_4Cl (s. Vers. Nr. 136), oberhalb des Glaswollebausches NH_3 mit Lackmuspapier nachweisen, während unterhalb violetter Joddampf beobachtet wird.

Den Dissoziationsgrad α erhält man aus der Molekulargewichtsbestimmung nach V. Meyer, die bei 400° C statt $M = 145$ einen viel zu niedrigen Wert x gibt. Nach der Gl. $2\,NH_4J = 2\,NH_3 + H_2 + J_2$ wäre bei einem vollständigen Zerfall das halbe Molekulargewicht (72,5) zu erwarten. Aus allen drei Werten erhält man den Dissoziationsgrad

$$\alpha = \frac{100 \cdot (145 - x)]}{145 - 72{,}5}\ \% .$$

B e i s p i e l : 50,5 mg NH_4J verdrängen bei 400° C v_0 = 13,5 ml Luft, woraus sich für das Molekulargewicht

$$M = \frac{50{,}5 \cdot 22{,}4}{13{,}5} = 83{,}3$$

u. für den Dissoziationsgrad

$$\alpha = \frac{100 \cdot (145 - 83{,}3)}{145 - 72{,}5} = 85{,}1\,\%$$

ergeben.

H. Zeitler, Ubl. **47** (41) 102.

e) Dissoziation von Stickstoffmonoxid: $2\,NO \rightarrow N_2\uparrow + O_2\uparrow$

Erlenmeyerkolben mit Tropftrichter u. Gasableitungsrohr. Gasbürette. Glühdrahtpipette nach P. Rischbieth (Abb. 18). Meßzylinder. $NaNO_3$ u. Quecksilber oder $NaNO_2$ u. KJ. Konz. Schwefelsäure.

223. Man entwickle aus $NaNO_3$, Quecksilber u. konz. Schwefelsäure ($2\,HNO_3 + 6\,Hg + 3\,H_2SO_4 = 2\,NO + 3\,Hg_2SO_4 + 4\,H_2O$) oder aus $NaNO_2$ u. KJ durch Zutropfen einer 50%ig. Schwefelsäure ($HNO_2 + HJ = NO + H_2O + J$) reines NO, messe 100 ml in der Gasbürette ab, führe sie in die Glühdrahtpipette über u. bringe den Platindraht zur hellen Rotglut. Dabei färbt sich das Gas gelb u. löst sich zum großen Teil im Wasser. Sobald der Gasrest abgekühlt ist, ziehe man ihn in die Gasbürette zurück u. messe sein Volumen. Man erhält 25 ml Gas, das man mit dem brennenden Span als Stickstoff identifizieren kann.

Warum erhält man nur den vierten Teil des Gesamtvolumens? Der primär entstehende Sauerstoff oxydiert sofort 2 Moleküle des noch nicht gespaltenen Stickstoffmonoxids, die vom Sperrwasser der Glühdrahtpipette gelöst werden. Die Rk. verläuft also in folgender Weise:

$$\begin{array}{l}
2\,NO \rightarrow N_2 + O_2 \\
2\,NO + O_2 \rightarrow 2\,NO_2 \\
\hline
4\,NO \rightarrow N_2 + 2\,NO_2
\end{array}$$

Das entstandene NO_2 löst sich im Wasser nach

$$2\,NO_2 + H_2O \rightarrow HNO_3 + HNO_2\,.$$

P. Rischbieth, P. **41** (28) 184; Quant. Verss. **1928**, S. 64—65.

f) Dissoziation der Salpetersäure: $4\,HNO_3 \rightarrow 2\,H_2O + 4\,NO_2 + O_2\uparrow$

224. Man erhitze konz. Salpetersäure im schräg gestellten Reagenzglas u. leite die Dämpfe durch ein dünnes, 30 bis 35 cm langes Tonrohr (Stiel einer Tonpfeife), das von außen stark erhitzt wird. Das bei der Dissoziation entstehende NO_2 wird vom W. nach der Gl. $2\,NO_2 + H_2O \rightarrow HNO_3 + HNO_2$ aufgenommen; der Sauerstoff wird über W. aufgefangen u. mit dem glimmenden Span geprüft. Die Verbindung zwischen Reagenzglas u. Tonrohr geschieht mit paraffiniertem Korkstopfen, die des Tonrohrs mit einer mit W. gefüllten Waschflasche u. mit der Gaswanne durch kurze Gummischläuche u. zwischengeschaltete Glasröhren.

L. Doermer, P. **21** (08) 252.

g) Dissoziation von Kohlendioxid: $2\,CO_2 \rightarrow 2\,CO\uparrow + O_2\uparrow$

225. Für die Ausführung der Rk. dient der für die Dissoziation von Wasserdampf beschriebene App. (s. Vers. Nr. 221) mit folgenden Abänderungen: An Stelle des Dampferhitzers tritt die CO_2-Stahlflasche oder der CO_2-Entwickler; das Gas wird durch konz. Schwefelsäure getrocknet. Das Gasableitungsrohr wird bis zum Boden des Erlenmeyerkolbens heraufgeführt u. mündet am anderen Ende auf einen mit $PdCl_2$-Lsg. (1 : 500) getränkten Filtrierpapierstreifen, der durch das CO geschwärzt wird, sobald das Funkenband im Reaktionskolben violett aufleuchtet. Vorsicht! Hochspannung!

H. Rheinboldt, P. **46** (33) 62—63; Unterr.-Verss. **1953**, S. 246—247.

h) Dissoziation und Molekulargewicht des Na-hydrogencarbonats

226. $NaHCO_3$ zerfällt beim Erhitzen im Reagenzglas nach der Gl.: $2\,NaHCO_3 \rightarrow Na_2CO_3 + H_2O + CO_2\uparrow$. Vgl. auch Vers. Nr. 147. Werden aus *a* g unter Zwischenschalten einer mit Luft gefüllten Rollflasche *b* ml CO_2 (red.) in der Gasbürette gemessen, so erhält man aus $a : b = x : 22\,400$ das doppelte Molekulargewicht $x = 2\,M$ von $NaHCO_3$.

B e i s p i e l : 0,235 g geben 31,1 ml CO_2 (red.). Folglich ist $0{,}235 : 31{,}1 = x : 2400$; $x = 169{,}2$, $M = x/2 = 84{,}6$.

P. Rischbieth, P. **40** (27) 114.

i) Dissoziation von Schwefeltrioxid SO_3 s. Vers. Nr. 144.

j) Dissoziation der Dämpfe organischer Verbindungen: $2\,CH_4 \rightarrow C_2H_2\uparrow + 3\,H_2\uparrow$; $C_2H_6 \rightarrow C_2H_2\uparrow + 2\,H_2\uparrow$; $C_2H_4 \rightarrow C_2H_2\uparrow + H_2\uparrow$; $C_6H_6 \rightarrow 3\,C_2H_2\uparrow$; $C_2H_5OH \rightarrow C_2H_2\uparrow + H_2\uparrow + H_2O$ usw.

227. Benutzt wird der App., der zur Dissoziation des Wasserdampfes dient (s. Vers. Nr. 221). Das Ableitungsrohr wird bis zum Boden des Erlenmeyerkolbens hinaufgeführt; ihr unteres Ende ist mit einer Waschflasche verbunden, die eine ammoniakal. CuCl-Lsg. enthält u. die man erhält, indem man zu 50 ml einer 2%ig. $Cu(NO_3)_2$-Lsg. 4 ml 25%ig. Ammoniaklsg. u. 3 g Hydroxylaminchlorhydrat gibt, nach Entfärbung auf 100 ml verdünnt u. 10 ml einer 20%ig. Gelatinelsg. zufügt.

Handelt es sich um Verbb., die bei gewöhnlicher Temp. gasförmig sind (Methan, Äthan, Äthylen), so genügt es, mit dem Gas die Luft zu vertreiben (Knallgasprobe!), bevor man das Funkenband erzeugt. Vorsicht! Hochspannung!

Bei fl. Verbb. (Benzol, Petroläther, Ligroin, Benzin, Methanol, Äthanol, Diäthyläther) muß man im trockenen Stickstoffstrom arbeiten. Man leitet ihn durch eine Waschflasche mit der Kohlenstoffverb. u. dann in den Kolben mit der Funkenstrecke, die man aber erst in Betrieb setzt, wenn alle Luft vertrieben ist (Knallgasprobe!).

Das Funkenband leuchtet blauviolett; zwischen den Elektroden kommt etwas Kohle zur Abscheidung. Das Kupferreagens wird durch das Acetylen rot gefärbt.

H. Rheinboldt, P. **46** (33) 63; Unterr.-Verss. **1953**, S. 175—176.

k) Dissoziation des Acetylens s. Vers. Nr. 120.

XV. Photochemie

1. Photochemische Reaktionen

a) Chlorknallgasreaktionen: $H_2 + Cl_2 \rightarrow 2\,HCl$.

α) Explosive Reaktion im künstlichen Licht.

Starkwandiger Standzylinder. Reagenzglas mit Stopfen. Wasserstoff- u. Chlorentwickler. Porzellanschale. Roter

Lampenzylinder bzw. rote Zellophanfolie. Magnesiumband. Tiegelzange.

228. Man fülle unter Vermeidung von Sonnenlicht ein Reagenzglas über gesätt. Kochsalzlsg. je zur Hälfte mit Wasserstoff u. Chlor (Abzug!), verschließe es fest mit einem Stopfen u. mische beide Gase durch wiederholtes Umschwenken des Glases gut miteinander. Dann stelle man es, auf dem Stopfen stehend, in einen starkwandigen Standzylinder u. überdecke es mit einem roten Lampenzylinder, der oben durch eine Pappscheibe abgeschlossen ist, oder mit roter Zellophanfolie. Entzündet man in ca. 6 cm Abstand vom Standzylinder das Magnesiumband, so erfolgt keine Rk., wohl aber, wenn man den roten Zylinder herausnimmt u. die Belichtung mit dem Magnesiumband wiederholt.

β) Langsame Reaktion im Sonnenlicht.

Starkwandiger Standzylinder mit Stopfen, Gaseinleitungsrohr u. Ableitungsrohr. Gasmeßglocke. Wasserstoff- u. Chlorentwickler.

229. Die untere Hälfte des Standzylinders mit doppelt durchbohrtem Korken fülle man durch ein langes, bis zum Boden reichendes Rohr mit Chlor (Abzug!). Dann stelle man den Zylinder ins helle Sonnenlicht u. drücke langsam Wasserstoff, dessen Vol. gleich dem halben Inhalt des Zylinders ist, aus einer Meßglocke nach. Es tritt keine Verpuffung oder Explosion ein. Die Farbe des Chlors verblaßt, u. man sieht, wie die obere Grenze des immer heller werdenden Chlors sich hebt, bis zuletzt HCl-Dämpfe aus dem kurzen Rohr des Korkens entweichen. Daß zuletzt doch noch etwas Chlorgeruch wahrzunehmen ist, kommt daher, daß mit abnehmender Konz. beider Gase die Reaktionsgeschwindigkeit ebenfalls abnimmt, so daß der letzte Rest unverbunden bleibt.

P. Rischbieth, P. 44 (31) 117.

b) Oxydation des Schwefeldioxids zum Schwefeltrioxid:
$2\,SO_2 + O_2 \rightarrow 2\,SO_3$.

Weites Glasrohr (ca. 30 cm lang). UV-Labortauchlampe der *Quarzlampen-A.G. Hanau.* Wasserstrahlpumpe. SO_2-

u. O_2-Entwickler. 2 Waschflaschen. Konz. Schwefelsäure. $BaCl_2$-Lösung.

230. Saugt man mit der Wasserstrahlpumpe ein Schwefeldioxid-Sauerstoffgemisch durch ein weites Glasrohr, in dem sich die UV-Labortauchlampe befindet, u. durch zwei Waschflaschen mit W. u. mit konz. Schwefelsäure, so werden nach Einschalten der Lampe genügend O_2-Moleküle in O-Atome gespalten, die sich mit SO_2 zu SO_3 verbinden, so daß sich weiße Nebel bilden, die zum Teil vom W., vollständig aber von der Schwefelsäure gelöst werden. Im W. kann man mit $BaCl_2$-Lsg. SO_4-Ionen nachweisen.

W. Peters, MNU 8 (55/56) 168.

c) Reduktion von Chromaten (Lichtdruckverfahren).

Zeichenpapier. Beliebiges Negativ. $(NH_4)_2Cr_2O_7$. Magnesiumband. $AgNO_3$. Blauholzlsg. Chlorkalklsg.

231. Man bestreiche Zeichenpapier mit einer $(NH_4)_2$-Cr_2O_7-Lsg. (1 : 5) und lasse diese eintrocknen. Man lege das Negativ auf u. belichte das Papier mit Magnesiumlicht. Nach 1—2 Min. erscheint ein braunes Bild, aus dem man das nicht belichtete Chromat mit W. auswäscht. Die braune Färbung beruht auf Bldg. eines Chrom(III)-chromates $Cr_2O_3 \cdot CrO_3$, das beim Baden in $AgNO_3$-Lsg. den rotbraunen Ton eines Silberchromates annimmt. Fixiert man das Bild in einer warmen Blauholzlsg. u. anschließend in schwacher Chlorkalklösg., so erhält man einen schwarzbraunen Ton.

Mit $K_2Cr_2O_7$-Lsg. versetzte Gelatine verliert nach längerer Belichtung die Eig., in kaltem Wasser zu quellen u. in heißem gelöst zu werden, nimmt jedoch leicht Druckerschwärze auf. Diese Eig. findet im photomech. Druck Anwendung.

R. Lübke, P. 5 (91) 69.

d) Ozalid-Verfahren.

Das Verf. beruht auf Bldg. brauner, blauer oder schwarzer Azofarbstoffe. Selbstherst. ist aussichtslos. Man beziehe deshalb das Papier am besten aus Lichtpausanstalten; es ist nur wenige Wochen haltbar.

Die Papiere enthalten eine lichtempfindliche Diazoverb. u. ein Phenol. Die Diazoverb. verliert unter Lichteinwirkung infolge Stickstoffabspaltung ihre Kupplungsfähigkeit, während an den unbelichteten Stellen beim Entwickeln mit Ammoniakdämpfen ein Azofarbstoff entsteht.

232. Das Ozalidpapier wird einige Min. in heller Sonne oder unter einer starken Lampe belichtet u. dann in einer mit Filtrierpapier ausgekleideten Kiste, in die man etwas Ammoniak geträufelt hat, entwickelt.

R. Scheer, Pr. 5 (56) Ch. 76.

2. Photographie

a) Herstellung einer Photoplatte

233. Bei Tageslicht setze man folgende Lsgg. an: 50 g $AgNO_3$ in 200 ml dest. W. lösen u. 17 g Gelatine in 400 ml dest. W. quellen lassen, dann durch Erwärmen lösen u. 40 g KBr, 1 g KJ u. 4 ml verd. Salzsäure dazugeben.

Beide Lsgg. werden auf 60° C erwärmt u. dann in der Dunkelkammer bei rotem Licht zusammengerührt. Bringt man eine kleine Probe ans Tageslicht, so sieht sie tiefrot aus, ist aber gleichzeitig dadurch auch verdorben. Die Emulsion läßt man 30—120 Min. bei 100° C reifen, wobei sie viele Farben durchläuft u. schließlich gelb wird. Dann gebe man noch 40 g Gelatine dazu u. kühle bis zum Erstarren ab. Um die Emulsion zu reinigen, schneide man sie — immer bei rotem Licht — in möglichst kleine Stückchen u. wässere sie ca. 6 Stunden. Darauf setze man weitere 20 g Gelatine zu u. erwärme ca. 10 Min. lang auf 50° C, wobei die Masse reift u. nunmehr auf Platten gegossen u. — immer noch im Dunklen — getrocknet wird.

Durch das Reifen entstehen Kristalle von 0,2—0,6 μ. Bei einer Schichtdicke von 0,018—0,020 mm beträgt der AgBr-Geh. ca. 33 %, das sind ca. 9 g Ag/m^2.

K. Müller, MNU 12 (59/60) 171—172.

b) Entstehung des latenten Bildes

Im Ionengitter des AgBr wird das latente Bild durch einen primären lichtelektr. u. einen sekundären Zwischengitter-Silberionen-Prozeß aufgebaut: Das Licht wird von einem Br-Ion aufgenommen: $Br^- + h \cdot \nu \rightarrow Br + e^-$. Das frei gewordene Elektron gibt seine Ladung an das Ag-Ion ab: $Ag^+ + e^- \rightarrow Ag$. Es entstehen Ag-Atome, die sich zu Entwicklungskeimen vereinigen.

234. Die Existenz des latenten Bildes kann man zeigen, indem man auf eine von zwei Diapositivplatten ein kontrastreiches Bild kopiert. Dann werden beide Platten im Dunklen ca. 20 Min. in einer 30%ig. $Na_2S_2O_3$-Lsg. (kein käufliches Fixiersalz) fixiert, 2 Std. gewässert u. getrocknet. Projektion zeigt auf beiden Platten keine Veränderung. Entwickelt man sie aber in einer Mischung, die aus 100 Tl. a (500 ml dest. W., 10 g Metol, 50 g Zitronensäure) u. 1 Tl. b (20 ml dest. W. u. 2 g $AgNO_3$) besteht, dann zeigt die belichtete Platte nach 30 Min. ein kräftiges, gut abgestuftes Bild, während die unbelichtete Platte unverändert geblieben ist. In der belichteten Platte kommt das latente Bild durch Anlagerung von Silber, das aus dem Entwickler stammt, zum Vorschein.

K. Müller, l. c., S. 172—174.

c) *Entwicklung*

Das durch Belichtung entstandene, photolyt. abgeschiedene Silber wird durch den Entwickler um den Faktor 10^8 verstärkt u. in ein sichtbaren Bild übergeführt.

Als Entwickler eignen sich Derivate des Benzols mit mindestens zwei OH- oder NH_2-Gruppen in p- oder o-Stellung, wie Brenzkatechin, Hydrochinon, Pyrogallol, p-Aminophenol-hydrochlorid, ferner Metol, p- u. o-Phenylendiamin, Glycin, Amidol, Diäthylen-p-Phenylendiamin, Eikonogen u. sogar o-Kresol, a-Naphthol u. 4-Methyl-1-Naphthol mit nur einer OH-Gruppe im Molekül.

235. In Lsgg. von Hydrochinon oder Metol tauche man bei Tageslicht einen Streifen Photopapier. Auch nach längerem Warten tritt keine Schwärzung auf. Bringt man aber in die Lösungen eine Prise Soda, so wird das Photopapier geschwärzt. Der Entwickler arbeitet nur in alkal. Lsg., wird aber durch den Luftsauerstoff oxydiert, braun u. unbrauchbar.

236. Setzt man zur Entwicklerslg., z. B. zur Hydrochinonlsg. erst Na_2SO_3 u. dann Soda, so nimmt das Sulfit den Luftsauerstoff nach der Gl. $2\ SO_3^{2-} + O_2 \rightarrow 2\ SO_4^{2-}$ auf u. schützt den Entwickler vor vorzeitiger Oxydation. Die Photopapiere werden geschwärzt, weil die alkal. Entwicklersubstanz aus ihren OH-, bzw. NH_2-Gruppen H-Ionen abgibt, wobei ein negativ geladener Chinonrest entsteht, der seine Elektronen an die Ag-Ionen weitergibt u. die Silberausscheidung hervorruft. Eine Braunfärbung der Entwicklerlsg. unterbleibt.

237. Versetzt man eine Hälfte der Entwicklerlsg. aus Hydrochinon, Sulfit u. Soda mit 1 ml 5%ig. KBr-Lsg. u. taucht belichtetes Photopapier in beide Lsgg., so stellt man fest, daß das KBr auf die Entwicklung bremsend wirkt (Massenwirkungsgesetz).

K. Müller, l. c., S. 175—177.

d) Fixieren

Das Fixieren vollzieht sich in drei Stufen:

1) $2\ AgBr + Na_2S_2O_3 \rightarrow Ag_2S_2O_3 + 2\ NaBr$,

2) $Ag_2S_2O_3 + Na_2S_2O_3 \rightarrow Ag_2Na_2(S_2O_3)_2$. schwerlöslich,

3) $Ag_2Na_2(S_2O_3)_2 + Na_2S_2O_3 \rightarrow Ag_2Na_4(S_2O_3)_3$, leichtlöslich.

238. Da selbst nach sorgfältigem Spülen immer noch OH-Ionen aus dem Entwickler in das Fixierbad gelangen u. es zerstören könnten, setze man das sauer reagierende Kaliumpyrosulfit $Na_2S_2O_5$ hinzu. Man erhält so ein Fixierbad, das 200 g $Na_2S_2O_3 \cdot 5\ H_2O$ u. 15—20 g Pyrosulfit in 1 l enthält.

239. Man fälle AgCl aus $AgNO_3$ – NaCl-Lsgg., wässere den Nd. gründlich, schwemme ihn in W. auf, belichte ihn u. versetze ihn mit einigen Tropfen Entwicklerlösung. Gibt man zu dem schwarzvioletten Nd. $Na_2S_2O_3$-Lsg., so verschwindet die Trübung, während die Schwärzung bleibt.

240. Zusatz von Salz- oder Schwefelsäure zersetzt das Fixierbad unter SO_2-Entw. u. S-Abscheidung: $Na_2S_2O_3 + 2\,HCl \rightarrow 2\,NaCl + H_2O + SO_2\uparrow + S\uparrow$.

J. Fischer, MNU **12** (59/60) 72—73; K. Müller, l. c., S. 178—179.

e) Einbadprozeß

Entwickeln u. Fixieren kann man gleichzeitig in einem Bad vornehmen, wenn man Entwickler anwendet, die schon in ganz schwacher alkal. Lsg. arbeiten, u. Puffer zusetzt, die die niedrige Alkalität aufrechterhalten.

241. Man löse in 1 l W. 50 g Na_2SO_3 (wasserfrei), 10 g Glycin, 10 g Metol, 25 g NaOH, 33 g Kalialaun (Puffer), 7 g KBr u. 20 g $Na_2S_2O_3 \cdot 5\,H_2O$.

K. Müller, l. c., S.177—178.

3. Drehung des polarisierten Lichtes in einer Zuckerlösung

Glasrohr (75 cm lang, 2—3 cm weit) mit durchbohrtem Stopfen. Kleine Glasscheibe. Kitt. Stativ mit Klammer. Projektionslampe mit Polarisationsfilter. Farbfilter. Rohr- oder Traubenzucker. Alkohol. Mastixlösung.

242. Das Ende der Glasröhre wird durch einen Stopfen mit einer 1 cm weiten Bohrung, auf dessen innere Öffnung ein Stück Glas gekittet worden ist, verschlossen. Die senkrecht eingespannte Röhre wird mit konz. Zuckerlsg. gefüllt, der man einige Tropfen alkohol. Mastixlsg. zugesetzt hat; die Trübung der Lsg. darf kaum merkbar sein. Unter das Rohr stellt man eine auf paralleles Licht eingestellte Projektionslampe mit einem Polarisationsfilter. Das polarisierte Licht durchsetzt die Zuckerlsg. von unten nach oben u. ist wie ein Sonnenstrahl in staubiger Luft sichtbar. Bei genauer Unters. stimmt das aber nicht ganz. Deckt man nämlich durch Herumlegen von Papier das Rohr bis auf einen kurzen Abschnitt ab, dann stellt man fest, daß der Strahl nicht mehr von allen Richtungen aus zu sehen ist. Sichtbarkeitsmaxima u. -minima sind um jeweils 90° gegeneinander verschoben. Die mit Mastix versetzte Zuckerlsg. wirkt als Analysator.

Gibt man jetzt die Ansicht eines Röhrenstückes von unten nach oben hin frei, dann kann man mit nach oben zunehmender Schichtdicke der Lsg. auch die wachsende Drehung verfolgen, indem man die Richtung, aus der die maximale, bzw. minimale Lichtstärke kommt, jeweils feststellt.

Läßt man das Papier weg u. dreht das Polarisationsfilter, so sieht man die Helligkeitsmaxima u. -minima auf- u. abwandern. Schaltet man noch Farbfilter ein, so sieht man eine leuchtende Schraubenfläche sich in der Röhre drehen.

W. Emeis, Pr. 2 (53) 136—137.

4. Luminescenz

Eine große Anzahl von Stoffen in fester u. gelöster Form hat die Eig., aufgenommenes Licht als sogenanntes Luminescenzlicht wieder zurückzustrahlen. Dieses emittierte Licht kann niemals eine höhere Frequenz als das eingestrahlte haben, da beim Wechselprozeß der Absorption u. Emission ein Teil der Strahlungsenergie in andere Energieformen ungewandelt wird: Stokessches Luminescenzgesetz.

Von der Luminescenz werden anschließend behandelt die Fluorescenz, die Phosphorrescenz u. die Triboluminescenz.

A) Die *Fluorescenz* ist eine Lichtemission, die nur während der Einstrahlung andauert u. nach deren Beendigung sofort wieder abklingt.

B) Bei der *Phosphorescenz* geht ein Teill der angeregten Moleküle in eine metastabilen Zustand über, der erst nach der Einstrahlung je nach der Temp. mehr oder weniger schnell abklingt.

C) Die *Triboluminescenz* entsteht beim Zerreiben, Spalten oder Zerschlagen geeigneter Substanzen.

A. Fluorescenz

Während viele Stoffe schon bei Sonnenlicht gut fluorescieren, ist bei anderen blaues oder besser noch UV-Licht angebracht. Hat man keine UV-Laborlampe der Quarzlampen-A.G.-Hanau, so kann man sich behelfsmäßig eine UV-Lichtquelle, wie folgt, herstellen:

a) Herstellung einer UV-Lichtquelle

243. Man benutze eine Kohlenbogenlampe mit guter Luftzirkulation u. setze in den Vordergrund des Gehäuses ein Schwarzfilter U Gl der Firma SCHOTT u. GEN. ein. Davor setze man eine Sammellinse von ca. 10 cm Brennweite, so daß ein parallel gerichtetes UV-Lichtbündel entsteht. Das langwellige UV-Licht dringt durch gewöhnliches Glas in ausreichendem Maße durch.

W. Seeger, P. **50** (37) 23; E. Krumm, Ubl. **46** (40) 166.

244. Verwendet man statt der Kohleelektroden solche aus Eisen (8 mm Durchmesser; 5 A, 60 V Gleichstrom), so ist das ausgestrahlte Licht noch reicher an UV-Strahlen.

W. Seeger, l. c.; E. Krumm, l. c., S. 167; vgl. F. Jentzsch-Graefe, P. **32** (19) 182—185.

245. Hat man eine Quecksilber-Dampflampe, z. B. Osram HQS 300; 75 W, die über eine Drossel an 220 V angeschlossen werden muß, so baue man sie am besten in ein Gehäuse aus Eisenblech ein, setze in Höhe des Brenners einen seitlichen Ansatz zur Aufnahme des UV-Filters ein u. sorge für gute Luftzirkulation.

L. Wolf, Pr. **3** (54) 223—224.

b) Herstellung eines UV-Projektionsschirmes:

246. Das UV-Licht wird sichtbar, wenn man es im Dunkeln auf einen geeigneten Schirm projiziert. Als UV-Schirme eignen sich

der Barium-Platin(II)-cyanidschirm oder ein ZnS-Schirm,
Zeichenpapier, auf das man eine mit Klebmittel versehene Aufschlämmung von Anthracen in Benzol gebracht hat,
mit modernen Waschmitteln, z. B. mit Sunil, gewaschene Wäschestücke,
mit Tagesleuchtfarben bestrichene Kartons.

A. Schmillen, Pr. **3** (54) 195; L. Wolf, l. c.; E. Seus, Pr. **6** (57) Ph. 156 157; Kraemer, Pr. **6** (57) Ph. 326.

c) Untersuchung der Fuorescenz

α) Mineralien

247. Im UV-Licht, oft sogar auch schon im Sonnenlicht fluorescieren:

Diamant	in allen Farben
Flußspat	schwach gelb, schwach blau oder violett
Kalkspat	gelblich oder blauweiß
Kalkspat, isländ. (Mn-haltig)	schwach dunkelrot
Rubin	rot
Saphir	gelb
Spinell	rot

Bei anisotropen Kristallen ist die Fluorescenz mehr oder weniger polarisiert; auch die Farbe ändert sich mit der Schwingungsrichtung.

β) Anorganische Chemikalien

248. Kalomel Hg_2Cl_2	orange
Uranylsalze	grüngelb
Uranglas	grüngelb

Verunreinigungen werden oft durch fluorescierende Partikel in der Subst. erkannt.

F. Jentzsch-Graefe, l. c., S. 187—188; W. Seeger, l. c., S. 23—24; vgl. K. Rosenberg, P. **33** (20) 90.

γ) Phosphore

Darunter versteht man Substanzen, die durch geringe Beimengungen anderer Substanzen aktiviert werden.

249. In ein Becherglas wird eine dünne Schicht (ca. 5 mm hoch) reines, feinkörniges KCl, u. auf ein Uhrgläschen werden einige Körnchen feinpulverisiertes $SbCl_3$ geschüttet. Beide Substanzen zeigen keine Fluorescenz im UV-Licht. Schüttet man aber das $SbCl_3$-Pulver unter Umrühren mit einem Glasstab auf das KCl-Pulver, so tritt sofort helle blaugrüne Fluoreszenz auf. Durch Eindringen von Sb-Ionen in das KCl-Grundgitter entstehen fluorescenzerzeugende Störstellen.

E. Saur, MNU **11** (58/59) 465.

250. Die bekanntesten Phosphore sind die Sulfide der Erdalkalien u. des Zinks. Sie werden durch längeres Sintern ihrer Oxide oder Carbonate mit Schwefel bei 800—1000° C erhalten. Die Aktivatoren Kupfer, Silber,

Wismut, Mangan u. a. werden zwecks gleichmäßiger Verteilung, meist als Nitrate in wss. Lsg., den Grundsubstanzen vorher beigemischt:

Phosphor	Aktivator	Fluorescenz
CaS	Wismutnitrat	blau bis grün
	Kupfernitrat	grün
	Bleichlorid	hellblau
SrS	Kupfernitrat	hellgrün
	Bleinitrat	goldgelb
	Mangannitrat	grüngelb
BaS	Kupfernitrat	gelb
	Mangannitrat	orange
ZnS	Silbernitrat	hellblau
	Kupfernitrat	grün
	Mangansulfat	orange

K. Palow und P. Pietsch, Schülerarbeit Berlin 1958.

δ) Organische Substanzen

Fluorescenz einiger organischer Substanzen

251. Folgende Substanzen fluorescieren im UV-Licht:

Substanz	Fluorescenz
Äsculinlösung, durch Kochen von Roßkastanienrinde mit Wasser	blau
Anthracen, rein, kristallin	tiefblau
Chlorophyll, in Alkohol oder Äther	blutrot
Eosinlösung in Wasser, Alkohol oder Äther	grün
Naphthalin, fest	tiefblau bis violett
Nähmaschinenöl	leuchtend hellblau
Phenol, fest	gelborange
Salicylsäure, fest	tiefblau

C. Sternstein, P. 22 (09) 289—295; A. Schmillen, Pr. 3 (54) 195; L. Wolf, Pr. 3 (54) 225.

d) Übertragung der Anregungsenergie einer Molekülart auf eine andere

Waage mit Geww. UV-Licht. Reagenzgläser. Trypaflavin. Rhodamin B. Methanol.

252. Man stelle sich zwei gleichkonz. Lsgg. von Trypaflavin u. Rhodamin B in Methanol her. Die erste fluoresziert im UV-Licht gelbgrün, die zweite schwach gelbrot. Gießt man beide Lsgg. zu gleichen Teilen zusammen, so fluoresciert die Mischlösung stark gelbrot. Die gelbgrüne Fluorescenz des Trypaflavins wird unterdrückt, tritt aber beim Verdünnen immer stärker hervor u. zeigt bei sehr starker Verdünnung das Gelbgrün des Trypaflavins, das an sich durch das UV-Licht stärker angeregt wird als das Rhodamin.

Die Übertragung der Anregungsenergie von den Trypaflavin- auf die Rhodaminmoleküle läßt mit zunehmender Verdünnung, also mit wachsendem Abstand beider Molekülarten, nach.

A. Schmillen, l. c., S. 194.

e) Fluorescenz und Spektrum

Bogenlampe, Kondensator, Spalt, Abbildungslinse, Prisma, Fluorescenzschirm. Prisma. Küvetten. Farbgläser. Chininsulfat. Fluorescein. Petroleum. Salzsäure.

Fluoresceinlösungen

253. Mit Bogenlampe, Kondensor, Spalt, Abbildungslinse u. Prisma projiziere man ein kontinuierliches Spektrum u. stelle zwischen Kondensor u. Spalt eine Küvette mit verd. Fluoresceinlösung. Sie zeigt deutlich die Absorptionsbande. Schiebt man vor die Küvette Farbgläser, so fluoresciert die Lsg. im blauen Licht gelbgrün, ebenso im UV-Licht, nicht aber im roten oder gelben Teil des Spektrums (Stokessche Regel). Betrachtet man die Küvette von der Seite u. konzentriert die Lsg. durch Zugabe von Fluorescein laufend, so erkennt man im Blaulicht, daß die Fluorescenz mit wachsender Konz. immer mehr zur Eintrittsstelle des erregenden Lichtes hin wandert. Bei Anwendung eines UV-Filters beobachtet man größere Eindringtiefen.

Setzt man einige Tropfen Salzsäure zur Fluoresceinlösung, dann wird die Fluorescenz weißgrün. Entfernt man das Filter, so sieht man, daß die Absorptionsbande sich nach dem kürzeren Wellenbereich hin verschoben hat (Gesetz der Spiegelsymmetrie)). Das Fluoresceinradikal liegt jetzt als Kation vor, während es in neutraler u. alkal. Lsg. Anion ist. Zusatz einiger Tropfen Natronlauge führt wieder den ursprünglichen Zustand herbei.

A. Schmillen, l. c., S. 193—194.

Chininsulfatlösung

254. Richtet man auf die Vorderfläche einer 1%ig., schwach schwefelsauren Chininsulfatlsg. das Spektrum einer Bogenlampe u. blickt von oben in die Lsg., so sieht man, daß die Strahlen von Rot bis Blau ungehindert hindurchgehen. Erst im Violett beginnt die Fluorescenz u. setzt sich in den UV-Bereich fort.

Petroleum

255. *Petroleum* fluoresciert bereits im Sonnenlicht hellblau. Läßt man die parallelen Strahlen eines Projektionsapparates durch einen Spalt auf zwei hintereinander gestellte Küvetten, die mit Petroleum gefüllt sind, fallen, so zeigt nur die erste Fluorescenz. Das hellblaue Fluorescenzlicht läßt sich durch ein Prisma in ein Spektrum zerlegen.

C. Sternstein, P. 22 (09) 292, 294.

B. Phosphorescenz

Für das Entstehen der Phosphorescenz und für die Phosphorescenzfarbe sind maßgebend die Zus. der Subst., die Temp. bei der Herst. u. die Temp. während der anregenden Bestrahlung.

256. Einige Flußspat-, Aragonit- u. Strontianitkristalle leuchten nach UV-Bestrahlung nach, bes. nach schwachem Erwärmen.

C. Sternstein, l. c., S. 295—300.

257. Man fülle zwei Röhrchen mit einem Gemisch aus je 5 g Strontiumoxid (technisch) u. je 2,5 g Schwefelblüte

u. erhitze das eine auf 600—700° C u. das zweite nur bis 500° C.

Das erste phosphoresciert nach UV-Bestrahlung violett, das zweite gelb u. nur kurze Zeit.

C. Sternstein, l. c., S. 299.

258. Die in Vers. 249 beschriebenen Phosphore zeigen die gleichen Phosphorescenzfarben wie bei der Fluorescenz.

259. Mit Spuren Fluorescein zusammengeschmolzene Weinsäure phosphoresciert unterhalb 45° C, die in gleicher Weise geschmolzene Zitronensäure unterhalb 0° C, am besten bei – 12° C.

B. Batscha, P. **38** (25) 26; **43** (30) 160.

C. Triboluminescenz

Viele Stoffe haben die Eig., beim Zerreiben oder Zerschlagen im Mörser aufzuleuchten, weil zwischen den auseinanderbrechenden Teilchen elektr. Entladungen auftreten.

260. Stößt man mit dem Pistill auf ein Stück *Würfelzucker,* so leuchtet es im Dunkeln blitzartig auf. Oft genügt es sogar, den Zucker im Reagenzglas heftig zu schütteln.

261. Auch *Uranylnitrat*kristalle liefern schon beim Schütteln ganze Bündel von Lichtblitzen, ebenso eine große Zahl anorgan. u. organ. Substanzen.

H. Schmidt, P. **28** (15) 37—39.

XVI. Elektrochemie

1. Herstellung eines elektrolytischen Gleichrichters

Behelfsmäßig kann ein Gleichrichter auf folgende einfache Weise hergestellt werden (Abb. 33):

262. Man schließe an einen Pol des Wechselstromnetzes einen Widerstand aus zwei Eisenblechen, die in ein Becherglas mit Leitungswasser tauchen, u. dahinter den Gleichrichter an. Dieser besteht aus zwei Elektrodenblechen, die in einer $NaHCO_3$-Lsg. stehen. Das eine Blech aus Eisen, Zink oder ä. wird mit dem Widerstand verbunden; das andere besteht aus Aluminium oder Dural u. bildet den

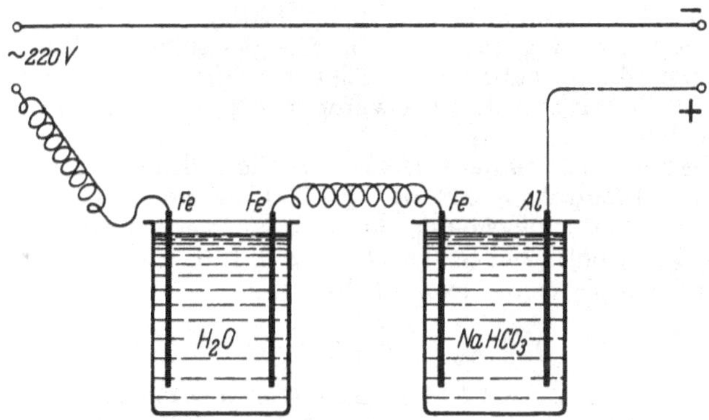

Abb. 33.

positiven Pol, während der noch freie Pol des Netzes als negativer Pol des Gleichrichters fungiert.

W. Trautmann, MNU **1944**, S. 88.

2. Faradaysche Gesetze

3 Reagenzgläser mit seitlichem Ansatzrohr. Stopfen mit je 2 Kupferdrahtelektroden (Drahtdurchmesser: 2 mm). Verchromte Fahrradspeichen. Stative mit Klammer. Meßzylinder (5 ml u. 0,1 ml-Teilung). Kurze Gummischäuche. Verd. Kalilauge. Verd. Phosphorsäure. $Na_2HPO_4 \cdot 12\,H_2O$.

a) 1. Gesetz: Die von den Elektroden abgeschiedenen Stoffmengen sind der durch den Elektrolyten hindurchgegangenen Elektrizitätsmenge proportional.

263. Man fülle jedes der 3 Reagenzgläser mit seitlichem Ansatzrohr, das man nach oben gebogen u. mit einem kurzen Gummischlauch verlängert hat, bis zum Rand mit verd. Kalilauge u. setze den Stopfen mit zwei Kupferelektroden ein, so daß die überschüssige Kalilauge seitlich entweicht. Dann spanne man das Glas mit der Öffnung nach unten ein u. setze unter das Seitenrohr das 5 ml-Meßglas Läßt man jetzt bei 4—6 V die in Vorverss. genau eingestellten Stromstärken von 0,4, 0,2 u. 0,1 A durch den

Elektrolyten laufen, u. zwar 0,4 A 1 Min., 0,2 A 2 Min. u. 0,1 A 4 Min. lang, so werden im Meßglas stets die gleichen Mengen Lauge aufgefangen. Sie entsprechen v ml Knallgas von $t°$ C u. b Torr. Bei 1 A würde man $V = v \cdot 5/2$ ml/Min. erhalten.

Beträgt die mittlere Höhe der Flüssigkeitssäule über dem Auslaufrohr h cm, das spezif. Gew. der Lauge s u. die Wasserdampfspannung bei $t°$ C p_w (bei Kalilauge nur das 0,9-fache), dann ist der Druck $p = (b - h\,s/13{,}6 - p_w)$ Torr. Für V_0 würde man erhalten

$$V_0 = \frac{V \,.\, p \cdot 273}{760 \cdot (273+t)} = 10{,}44 \text{ ml.}$$

Beispiel: $v = 4{,}7$ ml bei 22,3° C u. $b = 753$ Torr.
Für 1 A/Min. $V = v \cdot 5/2$ ml $= 4{,}7 \cdot 2{,}5$ ml $= 11{,}75$ ml
$h = 10$ cm $= 100$ mm; $p_w = 21{,}7$ Torr; $s = 1{,}1$.

$$p = b - \frac{h \cdot s}{13{,}6} - 0{,}9\,p_w = 753 - \frac{100 \cdot 1{,}1}{13{,}6} - 0{,}9 \cdot 21{,}7$$
$$= (753 - 8{,}1 - 19{,}5) \text{ Torr} = 725{,}4 \text{ Torr}$$
$$V_0 = \frac{11{,}75 \cdot 725{,}4 \cdot 273}{760 \cdot 295{,}3} = 10{,}36 \text{ ml.}$$

L. Wolf, Pr. **8** (59) Ch. 93—95.

b) 2. Gesetz: Die aus verschiedenen Elektrolyten in gleicher Zeit u. bei gleicher Stromstärke abgeschiedenen Stoffmengen sind chemisch äquivalent.

264. Das in Vers. Nr. 263 beschriebene Gerät läßt sich auch für das 2. Faradaysche Gesetz benutzen. Man stelle sich drei der beschriebenen Geräte her u. fülle das erste wieder mit verd. Kalilauge, das zweite mit verd. Phosphorsäure u. das dritte mit einer kalt gesätt. Lsg. von sekundärem Na-phosphat. Als Elektroden dienen wieder Kupferdrähte; nur für die Phosphorsäure- u. Phosphatanoden verwende man verchromte Fahrradspeichen, die von den PO_4-Ionen nur dort angegriffen werden, wo der Chromüberzug beschädigt ist; dennoch empfiehlt es sich, für jede Meßreihe neue Elektroden zu benutzen.

Schaltet man die Geräte mit den drei verschied. Elektrolyten in Reihe, so wird aus jedem die gleiche Flüssigkeitsmenge ausfließen, die nach Umrechnung wieder den Wert $V_0 = 10{,}44$ ml/A · Min. ergeben muß.

Beispiele:

I A	*t* Min.	Knallgasmenge in ml KOH	 H_3PO_4	 Na_2HPO_4
0,4	1	4,50	4,50	4,60
0,2	2	4,50	4,60	4,60
0,1	4	4,50	4,50	4,60

$t = 20-22°$ C; $b = 765$ Torr; $h = 8{,}5$ cm; mittleres spez. Gew. 1,08. Daraus errechnet man ein Knallgasäquivalent von $V_0 = 10{,}3$ ml/A · Min.

Aus diesem Wert erhält man unter Benutzung des Molvol., für Knallgas 3/4 · 22 400 = 16 800 ml, die *Faradaysche Konstante F* aus F : 60 = 16 800 : 10,3, also F = 97 864 A · Sek. = 97 864 Coul. (Coul. = Coulomb) statt theoret. 96 500 Coul.

L. Wolf, l. c., S. 95—96.

c) Bestimmung der Faradayschen Konstanten durch Titration

Waage mit Geww. 2 Bechergläser (50 ml). Gabelrohr mit Gummischlauch u. Quetschhahn. Filtrierpapier. 2 Platinbleche (1 cm × 3 cm). 2 Büretten. — KNO_3. KJ. 0,1 n Salzsäure. 0,1 n $Na_2S_2O_3$-Lsg. Methylorange. Stärke.

265. Anoden- u. Kathodenraum werden getrennt, indem man als Zellen zwei Bechergläser für die zu untersuchenden Lsgg. benutzt u. diese durch eine U-förmige Brücke verbindet. Als solche benutze man ein Gabelrohr, dessen untere Enden mit Filtrierpapierpfropfen fest verstopft werden, u. an dessen oberem Ende ein Gummischlauch mit Quetschhahn sitzt. Man tauche die Brücke in einen indifferenten Elektrolyten, z. B. in eine KNO_3-Lsg., sauge diese auf, quetsche ab u. verbinde die Lsgg. in den Bechergläsern durch die gefüllte Brücke miteinander. Als Elektroden benutze man zwei Platinbleche.

α) Äquivalentladungen der K- und J-Ionen

Als Elektrolyt verwende man eine 10%ig. KJ-Lösung. Die Stromstärke ist so zu bemessen, daß der Brückenelektrolyt nicht zu warm wird. Nach 20—30 Min. wird der Strom unterbrochen. Die Kalilauge im Kathodenraum wird mit 0,1 n Salzsäure u. Methylorange als Indikator u. das Jod im Anodenraum nach Stärkezusatz mit 0,1 n $Na_2S_2O_3$-Lsg. titriert.

Werden dabei *a* g Kalium nach einem Stromdurchgang von *x* A in *t* Sek. gefunden, so erhält man für 1 Grammäquivalent K die Konstante

$$F = \frac{x \cdot t \cdot 39{,}1}{a} \text{ Coul.}$$

und aus *b* g Jod entsprechend

$$F = \frac{x \cdot t \cdot 126{,}9}{b} \text{ Coul.}$$

Beispiel:

Stromstärke *x* A	Zeit Sek.	K *a* g	J *b* g	*F* aus *a* g K	*F* aus *b* g J
0,0671	1800	0,049	0,1600	96400	95800

H. Engesser, Pr. 2 (53) 356—357.

β) Äquivalentladung des Eisen(III)-Ions

Geräte wie in Vers. 265. Außerdem Trichter mit Filtriergestell. Filter. — $Fe(NH_4)(SO_4)_2 \cdot 12\,H_2O$. 0,1 n $KMnO_4$-Lsg. Phosphorsäure. Konz. Schwefelsäure.

266. Als Elektrolyt wird eine Lsg. von 83 g $Fe(NH_4)(SO_4)_2 \cdot 12\,H_2O$ in 250 ml W. verwendet. Die Lsg. wird filtriert u. bis zum Verschwinden der $Fe(OH)_3$-Hydrolyse mit Schwefelsäure angesäuert. Damit die Fe(III)-Ionen nur bis zur Zweiwertigkeit u. nicht vollständig reduziert werden, darf die Stromstärke höchstens 0,0085 A/cm², d. h. bei 3 cm² Elektrodenfläche höchstens 0,05 A betragen. Bei höherer Stromdichte würden Eisenabscheidung u. Wasserstoffentw. auftreten. Nach 30—40 Min. wird die Fe(II)-Menge durch Titrieren mit einer $KMnO_4$-Lsg. bestimmt, nachdem man die Lsg. auf 400—500 ml verdünnt u. mit 20 ml einer Mischung aus 100 ml 25%ig. Phosphorsäure u. 25 ml konz. Schwefelsäure in 75 ml W. versetzt hat, weil sonst die entstehenden Fe(III)-Ionen wegen ihrer Braunfärbung den Umschlag von Farblos in Rosa verdecken würden; die Phosphorsäure bildet mit den Fe(III)-Ionen ein farbloses Komplexsalz.

Beispiel:

I A	*t* Sek.	$KMnO_4$-Lsg. ml	Fe(III) g	*F* Coul.
0,0376	2100	8,08	0,04567	96 560

Aus $F = e \cdot N$ erhält man $e = F : N$. Dividiert man die FARADAYsche Konstante durch die LOSCHMIDTsche Zahl *N*, so erhält man die Elementarladung $e = 96\,500 : (6 \cdot 10^{23})$ Coul. $= 1{,}61 \cdot 10^{-19}$ Coul. Vgl. auch S. 60!

H. Engesser, l. c., S. 358.

d) Äquivalentgewichte aus der Faradayschen Konstanten

Waage mit Geww. Platinbleche (1 cm × 1 cm). Kupferblech (Schablonenblech). Kohleelektroden. 2 U-Röhren mit seitlichen Ansatzröhren. Stativ mit Klammer. Becherglas (200 ml). — $CuSO_4 \cdot 5\,H_2O$. Konz. Schwefelsäure. Äthanol. Oxalsäure (krist.). Ammoniumoxalat. $SnCl_4$. Natriumsulfantimonat $Na_3SbS_4 \cdot 9\,H_2O$. Soda. Natronlauge. Salpetersäure.

Bildung fester Abscheidungen aus Metallsalzen verschiedener Wertigkeitsstufen

267. Man stelle folgende Lsgg. her:

a) Öttelsche Lösung: 125 g Kupfersulfat, 50 g konz. Schwefelsäure u. 50 g Äthanol werden in W. gelöst u. auf 1 *l* aufgefüllt.

b) Zinn(IV)-chloridlösung: Man stelle sich aus 5,04 g kristallisierter Oxalsäure, 5,68 g Ammoniumoxalat u. 100 ml W. eine gesätt. Ammoniumhydrogenoxalatlsg. her u. löse darin 20 g kristallisiertes Sn(IV)-chlorid. Die Lsg. ist nur wenige Tage haltbar.

c) Antimon(V)-salzlösung: 15 g $Na_3SbS_4 \cdot 9\,H_2O$ (SCHLIPPEsches Salz) u. 14 g Kristallsoda oder 6 g calcinierte Soda werden in 500 ml W. durch Kochen gelöst u. heiß filtriert. Die Lsg. ist ebenfalls nur wenige Tage haltbar.

Für die ersten beiden Lsgg. benutze man gewogene Platinbleche, für die Antimonlsg. dünnes Kupferblech (6 cm · 10 cm) als Kathoden u. als Anoden dünne Kohleelektroden. Die ersten beiden Lsgg. werden in U-Röhren mit seitlichen Ansätzen, die Antimonlsg. im Becherglas der Elektrolyse unterworfen. Die Stromstärke darf nicht höher als 0,2 A bei 8 V Spannung sein; bei der Antimonelektrolyse ist zu beachten, daß die Kupferelektrode nur während der Messung eintaucht u. mit der Kohleanode auf gleicher Höhe steht. Nach 3,5 Min., bei Antimon nach 10 Min., wird der Strom abgeschaltet. Die Kathoden werden herausgezogen, in W. abgespült, mit absolut. Äthanol gewaschen, getrocknet u. gewogen. Eine schwache Gasentw. bei der Antimonelektrolyse in den ersten drei Min. beeinflußt das Ergebnis nicht.

Um die Äquivalentgeww. zu erhalten, berechne man die abgeschiedenen Mengen auf 96 500 Coulomb. Werden z. B. x g bei y A in z Min. ausgeschieden, so erhält man als Coul. $u = 60 \cdot y \cdot z$ u. aus $Ae = x \cdot 96\,500/u$ das Äquivalentgew., aus dem sich nach Multiplikation mit der Wertigkeit das Atomgew. ergibt.

Reinigung der Elektroden: Die Platinelektroden werden durch heiße Lauge u. Nachspülen mit W. u. Alkohol gereinigt. — Die Kupferelektroden befreie man durch kurzes Eintauchen (1—2 Sek.) in ein Bad, das 100 ml Salpetersäure (D = 1,382) u. 100 ml konz. Schwefelsäure enthält, von der Oxidschicht, spüle sie dann sofort mit W. ab u. trockne sie nach dem Eintauchen in Alkohol. Schwache Anlauffarben sind ohne Einfluß auf die Messungen.

Beispiele:

Metall	x abgesch. Menge	u Coul.	Äquiv.-Gew.	Atomgew.
Kupfer	0,0136 g	41,4	31,7	63,4
Zinn	0,0111 g	36	29,754	119,02
Antimon	0,0303 g	120	24,366	121,83

H. Golombeck, Pr. 2 (53) 172—174.

e) Äquivalentgewichte einiger Metalle durch Vergleich mit dem in derselben Zeit entwickelten Wasserstoff

2 Bechergläser. 2 Platinelektroden. 1 Kohleelektrode. Metallbleche (zur Untersuchung). Bürette (100 ml) mit Stativ. — Metallsalze. Verd. Schwefelsäure (D = 1,12). 10%ig. Salzsäure.

268. Zwei Zellen werden hintereinandergeschaltet. Die eine enthält zwei Platinelektroden in verd. Schwefelsäure u. über der Kathode eine Bürette zum Auffangen des Wasserstoffs, die andere neben einer Kohlekathode als Anode ein Blech (5 cm · 6 cm) aus dem zu prüfenden, reinen Metall u. als Elektrolyt eine 10—15%ige Salzlsg. des Metalles in schwach saurer Lösung. Beim Eisen dient als Elektrolyt eine 10%ig. Salzsäure, in die die Eisenelektrode erst bei geschlossenem Strom eingetaucht wird. Stromstärke 0,2 Ampere. Aus der Gewichtsabnahme (g_1) des Metalles u. dem aus dem entwickelten Wasserstoffvol. berechneten Gew. (g_2) erhält man das Äquivalentgew. x aus $x : 1 = g_1 : g_2$.

Beispiele:

1. *Cu* in schwefelsaurer $CuSO_4$-Lösung.

Cu-Blech vor dem Vers. = 29,925 g
Cu-Blech nach dem Vers. = 29,727 g
Gew.-Abnahme g_1 = 0,198 g

Entwickelt. $H_2 : v_0 = 69{,}3$ ml;
Gew. d. H_2:
$g_2 = 69{,}3 \cdot 0{,}000089$ g
$= 0{,}0062$ g

$x : 1 = 0{,}198 : 0{,}0062$; $x = 31{,}93$ (31,79).

Nr.	Metall	Gew.-Abnahme g	H_2 g	x gef.	x ber.
2	Zn	0,214	0,00648	33	32,69
3	Cd	0,405	0,00718	56,4	56,2
4	Fe (II)	0,187	0,00662	28,2	27,9
5	Ni	0,190	0,00644	29,50	29,35

E. Bader, MNU **12** (59/60) 180—182.

f) Knallgasamperemeter

Die FARADAYschen Gesetze u. die anschließend beschriebenen Versuchsanordnungen können auch dazu dienen, die Stärke des angewandten Stromes zu bestimmen.

269. Man kann aber auch eine Pulverflasche oder eine 3teilige WULFFsche Flasche benutzen, die man mit verd. Kalilauge füllt. Als Elektroden nehme man Stricknadeln, deren obere Enden mit Paraffin überzogen oder in Glasröhren eingeschmolzen sind, damit sich die Stromdichte nicht ständig ändert. Zwischen ihnen führt ein Meßrohr oder ein zweimal rechtwinklig gebogenes Rohr zu einem Meßglas. Man kann dann die durch den Strom entwickelte Gasmenge am Meßrohr oder am Meßglas ablesen, auf Normalvol. reduzieren u. aus ihm u. der Zeit die Stromstärke berechnen.

P. Hanck, P. **30** (17) 183—184; **41** (28) 190.

3. Elektrolyse

a) Wasser

270. Ein Becherglas mit zwei Kohleelektroden (Bleistiftminen) u. eine Glühlampe werden in Reihe geschaltet: Beim Eingießen von dest. W. bleibt die Lampe dunkel.

E. Boerma, MNU **6** (53/54) 134.

271. Man stelle aus der sekundären Wicklung eines kleinen Induktors, einem KOHLRAUSCHschen Widerstandsgefäß mit senkrechten Elektroden u. einem Telefon einen Stromkreis her. Füllt man das gut ausgewaschene Widerstandsgefäß mit dest. W., so summt des Telefon gerade noch hörbar, bes. wenn man das Induktorium durch Zuschalten von Widerstand aus dem Primärkreis auf „Mückenton" einstellt.

b) Schwerlösliche Substanzen

272. Wirft man in das mit dest. W. gefüllte Widerstandsgefäß von Nr. 271 gut ausgewaschenes *Silberchlorid*, so wird der Ton deutlich stärker, weil das Salz Ionen in Lsg. geschickt hat, also etwas lösl. ist.

273. Wirft man gut ausgewaschenes *Bariumsulfat* oder fein gepulverten Schwerspat in das dest. W., so entsteht ein erheblich stärkerer Ton als mit Silberchlorid.

274. Beim Hineinwerfen von ein paar Körnchen *Bleisulfat* brüllt das Telefon.

c) Abhängigkeit von der Temperatur

275. Setzt man das Widerstandsgefäß in warmes W., so steigt das Leitvermögen beim Schütteln stark an, weil die Löslichkeit zunimmt.

W. Roth, P. **30** (17) 144—145.

d) Wasser als dissoziierendes Lösungsmittel
Bildung von Ammoniumcarbonat

276. Leitet man CO_2 aus der Stahlflasche in dest. W., das sich in einem Becherglas mit zwei Kohleelektroden, die mit einer Glühlampe in Reihe geschaltet sind, befindet, dann bleibt die Lampe dunkel, weil die entstehende Kohlensäure H_2CO_3 zu schwach dissoziiert ist. Erneuert man das dest. W. u. fügt NH_3-Lsg. (1:1) hinzu, so kommt die Lampe auf schwache, nur im Dunkeln sichtbare Rotglut. Leitet man jetzt aber in die NH_3-Lsg. CO_2 ein, so beginnt die Lampe hell aufzuleuchten, weil die entstehende $(NH_4)_2CO_3$-Lsg., $(NH_4)_2CO_3 \rightarrow 2\,NH_4^+ + CO_3^{2-}$, genügend stark dissoziiert ist.

Auch durch Einblasen von Atemluft kann man in ca. 10 Min. den gleichen Effekt erreichen.

Bildung von Ca-hydroxid — Ca-carbonat — Ca-hydrogencarbonat

277. Fügt man zum dest. W. in der gleichen Versuchsanordnung Kalkwasser u. etwas Phenolphthalein, dann beginnt die Lampe heller zu brennen: $Ca(OH)_2 \rightarrow Ca^{2+} + 2\,OH^-$. Jetzt wird CO_2 eingeleitet. Dabei beobachtet man zuerst Dunklerwerden u. schließlich völliges Verlöschen: $Ca^{2+} + 2\,OH^- + CO_2 \rightarrow CaCO_3\downarrow + H_2O$. Leitet man weitere Mengen CO_2 ein, so beginnt die Lampe wieder zu leuchten: $CaCO_3 + H_2O + CO_2 \rightarrow Ca^{2+} + 2\,HCO_3^-$, um nach Zusatz von Kalkwasser oder nach Erhitzen der Lsg.

wieder dunkel zu werden u. schließlich ganz zu verlöschen: $Ca^{2+} + 2\,HCO_3^- + Ca^{2+} + 2\,OH^- \rightarrow 2\,CaCO_3\downarrow + 2\,H_2O$, bzw. $Ca^{2+} + 2\,HCO_3^- \rightarrow CaCO_3\downarrow + H_2O + CO_2\uparrow$.

Bildung von Ba-hydroxyd — Ba-carbonat

278. Entspr. Verss. mit Barytwasser u. CO_2 zeigen nur die ersten beiden Phasen des Vers. Nr. 277.

E. Boerma, MNU 9 (56/57) 124.

e) Elektrolysen im Hofmannschen Wasserzersetzungsapparat

279. Bei der Elektrolyse von *verd. Schwefelsäure* oder Natron- oder Kalilauge an Platinelektroden ist zu bedenken, daß bei 760 Torr u. 20° C 1 l W. 18,2 ml Wasserstoff u. 31 ml Sauerstoff löst. Zu genaueren Volumenverhältnissen kommt man deshalb erst, wenn man vorher bei geöffneten Hähnen 15 Min. lang einen schwachen Strom durch die Lsg. schickt u. außerdem den verschied. Druck, unter dem beide Gase stehen, berücksichtigt. 5%ig. Natronlauge gibt erfahrungsgemäß genauere Volumenverhältnisse als Schwefelsäure.

Kohleelektroden führen zur CO_2-Bildung an der Anode u. geben meist kein befriedigendes Resultat.

F. C. G. Müller, P. 29 (16) 92; A. Klein, Pr. 4 (55) Ch. 4—6; O. Scheibe, Pr. 4 (55) Ph. 272—273.

280. Auch die Elektrolyse von *Salzsäure* im Hofmannschen Apparat ist wenig befriedigend. Wegen der erheblichen Wasserlöslichkeit des Chlors dauert es recht lange, bis sich nennenswerte Chlormengen im Anodenschenkel angesammelt haben. Außerdem dringt fast stets gelöstes Chlor durch das Verbindungsrohr in den Kathodenraum u. wird von dem sich entwickelnden Wasserstoff mitgenommen, so daß man dort mehr Gas erhält, als dem Faradayschen Gesetz entspricht.

281. Bessere Ergebnisse erzielt man, wenn man die Elektrolyse in einem U-Rohr mit seitlichen Ansätzen ausführt. Man fülle das Rohr etwa zur Hälfte mit konz. Salzsäure u. verschließe die Schenkel mit Gummistopfen, durch die die Kohleelektroden bis in die Säure geführt werden. Da die Kohlen etwas gasdurchlässig sind, dichte man die herausragenden Teile mit Paraffin o. ä. ab. Dann lasse man den Strom hindurchgehen, bis die Luft durch die sich entwickelnden Gase verdrängt ist, u. schließe das Rohr mit seinen Ansätzen an den mit gesätt. NaCl-Lsg. gefüllten HOFMANNschen Zersetzungsapparat oben an, so daß die Gase in den beiden kalibrierten Schenkeln des App. aufgefangen u. gemessen werden können. Der zunehmende Druck hat wenig Einfluß auf das Ergebnis. Besitzt der App. am unteren Verbindungsrohr noch einen Hahn, so kann man durch Ablassen der Kochsalzlösung die Gase auf Atmosphärendruck bringen.

Daß etwas Chlor vom „Sperrwasser“ gelöst wird, erkennt man, wenn man gefärbte NaCl-Lsg. benutzt.

Beispiele:

Druck	H_2 ml	Cl_2 ml	H_2 ml	Cl_2 ml
Zunehmender Druck	18	17,8	36	35,4
Atmosphärendruck	18	17,8	36	35,4
Abnehmender Druck	18	18	36	35,5

P. Handk, P. **30** (17) 33—34.

282. Elektrolyse einer *Natriumchloridlösung* führt zu demselben Ergebnis, wenn sie in gleicher Weise durchgeführt wird.

P. Handk, l. c.

f) Amalgambildung an der Quecksilberkathode

Oberteil einer Pulverflasche. Becherglas. Stativ mit Klammer. Waage mit Geww. Meßzylinder. Graphit- bzw. Eisenblechelektrode. Leinwand. Eisendraht. Kolben mit Hahntrichter u. Gasableitungsrohr. Gasmeßglocke. Büretten mit Stativ. Torricellische Röhre. Porzellanschale. — Quecksilber. Natronlauge, Kalilauge, KCl, K_2CO_3, $CaCl_2$, $BaCl_2$ oder $(NH_4)_2SO_4$. n Salzsäure. n Natron- oder Kalilauge. Lackmus- oder Phenolphthaleinlsg.

283. Vom abgesprengten Oberstück einer kleinen Pulverflasche wird die eine Öffnung mit einem Stück dichtgewebter Leinwand abgebunden u. mit ca. 10—15 ml Quecksilber gefüllt. Den so präparierten Flaschenhals hänge man dann in ein Gefäß, das den Elektrolyten, 20%ig. Natron- oder Kalilauge, 40%ig. KCl- oder K_2CO_3-Lsg., 40%ig. $CaCl_2$- oder $BaCl_2$-Lsg., enthält. Als Anode benutzte man eine Graphit- oder bei alkal. Lsgg. eine Eisenblechelektrode; die Quecksilberkathode wird durch einen eintauchenden Eisendraht mit der Stromquelle, 8 A u. 12 V, verbunden. Nach 5—10 Min. Stromdurchgang wird das gebildete Amalgam in einen kleinen, mit Hahntrichter u. Ableitungsrohr versehenen Kolben gebracht u. nach dem Erkalten titrimetr. bestimmt, indem man durch den Hahntrichter eine abgemessene Menge n Salzsäure im Überschuß zufließen läßt u. den entwickelten Wasserstoff in einer Meßglocke (ca. 250—500 ml je nach Zeit u. Stromstärke) auffängt. Nach wenigen Min. ist die anfangs sehr stürmische Rk. beendet u. das Wasserstoffvol. kann nach Abkühlen des Kolbens abgelesen werden. Außerdem wird der Säureüberschuß nach Zusatz von Lackmus- oder Phenolphthaleinlsg. durch n Kali- oder Natronlauge bestimmt u. von der Säuremenge subtrahiert. Berücksichtigt man, daß 1 ml n Säure 1 mg-Äquivalent, also 11,2 ml Wasserstoff bei 0° C u. 760 Torr, entspricht, so wird man feststellen, daß das Verhältnis von Säure u. Wasserstoffvolumen gut übereinstimmt.

Die Ausbeute an Amalgam bestimme man aus dem Wasserstoffvolumen. Man weiß, daß 1 A · Min. 10,44 ml Knallgas (vgl. Vers. Nr. 263), also 2/3 · 10,44 ml = 6,96 ml Wasserstoff liefert. Durch die bei der Elektrolyse auftretende Wärme wird dieser Wert nie ganz erreicht werden.

Lsgg. von Alkalinitraten, Magnesium- oder Aluminiumsalzen geben keine Amalgame.

284. *Ammoniumamalgame* erhält man aus gesätt. $(NH_4)_2SO_4$-Lsgg. als aufquellende Masse. Man gieße sie in eine TORRICELLIsche Röhre, fülle evtl. etwas Quecksilber nach u. kippe die Röhre umgekehrt in eine Schale mit Quecksilber. Man beobachtet dann eine langsame Gasentw. u. kann nach deren Aufhören die Gasmenge ablesen. Nach Aufsteigenlassen eines Wassertropfens wird das Ammoniak absorbiert. Der Rest ist Wasserstoff.

F. C. G. Müller, P. **28** (15) 148—150; W. Bindseil, Pr. **7** (58) Ch. 5—6; L. Wolf, Pr. **9** (60) Ph. 26—27.

g) Anodische Kupfer(I)-oxidbildung

285. In ein mit NaCl-Lsg. gefülltes Becherglas führe man als Anode einen Kupferdraht ein, der eine Graphitkathode in einiger Entfernung ringförmig umgibt. Nachdem der Strom einige Zeit durch die Lsg. gegangen ist, erwärme man sie. Es fällt rotes Cu_2O aus:

$$NaCl = Na^+ + Cl^-$$

$$2\,Na + 2\,H_2O = 2\,NaOH + H_2\uparrow \qquad 2\,Cu + Cl_2 = 2\,CuCl$$

$$CuCl + NaOH = CuOH + NaCl$$

$$2\,CuOH = Cu_2O + H_2O.$$

O. Scheibe, Pr. **4** (55) Ch. 88.

4. Ionenwanderungen

a) Konzentrationsänderung bei der Elektrolyse von Schwefelsäure

286. Das in Abb. 34 dargestellte Doppel-U-Rohr, dessen Schenkel durch Glasfritten getrennt sind (Bezugsquelle: R. Maurer in Frankfurt/Main-Hausen, Alt-Hausen 34), werde mit ca. 10%ig. Schwefelsäure gefüllt u. unter Wasserkühlung der Elektrolyse unterworfen. Man pipettiere nach kurzer Zeit gleiche Flüssigkeitsmengen aus allen drei Schenkeln ab u. versetze sie mit $BaCl_2$-Lsg. Aus dem Umfang des $BaSO_4$-Nd. kann man gut schätzen, daß im Anodenraum eine deutliche Konzentrationszunahme u. im Kathodenraum eine Abnahme an

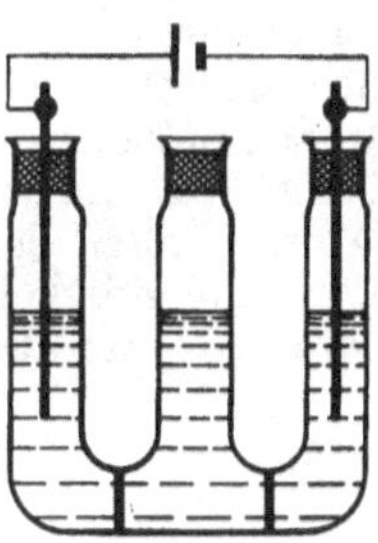

Abb. 34.

SO_4-Ionen eingetreten ist, während im mittleren Teil die ursprüngliche Konz. erhalten geblieben ist.

A. Wagner, Pr. 8 (59) Ch. 6.

b) H-Ionenbeweglichkeit

287. Ein längeres Rohr von 2 cm Weite wird an den Enden rechtwinklig umgebogen, so daß ein U-förmiges Rohr entsteht. Es wird mit 1,5%ig. KCl-Lsg., die Methylorange enthält, gefüllt u. umgekehrt in zwei Bechergläser gesetzt, von denen das eine die gleiche KCl-Lsg. ohne Indikator u. das andere ein Gemisch aus 20 ml konz. Salzsäure, 150 ml dest. W. u. 6 g Harnstoff enthält. Als Elektroden werden Lichtbogenkohlen so in die Gläser gesetzt, daß während der Elektrolyse keine Gase in das U-Rohr gelangen können. Die Kohle in der Salzsäure ist Anode. Die Spannungen werden so gewählt, daß keine wesentlichen Temperaturerhöhungen eintreten.

Beispiel: Für die Wasserstoffionen hat sich in einem Falle eine Beweglichkeit

$$u = 329 \cdot 10 \frac{\text{cm} \cdot \text{sec}^{-1}}{\text{V cm}^{-1}}$$

ergeben.

W. Menta, Pr. 6 (57) Ph. 152.

c) OH-Ionenbeweglichkeit

288. Man fülle in ein U-Rohr eine mit einigen Körnchen NaCl u. wenigen Tropfen Phenolphthalein versetzte Gelatinelsg. u. nach dem Erstarren in beide Schenkel eine verdünnte Natronlauge, in welche Platinelektroden eintauchen. Bei Stromdurchgang wandern die OH-Ionen zur Anode, vom Kathodenraum also auch in die Gallerte, u. röten das Phenolphthalein. Aus der Wanderungsgeschwindigkeit a cm/Sek. u. dem Spannungsgefälle b V/cm erhält man die Ionenbeweglichkeit

$$u = \frac{a}{b} \cdot \frac{\text{cm} \cdot \text{sec}^{-1}}{\text{V cm}^{-1}} .$$

W. Bremkamp, Pr. 1 (52) 351—352.

d) MnO_4-Ionenbeweglichkeit (s. auch Vers. Nr. 62)

289. Die eine Öffnung eines LIEBIGschen Kühlers wird mittels eines Gummistopfens mit durchgeführter Kohleelektrode dicht verschlossen. Dann fülle man in das Innenrohr eine 0,1 mol. KNO_3-Lsg., halte den Daumen auf die Öffnung und senke den Kühler umgekehrt in eine Schale, in der sich eine mit Harnstoff beschwerte, 0,1 mol. $KMnO_4$-Lsg. befindet. In die $KMnO_4$-Lsg. bringe man als Kathode eine Lichtbogenkohle mit ihrem Ende unter das Kühlerrohr. Dann stelle man das Kühlwasser an u. verbinde die beiden Elektroden über ein Amperemeter u. ein parallel geschaltetes Voltmeter sinngemäß mit der Gleichstromquelle. Änderungen der Stromstärke bei konstanter Spannung zeigen Temperaturänderung an. Der Vers. darf höchstens 1 Std. in Anspruch nehmen, da sonst die Kohlen unbrauchbar werden.

Beispiel:

$$u = 5{,}7 \cdot 10^{-8} \frac{\mathrm{m} \cdot \mathrm{sec}^{-1}}{\mathrm{V} \cdot \mathrm{m}^{-1}} .$$

W. Menta, Pr. **4** (55) Ph. 270.

e) Ionenwanderung in einer ammoniakalischen Kupferchromatlösung

290. Den mittleren Teil des in Abb. 33 dargestellten Doppel-U-Rohres fülle man mit einer ammoniakal. Lsg. von Kupfersulfat u. Kaliumchromat. Hierzu messe man in einem Reagenzglas ca. 2 cm hoch zerstoßenes $CuSO_4 \cdot 5\,H_2O$ u. ebensoviel Kaliumchromat oder -bichromat ab u. löse es in möglichst wenig dest. W. auf. Etwaige ungelöste Reste stören nicht u. lösen sich nach Zusatz konz. Ammoniaklsg. meist auch noch auf. Die äußeren Schenkel werden mit einer ammoniakal. NaCl-Lsg. gefüllt u. nach Einsetzen von Graphitelektroden bei einer Stromstärke von 1 A der Elektrolyse unterworfen, worauf sehr bald die dunkelblauen $[Cu(NH_3)_4]$-Ionen in den Kathodenraum u. die gelben CrO_4-Ionen in den Anodenraum treten.

A. Wagner, Pr. **8** (59) Ch. 5—6.

f) Ionenwanderungen im Projektionsbild

Auf eine Plexiglasplatte kitte man 4 Objektträger so auf, daß sie ein Rechteck von der Größe eines Objektträgers umschließen. Dadurch entsteht ein flacher Trog von ca. 1 mm Kantenhöhe. Es ist zweckmäßig, die Objektträger an den Schmalseiten der so entstehenden Mikroküvette der Länge nach zu halbieren u. die Plexiglasplatte zur Aufnahme von Apparatebuchsen für die Elektroden zu durchbohren. Als Elektroden dienen zwei Kupferdrähte (2 mm Durchmesser), bzw. als unangreifbare Elektrode ein Stück Bogenlampenkohle (5 mm Durchmesser), das von einem Kupferdraht gegen die Grundplatte gedrückt wird. Zur Füllung der Küvette benötigt man etwa 1,5 ml Elektrolyt. Für die Projektion wird die Küvette zur Beseitigung von störendem Nebenlicht mit einer Blende aus schwarzem Karton unterlegt. Die Beleuchtung erfolgt von unten durch volle Ausleuchtung. Eine über der Küvette angebrachte Bikonvexlinse u. ein Planspiegel oder ein 90°-Prisma besorgen die Abbildung.

α) Wanderung der H-Ionen (vgl. auch Vers. Nr. 287)

291. Man bringe in die Mikroküvette den Merckschen, mit etwas starker Na_2SO_4-Lsg. versetzten Universalindikator, stelle die Lsg. durch Spuren von $(NH_4)_2CO_3$-Lsg. auf p_H 7 ein u. werfe einen einzigen Natriumhydrogensulfatkristall in den Raum vor der Kupferanode. Die sofort auftretende rote Wolke zeigt die durch Dissoziation des Natriumhydrogensulfats entstehenden H-Ionen an, die nach Einschalten des Stromes (20—30 mA) mit beträchtlicher Geschwindigkeit zur Kathode wandern. Nach Umpolen kehrt sich auch die Bewegungsrichtung um.

L. Wolf, Pr. 9 (60) Ch. 35.

β) Wanderungen anderer Ionen

292. Die beschriebene Mikroapp. gestattet, auf einfache Weise auch die Wanderung von Ionen zu zeigen, für die in den vorst. Verss. bes. Einrichtungen beschrieben worden sind. So kann man z. B. die *Wanderung der OH-Ionen* verfolgen, wenn man statt des Universalindikators ein paar

Tropfen Phenolphthaleinlsg. zur Na_2SO_4-Lsg. gibt, u. die *gleichzeitige Wanderung der H- u. OH,Ionen*, wenn man die Mikroküvette mit Universalindikator, Na_2SO_4- u. $(NH_4)_2CO_3$-Lsg. füllt. Ebenso lassen sich die *Wanderungen der Cu-, MnO_4- u. CrO_4-Ionen* leicht zeigen.

L. Wolf, l. c., S. 35—37.

g) Ionenwanderungen auf Lackmus- oder Filtrierpapierstreifen

α) Wanderung der H-Ionen (vgl. auch Verss. Nr. 287 u. 291)

293. Auf einen Objektträger lege man einen Streifen blaues Lackmuspapier, das mit NaCl-Lsg. getränkt ist, u. klemme an die Enden je einen Blechstreifen als Elektrode. Nach Einschalten einer Gleichspannung von ca. 20 V lege man auf das Paper einen Oxalsäurekristall u. beobachte die von ihm nach der Kathode hin sich ausbreitende Rotfärbung des Papiers.

β) Wanderung der OH-Ionen (vgl. auch Verss. Nr. 288 u. 292)

294. Ebenso kann man auf rotem, mit NaCl-Lsg. getränktem Lackmuspapier durch ein erbsengroßes Häufchen $Ca(OH)_2$ die Wanderung der OH-Ionen durch Blaufärbung des Papiers nach der Anode zu beobachten.

295. Benutzt man statt Lackmuspapier Universal-Indikatorpapier, dann kann man nicht nur die Ionenwanderung, sondern auch deren Umkehrung zeigen.

E. Keller, MNU 11 (58/59) 471.

γ) Wanderung der MnO_4-Ionen s. Verss. Nr. 62, 289 u. 292.

δ) Wanderung der Cu-, MnO_4- u. Cr_2O_7-Ionen nebeneinander

296. Bringt man auf einen Objektträger einen mit konz. NaCl- oder KCl-Lsg. durchtränkten Filtrierpapierstreifen u. an beide Enden je einen Kupferblechstreifen als Elektroden, u. legt man in die Mitte des Streifens nebeneinander je ein Kriställchen $CuSO_4 \cdot 5\,H_2O$, $KMnO_4$ u. $K_2Cr_2O_7$, so sieht man beim Stromdurchgang von den Kristallen aus die gefärbten Ionen in Richtung ihrer entgegengesetzt geladenen Pole ziehen, wobei auch Unterschiede in der Wanderungsgeschwindigkeit festgestellt werden können.

H. Marthaler, Pr. 6 (57) Ph. 7.

h) Ionenwanderungen und Redoxgleichgewichte

297. Man fülle die beiden äußeren Schenkel des in Abb. 34 dargestellten Doppel-U-Rohres mit einer $CuCl_2$-Lsg. u. den mittleren Teil mit gesätt. KCl-Lsg. Benutzt man als Anode eine Kupferdrahtwendel u. als Kathode eine Platindrahtwendel, so kann man bei einer Stromstärke von 1 A schon in wenigen Min. einen Farbunterschied zwischen Anoden- u. Kathodenraum feststellen. Während im Kathodenraum Aufhellung erfolgt, erscheint die Lsg. im Anodenraum tiefer blau als die ursprüngliche Lösung. An der Kathode nehmen die Cu-Ionen Elektronen auf u. scheiden sich als Metall ab; an der Anode entstehen dagegen neue Cu-Ionen. Das Gleichgewicht $Cu \underset{\text{Kathode}}{\overset{\text{Anode}}{\rightleftarrows}} Cu^{2+} + 2\,e^-$ wird als Redoxgleichgewicht bezeichnet. Die Anode wirkt oxydierend, da sie Elektronen abgibt (Elektronendonator), die Kathode reduzierend; denn sie nimmt Elektronen auf (Elektronenakzeptor). Die Oxydationszahl des Cu erhöht sich um 2 Einheiten an der Anode.

A. Wagner, Pr. 8 (59) 20—21, 77—78.

298. Man fülle alle drei Abteilungen des Doppel-U-Rohres (Abb. 33) mit $FeCl_2$-Lsg.. Als Elektroden dienen Platindrahtwendeln. Bei 2 A bilden sich an der Anode unter Gelbrotfärbung Fe(III)-Ionen: $\overset{2+}{Fe} \rightarrow \overset{3+}{Fe} + e^-$. An der Kathode verschwindet die grüne Färbung, weil sich metall. Eisen abscheidet: $\overset{2+}{Fe} + 2\,e^- \rightarrow Fe$. Die Lsg. im mittleren Rohr bleibt unverändert. Als Redoxgl. erhält man $3\,\overset{+2}{Fe} \rightarrow 2\,\overset{+3}{Fe} + \overset{0}{Fe}$.

A. Wagner, l. c., S. 78—79.

5. Leitfähigkeit und Dissoziation

Das Leitvermögen $\varkappa$ eines Elektrolyten ergibt sich aus dem Widerstand $R = (1/\varkappa) \cdot (l/q)\ \Omega$ (l = Länge, q = Querschnitt des Leiters) zu $\varkappa = (l/q \cdot (1/R)$. Bei einer Spannung von E V ist die Stromstärke:

$$I = \frac{E}{R} = \varkappa \cdot \frac{q}{l} \cdot E \text{ A}$$

Die spezif. Leitfähigkeit ist die Stromstärke, welche in einem Elektrolyten zwischen zwei Elektroden von 1 cm² Oberfläche, 1 cm Entfernung u. 1 V Spannung zustande kommt, so daß $q = 1$ u. $l = 1$ werden u. $\varkappa = 1/R$, also in reziproken Ohm gemessen wird.

Die Äquivalentleitfähigkeit ist $\Lambda = \varkappa/\eta$, wobei η die Konz. in Äquivalenten pro ml ist. Würde in 1 ml gerade 1 g-Äquivalent enthalten sein, so wäre die gefundene Stromstärke $I = \Lambda = \varkappa/1$. Verdünnen wir die Lsg. auf das 10-fache, so ist die neue Konz. $\eta_1 = 0{,}1\,\eta$ u. $\Lambda_1 = \varkappa_1/\eta_1 = \varkappa_1/0{,}1\,\eta$. Die Äquivalentleitfähigkeit steigt mit der Zunahme des Dissoziationsgrades u. erreicht daher bei vollständiger Dissoziation den höchsten Wert.

a) Leitfähigkeit verschiedener Elektrolyte

299. Zwei Lichtbogenkohlen von 5—6 mm Stärke werden so in eine Kupplung gesteckt, daß sie parallel laufen, u. in die zu untersuchende Lsg. gebracht. Dann schicke man einen Wechselstrom hindurch, den man mit Hilfe eines Stufentransformators so reguliert, daß sich die Lsg. kaum erwärmt, u. messe die Stromstärke mit einem empfindlichen Amperemeter. Verdünnt man die Lsg., so steigt die Leitfähigkeit infolge fortschreitender Dissoziation an, falls die Lsg. nicht schon vorher vollständig dissoziiert war.

Man messe die Stromstärken in Salzsäure, Schwefelsäure, Essigsäure, Weinsäure, Natronlauge u. NaCl-Lsg. u. stelle sie als Funktionen ihres Verdünnungsgrades graph. dar. Daß starke Elektrolyte ein erhebliches Ansteigen der Äquivalentleitfähigkeit zeigen, obwohl sie so gut wie vollständig in Ionen zerfallen sein müßten, liegt nach Debye-Hückel in der gegenseitigen Beeinflussung der dicht gedrängten Ionen.

W. Bindseil, Pr. 7 (58) Ch. 11—13.

b) Leitfähigkeit der Schwefelsäure

300. Man verwende als Elektroden bis auf den Boden eines Becherglases reichende Bleistreifen, fülle 100 ml konz. Schwefelsäure in das Glas, lege eine Wechselspannung von 4 V an, sorge durch Kühlung für konstante Temp. u. lese die Stromstärke ab. Dann verdünne man laufend 100 ml der Säure mit je 100 ml dest. W. u. unterwerfe je 100 ml der verd. Lsgg. abermals der Wechselspannung. Beim Verdünnen nimmt die Dissoziation zu u. die Konz. ab. Da der erste Einfluß überwiegt, vergrößert sich die spezif. Leitfähigkeit, um bei einer ca. 30%ig. Schwefelsäure den Höchstwert zu erreichen. Bei weiterer Verdünnung zerfällt sie völlig in Ionen, u. die spezif. Leitfähigkeit muß sich im Verhältnis der Verdünnung ändern. Man kommt zu vergleichbaren Werten, wenn man die Stromstärke mit dem Verdünnungsgrad multipliziert.

B e i s p i e l : Ausgangselektrolyt: konz. Schwefelsäure.

Nr.	Säure ml	Wasser ml	Stromstärke A	Relative Leitf. $A \cdot 2^{n-1}$
1	Konz. H_2SO_4	—	0,24	0,24
2	50 ml 1	50	1	2
3	50 ml 2	50	2,1	8,4
4	50 ml 3	50	2	16
5	50 ml 4	50	1,4	22,4
6	50 ml 5	50	1,1	35,2
7	50 ml 6	50	0,65	41,6
8	50 ml 7	50	0,32	41
9	50 ml 8	50	0,16	41

F. Flohr, MNU 8 (55/56) 474.

c) Leitfähigkeit der Salzsäure

301. Man messe den Widerstand von je 25 ml einer n- u. einer 0,1 n Salzsäure in Bechergläsern von 7,5 cm Durchmesser bei einem Elektrodenabstand zweier Kupferdrähte von 7,5 cm u. einem Wechselstrom von 2,1 V u. berechne daraus die Widerstände u. relativen Leitfähigkeiten. Stelle fest, daß sie beim Verdünnen auf das 10fache auch auf den 10 Teil sinkt, weil der Dissoziationsgrad schon vorher sein Maximum erreicht hat!

Beispiel:

	25 ml n HCl	25 ml 0,1 n HCl
Spannung	2,1 V	2,1 V
Stromstärke	0,125 A	15 m A
Widerstand	16,8 Ω	140 Ω
Leitfähigkeit	0,06 Ω^{-1}	0,007 Ω^{-1}

W. Otto, Pr. 9 (60) Ch. 31—32.

d) Schwache Elektrolyte, Ostwaldsches Verdünnungsgesetz. Elektrolyse der Essigsäure

Schwache Elektrolyte ändern ihre molekulare Leitfähigkeit beim Verdünnen im Sinne des Massenwirkungsgesetzes. Für 1 Mol Essigsäure kennt man den Dissoziationsgrad α = 0,4 %. Da nach dem Massenwirkungsgesetz $CH_3COOH \rightleftarrows CH_3COO^- + H^+$ ist, erhält man die Dissoziationskonstante

$$K_D = \frac{[CH_3COO^-] \cdot [H^+]}{[CH_3COOH]}$$

u. nach Einsetzen von α = 0,4 % den Wert

$$K_D = \frac{(4 \cdot 10^{-3})^2}{906 \cdot 10^{-3}} = 1,6 \cdot 10^{-5}$$

denn α = 0,4 % bedeutet, daß von 1000 Molekülen Essigsäure nur 4 Moleküle in Ionen zerfallen sind, die Konz. der Ionen also je $4/1000 = 4 \cdot 10^{-3}$ u. die der Essigsäuremoleküle $996 \cdot 10^{-3}$ beträgt.

Hieraus kann man den Dissoziationsgrad α_1 einer 0,1 mol. Essigsäure berechnen. Beträgt die Konz. der Ionen je x, dann ist die der ungespaltenen Moleküle $1 - x$, u. da es sich um eine 0,1 mol. Lsg. handelt, $0,1 \cdot (1 - x)$. Man erhält also

$$K_D = \frac{x^2}{0,1\,(1-x)} = 1,6 \cdot 10^{-5}$$

oder $x^2 = 1.6 \cdot 10^{-5}. (0,1 - 0,1\,x)$ u. daraus $x = 1,2641 \cdot 10^{-3}$. Folglich ist

$$\alpha_1 = \frac{\text{Konz. d. diss. Mol} \cdot 100}{\text{Konz. d. Essigsäure-Mol}} = \frac{1,26 \cdot 10^{-3} \cdot 100}{0,1} = 1,26\,\%.$$

Vergleicht man diesen Wert mit $\alpha = 0{,}4\,\%$ für 1 mol. Essigsäure, so erkennt man, daß der Dissoziationsgrad α_1 für die 0,1 mol. Säure etwa auf das Dreifache gestiegen ist.

302. Man messe den Widerstand von je 25 ml einer 1 mol. u. einer 0,1 mol. Essigsäure in Bechergläsern von 7,5 cm Weite bei einem Elektrodenabstand zweier Kupferdrähte von 7,5 cm u. arbeite bei Wechselströmen von 2, 4, 6 u. 8 Volt. Berechnet man daraus die Widerstände u. relativen Leitfähigkeiten $\Lambda = 1/\Omega$, so verhalten sie sich wie 1 : 3. Setzt man für $\alpha = 0{,}4\,\%$, so muß man für $\alpha_1 = 1{,}2\,\%$ erhalten.

Beispiele:

Konz. mol.	Spannung V	Stromstärke m A	Widerstand Ω	Leitfähigkeit Ω^{-1}	Diss-grad
	2	0,57	3508		
	4	1,2	3333		
	6	1,85	3243	0,0003	0,4 %
1	8	2,5	3200		
	2	0,21	9524		
	4	0,45	8888		
0,1	6	0,65	7232	0,0001	1,2 %
	8	0,9	8888		

W. Otto, Pr. 9 (60) Ch. 30—32.

e) Konduktometrische Titrationen

303. Wird eine starke Säure mit einer starken Base titriert, so nimmt die Leitfähigkeit schnell ab, um vom Neutralisationspunkt ab infolge Zunahme der Hydroxylionen wieder anzusteigen. Bei schwachen Säuren, die kaum dissoziieren, steigt die Leitfähigkeit sofort schwach u. nach Überschreiten der Neutralisation stark an. Mit dem Leitfähigkeitsmesser der *Wissenschaftlich-technischen Werkstätten* in Weilheim/Obb. lassen sich viele Titrationen konduktometrisch durchführen.

Nebl, Pr. 6 (57) Ch. 28—30.

6. Galvanische Ketten

a) Konzentrationsketten
Herstellung einer $Cu/CuCl_2(CuSO_4)/Cu$-Kette

304. Im U-Rohr mit einer Glasfrittenscheidewand wird der eine Schenkel mit konz., der andere Schenkel mit verd. $CuCl_2$- oder $CuSO_4$-Lsg. (1 : 100) gefüllt. Taucht man zwei Kupferdrahtwendeln ein, so zeigt ein zwischengeschaltetes Amperemeter Stromdurchgang von der konz. (+Pol) zur verd. (–Pol) Lsg. an. Im Innern tritt hier eine Konzentrationsverschiebung, ein Konzentrationsausgleich, ein.

A. Wagner, Pr. 8 (59) Ch. 77—78.

b) Chlorknallgaskette

305. Ein U-Rohr mit seitl. Abzweigungen (Abb. 35) u. einer Glasfrittenscheidewand wird etwa zur Hälfte mit verd. Salzsäure gefüllt, in die zwei durchbohrte Graphitelektroden gesenkt werden, die man am besten aus „Lichtbogenkohlen mit Docht" erhält, wenn man den weichen Docht mit einem aus einer breitgeklopften u. zugeschliffenen Stricknadel selbstgefertigten Drillbohrer herausbohrt. Die Kohlen werden mit einem Milliamperemeter verbunden, das Stromfluß anzeigt, wenn man durch die Kohlen Was-

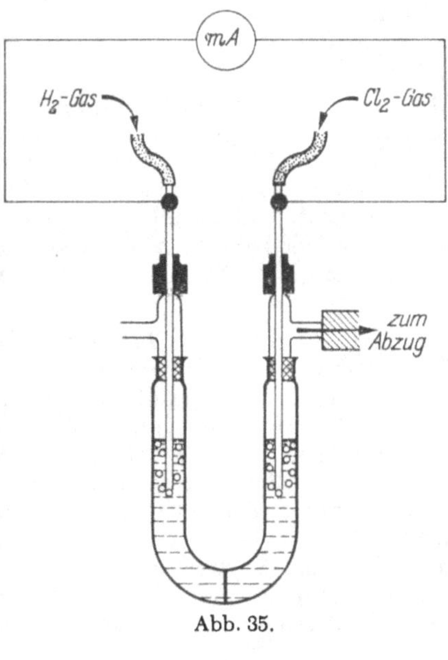

Abb. 35.

serstoff u. Chlor in die verd. Salzsäure leitet (Abzug!). Die Chlorgaselektrode nimmt Elektronen auf u. wirkt als Pluspol: $Cl_2 + 2\,e^- \rightarrow 2\,Cl^-$, die Wasserstoffelektrode gibt Elektronen ab: $H_2 \rightarrow 2\,H^+ + 2\,e^-$. Die auftretende elektrische Energie stammt aus dem Elektronenaustausch.

A. Wagner, Pr. 9 (60) Ch. 4—5.

c) Herstellung einer H/HCl/$CuCl_2$/Cu-Kette

306. Man fülle in den einen Schenkel des in Abb. 34 dargestellten Doppel-U-Rohres n Salzsäure, in den anderen n $CuCl_2$-Lsg. u. in das Mittelrohr konz. KCl-Lsg. In die Salzsäure taucht eine Platinelektrode u. in die $CuCl_2$-Lsg. ein Kupferdraht. Schickt man einen Strom durch den Elektrolyten, so daß sich am Platin (Kathode) Wasserstoff bildet, so wirkt dieser als H-Elektrode einer galvan. Kette, wenn man die Elektrolyse unterbricht u. ein Voltmeter zwischen die Pole schaltet.

A. Wagner, l. c., S. 3.

d) Messungen von Normalspannungen

Doppel-U-Rohr (Abb. 34). *Kompensationsschaltung nach Poggendorff:* Metalldraht (1 m lang) über mm-Teilung mit Abgriff (50 Ω). Voltmeter. Milliamperemeter. Normalelement. Schutzwiderstand. Akkumulator. — Kupferstab u. Kupferdraht. Zinkstab. Silberdraht. n $AgNO_3$-Lsg. n $CuCl_2$- und n $Cu(NO_3)_2$-Lsg. n $ZnCL_2$- und n $Zn(NO_3)_2$-Lsg. KCl oder $(NH_4)NO_3$. Salpetersäure.

Cu/$CuCl_2$/$ZnCl_2$/Zn

307. In die beiden äußeren Schenkel des Doppel-U-Rohres gebe man n $CuCl_2$- u. n $ZnCl_2$-Lsg.; die mittlere Röhre, mit konz. KCl-Lsg. oder NH_4NO_3-Lsg. gefüllt, verhindert als „Überführungselektrode" das Auftreten störender Potentiale an den Grenzflächen. Als Elektroden verwende man je einen Kupfer- u. Zinkstab, die man vorher durch Eintauchen in konz. Salpetersäure geätzt u. dann mit dest. W. abgespült hat.

Zur Messung benutze man die Kompensationsschaltung nach Poggendorff (Abb. 36), in der *A-B* ein Metalldraht von 1 m Länge u. 50 Ω Widerstand ist, der über einem

Maßstab mit mm-Teilung ausgespannt ist. Bei *M* ist ein verschiebbarer Abgriff. Als Spannungsquelle diene ein einzelliger Bleiakkumulator. Das Voltmeter *V* soll einen Meßbereich von ca. 2 Volt haben u. möglichst genau sein. Es dient zur Messung der Gesamtspannung, ist aber entbehrlich, wenn man über ein Normalelement verfügt, das an die Stelle des Doppel-U-Rohres geschaltet u. zur Eichung der Vorrichtung benutzt wird. Das Milliamperemeter dient als Nullinstrument und muß sehr empfindlich sein. Es zeigt keinen Ausschlag, wenn die zwischen *A* u. *M* abgegriffene Spannung gleich der Spannung im U-Rohr ist. Dies erreicht man durch entsprechendes Verschieben des Abgriffs. Um eine Überlastung des Amperemeters zu vermeiden, ist es ratsam, zunächst bei *W* einen Schutzwiderstand in den Meßkreis zu legen u. nach Grobeinstellung ohne Widerstand fein einzustellen. Man führe mehrere Messungen aus und errechne die zu messende Spannung U_x aus $U_x : U_{ges.} = AM : AB$.

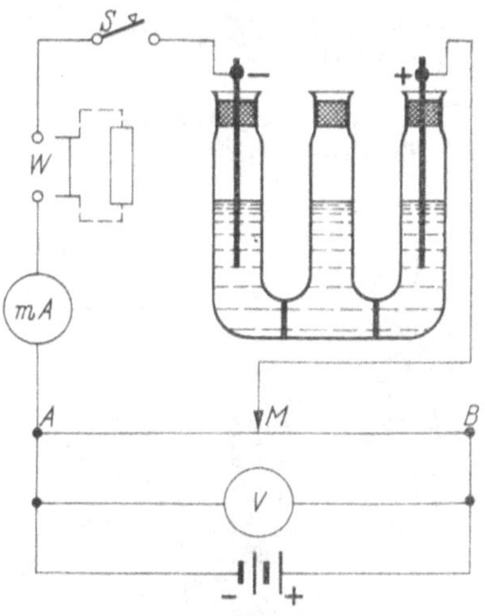

Abb. 36.

Hat man vorher an Stelle des Voltmeters ein Normalelement eingesetzt, so kann man die Gesamtspannung $U_{ges.}$ aus der obigen Gl. genauer als mit dem Voltmeter bestimmen.

Der Spannungswert ist $U_x = 1{,}109$ V.

$Ag/AgNO_3/Cu(NO_3)_2/Cu$

308. Die Messung wird in gleicher Weise wie in Vers. Nr. 307 ausgeführt, nachdem man die äußeren Schenkel mit n $AgNO_3$-Lsg. u. n $Cu(NO_3)_2$-Lsg. gefüllt hat. Als Elektroden werden Silber- u. Kupferdrähte benutzt. Die Silberelektrode ist Pluspol. $U_x = 0{,}452$ V.

Ag/AgNO₃/Zn(NO₃)₂/Zn

309. Wieder wird wie in Vers. Nr. 307 gearbeitet. Der Silberdraht ist Pluspol. $U_x = 1{,}561$ V.

Es ist also $U_x(\mathrm{Ag/Zn}) = U_x(\mathrm{Cu/Zn}) + U_x(\mathrm{Ag/Cu})$

$$1{,}561\text{ V} = 1{,}109\text{ V} + 0{,}452\text{ V}.$$

Beispiele:

System	Abgriff mm	U_{ges} V	U_x V	Mittelwert U_x V
Cu/Zn	749	1,440	1,079	1,101
	778	1,420	1,105	
	789	1,405	1,109	
	794	1,400	1,112	
Ag/Cu	230	1,99	0,458	0,453
	232	1,90	0,441	
	228	1,98	0,451	
	236	1,95	0,460	
Ag/Zn	783	1,95	1,527	1,569
	784	2,05	1,607	
	784	2,00	1,568	
	787	2,00	1,574	

A. Wagner, Pr. 9 (60) Ch. 1—3.

7. Elektrochemische Spannungsreihe

Bei der Best. der Normalspannungen (vgl. Verss. 307 bis 309) in den galvan. Ketten werden jeweils Spannungsdifferenzen zwischen den Elektroden gemessen. Will man das Einzelpotential für jede Elektrode feststellen, so muß man eine bestimmte Elektrode, nämlich die Wasserstoffelektrode, als Bezugselektrode wählen. Gibt man ihr den

Wert 0, so lassen sich die anderen Elemente nach ihren Spannungsdifferenzen zum Wasserstoff zu einer elektrochem. Spannungsreihe anordnen:

Kationenbildung: Element	Kation	Volt	*Anionenentladung:* Anion	Element	Volt
Li	Li^+	— 2,959	S^{2-}	S (fest)	— 0,508
K	K^+	— 2,924	$4\,OH^-$	$O_2 + 2\,H_2O$	+ 0,401
Ca	Ca^{2+}	— 2,76	$2\,J^-$	J_2 (fest)	+ 0,535
Na	Na^+	— 2,714	$2\,Br^-$	Br_2 (flüss.)	+ 1,065
Mg	Mg^{2+}	— 2,34	$2\,Cl^-$	Cl_2 (gasf.)	+ 1,358
Mn	Mn^{2+}	— 1,05			
Zn	Zn^{2+}	— 0,762			
Fe	Fe^{2+}	— 0,440			
Cd	Cd^{2+}	— 0,402			
Ni	Ni^{2+}	— 0,24			
Sn	Sn^{2+}	— 0,141			
Pb	Pb^{2+}	— 0,126			
H_2	$2\,H^+$	± 0,000			
Cu	Cu^{2+}	+ 0,347			
Ag	Ag^+	+ 0,799			
Hg	Hg_2^{2+}	+ 0,799			
Hg	Hg^{2+}	+ 0,854			

Die stark positiven Elemente sind imstande, Elektronen an die weniger stark positiven Elemente abzugeben. Diese Tendenz ist um so ausgeprägter, je größer die Potentialdifferenz zwischen ihnen ist. Die Metalle mit negativen Potentialen entwickeln aus verd. Säuren Wasserstoff.

a) Spannungsreiche und Ionenaustausch

310. Das Metall wird in die Ionenlsg. eines edleren Metalles eingetaucht, wobei sich das edlere Metall auf dem unedleren niederschlägt, weil eine Spannungsdifferenz entsteht, die sich ausgleicht, indem die Ionenkonz. des unedleren Metalles zunimmt u. die des edleren abnimmt:

Metall	Elektrolyt	Niederschlag	Nachweis
Mg-band	2 n $ZnSO_4$ u. verd. H_2SO_4	graues Zn	$Mg(OH)_2$-Fällg. d. NaOH; Zinkatbldg.
Zn-granalien	1 n $FeSO_4$ (frisch bereitet)	schwarzgraues Fe nach 15 Min.	$Fe(OH)_2$-Fällg. d. NaOH; Zinkatbldg.
Mg-band	1 n $FeSO_4$ (frisch bereitet)	schwarzgraues Fe	
Fe (Nagel)	4 n $SnCl_2$ unter Luftabschluß	Sn-Fällg. nach ca. 30 Min.	$Fe(OH)_2$-Fällg. d. NaOH
Zn-granalien	4 n $SnCl_2$ unter Luftabschluß	Sn-Fällg. nach ca. 30 Min.	
Mg-band	2 n $SnCl_2$	Sn-Fällg. nach ca. 30 Min.	
Sn (Stanniol)	2 n $Pb(NO_3)_2$	Pb-Fällg.	Sn-Ionen fällen a. $HgCl_2$-Lsg. Hg_2Cl_2
Fe (Nagel)	2 n $Pb(NO_3)_2$	Pb-Fällg.	$Fe(OH)_2$-Fällg. d. NaOH
Zn-granalien	1 n $Pb(NO_3)_2$	Pb-Fällg.	
Mg-band	1 n $Pb(NO_3)_2$	Pb-Fällg.	$Mg(OH)_2$-Fällg. d. NaOH; Plumbatbldg.
Pb-Streifen	4 n $Cu(NO_3)_2$	roter Cu-Überzug	$PbCrO_4$-Nd. m. $K_2Cr_2O_7$, lösl. in HNO_3
Sn (Stanniol)	4 n $Cu(NO_3)_2$ u. etwas Alkalilauge	blauweißer Nd. von $Cu(OH)_2$ u. $Sn(OH)_2$	
Fe (Nagel)	2 n $CuSO_4$	roter Cu-Überzug	$Fe(OH)_2$-Fällg. d. NaOH
Zn-granalien	2 n $CuSO_4$	braunroter Cu-Überzug	Zinkatbldg. d. NaOH

Metall	Elektrolyt	Niederschlag	Nachweis
Mg-band	1 n $CuSO_4$	blauweißer Nd. von $Cu(OH)_2$ u. $Mg(OH)_2$	
Cu-blech	1 n $AgNO_3$	Ag-Kristalle auf dem Cu	Blaufärbung d. Lsg,
Pb-Streifen	1 n $AgNO_3$	Ag-Abscheidung	$PbSO_4$-Nd. m. verd. H_2SO_4, lösl. in NaOH
Sn (Stanniol)	1 n $AgNO_3$	Ag-Abscheidung	Abtrennen des AgCl d. HCl u. Sn-Nachw. d. NaOH
Fe (Nagel)	0,5 n $AgNO_3$	Ag-Abscheidung	$Fe(OH)_2$-Fällg. d. NaOH
Zn-granalien	0,5 n $AgNO_3$ (2ml)	Ag-Abscheidung	Zinkatbldg. d. NaOH
Mg-band	0,25 n $AgNO_3$	Ag-Abscheidung	$Mg(OH)_2$-Fällg. d. NaOH
Cu-Blech	1 n $HgCl_2$	grauer Hg-Überzug, wird b. Reiben blank	Blaufärbg. d. Lsg.
Pb-Streifen	1 n $Hg(NO_3)_2$	grauer Hg-Überzug, wird b. Reiben blank	HgO-Fällg. d. NaOH; n. Filtrieren $PbCrO_4$ d. $K_2Cr_2O_7$
Sn (Stanniol)	konz. $Hg_2(NO_3)_2$	Hg-Abscheidung	Abtrennen von Hg_2CrO_4 u. Sn-Nachw. d. NaOH
Fe (Nagel)	0,5 n $HgCl_2$	Hg-Abscheidung	n. vollst. Umsatz $Fe(OH)_2$-Fällg. d. NaOH
Zn-granalien	0,5 n $HgCl_2$	Hg-Abscheidung	Zn-Nachw. d. NaOH
Mg-band	0,25 n $HgCl_2$	Hg-Abscheidung	$Mg(OH)_2$-Fällg. d. NaOH

W. Bohnsack, Pr. 4 (55) Ch. 95—97.

b) Spannungsreihe und Jodidbildung

311. In Porzellanschalen bringe man zu gleichen Teilen feinkörnigem Jod feingepulvertes Calcium, Magnesium, Zink, Eisen, Kupfer u. Silber in ungefähr stöchiometr. Verhältnissen zum Jod. Das Calcium, das meist in Spänen vorhanden sein wird, muß in der Reibschale staubfein zerrieben werden. Das Silber erhält man als feines Pulver durch Reduktion einer ammoniakal. $AgNO_3$-Lsg. durch Aldehyd u. Trocknen des Niederschlages.

Fügt man zu dem Gemisch wenige Tropfen W., so reagieren die Metalle in der Reihenfolge ihrer Aufzählung mit abnehmender Energie mit dem Jod u. bilden, meist unter Ausstoßen violetter Dämpfe, die entspr. Jodide. Beim Kupfer u. Silber muß man erhitzen. Der Wasserstoff verbindet sich mit dem Jod bekanntlich im Kugelrohr bei Ggw. von Platinasbest bei geringer Erwärmung.

Wichtig ist, daß die Korngröße der Metallpulver untereinander möglichst gleich groß ist. Ist das eine oder andere Metall infolge Oxydation inaktiv geworden, so setze man eine geringe Menge einer aktiven Metallart zu.

H. K. Brenner, Pr. 5 (56) Ch. 49.

c) Spannungsreihe von Nichtmetallen

312. Bringt man das Element zum Elektrolyt, so treten folgende Rkk. ein:

Element	Elektrolyt	Abscheidung	Nachweis
Cl_2	Konz. KBr	Br-Abscheidung	Ausschütteln m. CS_2
Br_2	KJ	J-Abscheidung	Violette J-Dämpfe b. Erhitzen
Cl_2	KJ	Braunfärbg. d. Jod u. Entfärbg. d. Jodatbldg.	

Element	Elektrolyt	Abscheidung	Nachweis
Jodaufschlämmg. in Wasser	Einleiten von H_2S	S-Abscheidg., Redukt. d. Jods zu HJ	
Br-Wasser	Einleiten von H_2S	S-Nd. und Hellerfärbg.	
Cl_2	Einleiten v. Cl_2 in H_2S-Wasser	H_2S-Geruch verschwindet	

W. Bohnsack, Pr. 4 (55) Ch. 97—98.

Bei den beschriebenen Rkk. handelt es sich um sogenannte Redoxreaktionen, bei denen Ionenumladungen erfolgt sind, die im allg. nicht vollständig nach einer Richtung laufen, sondern chem. Gleichgewichte bilden u. darum bereits zum Teil dort behandelt worden sind, z. B. unter den Nummern 151—153.

8. Wasserstoffionenkonzentration

Selbst das reinste dest. W. zeigt eine geringe Leitfähigkeit (vgl. Vers. Nr. 271). Es müssen also einige Moleküle H_2O in die Ionen H^+ u. OH^- zerfallen sein. Ihre Konz. in 1 l werde mit $[H^+]$ u. $[OH^-]$ bezeichnet u. die der H_2O-Moleküle mit $[H_2O]$. Wendet man das Massenwirkungsgesetz an, so erhält man die Dissoziationskonstante $K = [H^+]\cdot[OH^-]/[H_2O]$. Da nur wenige H_2O-Moleküle dissoziieren u. sich die Konz. der H_2O-Moleküle daher kaum ändert, kann man deren Konz. als Konstante auffassen, u. man erhält dann das Ionenprodukt des Wassers: $[H^+]\cdot[OH^-] = [H_2O]\cdot K = K_w$.

Für K_w ist der ungefähre Wert $K_w = 1\cdot 10^{-14}$ ermittelt worden. Da $[H^+] = [OH^-]$ ist, ergibt sich für $[H^+] = [OH^-] = 1\cdot 10^{-7}$. In 1 l W. sind also 10^{-7} g H-Ionen u. 10^{-7} g OH-Ionen vorhanden. Fügt man eine Säure hinzu, so muß $[OH^-]$ abnehmen, da das Ionenprod. $K_w = [H^+]\cdot[OH^-] = 10^{-14}$ erhalten bleiben muß. In einer n Säure, die völlig dissoziiert ist, ist $[H^+] = 1 = 10^0$ u. $[OH^-] =$

10^{-14}: in einer 0,1 n Säure ist $[H^+] = {}^1/_{10} = 10^{-1}$ u. $[OH^-] = 10^{-13}$, in einer 0,01 n Säure ist $[H^+] = 10^{-2}$ usf. bis $[H^+] = 10^{-7}$. Für die Basen kann man die gleiche Betrachtung durchführen: $[H^+]$ geht dann von 10^{-14} bis 10^{-7} (Neutralpunkt).

An Stelle der Potenzen mit negativen Exponenten schreibt man als Wasserstoffionenkonzentration deren positive Logarithmen u. bezeichnet diese mit p_H; es ist also

$[H^+]$	$10^0 (=1)$	10^{-1}	10^{-2} ...	10^{-6}	10^{-7}	10^{-8} ...	10^{-13}	10^{-14}
p_H	0	1	2	6	7	8	13	14

sauer ← | → basisch

Die Wasserstoffionenkonz. läßt sich

a) auf elektrometr. Wege,

b) mittels sogenannter Indikatoren bestimmen.

a) Elektrometrische Methoden

Leitfähigkeitsmessung von destilliertem Wasser (vgl. auch Vers. Nr. 271):

313. Man tauche in dest. W. zwei V2A-Stahlplatten, schalte einen Wechselstrom ein u. lese die Stromstärke ab. Dann erhält man die Ionenkonz. $K = f(t) \cdot I\, d/U\, q$. Darin ist $f(t)$ ein von der Temp. t abhängiger Faktor, I die Stromstärke, d der Elektrodenabstand, U die Spannung u. q der Querschnitt der Elektroden. Aus K erhält man $p_H = -\lg K$.

Beispiel: Bei einem Plattenquerschnitt $q = 48{,}45\ \text{cm}^2$, einem Elektrodenabstand $d = 18{,}9$ cm u. der Spannung $U = 130$ V erhält man bei 16° C die Stromstärke $I = 0{,}00176$ A. Daraus folgt, da f (16°) = 0,0387 ist,

$$K = 0{,}0387 \cdot \frac{0{,}001\,76 \cdot 18{,}9}{130 \cdot 48{,}45} = \frac{38{,}7 \cdot 17{,}6 \cdot 18{,}9}{130 \cdot 48{,}45}\, 10^{-7} = 2{,}004 \cdot 10^{-7}$$

u. schließlich $p_H = -\lg K = 7 - \lg 2{,}044 = 6{,}67$.

E. Bader, MNU **13** (60/61) 122; vgl. A. Jenette, Pr. **6** (57) Ch. 59.

Zur mathemat. Ableitung der Gl. vgl. E. Bader, l. c., 120—122.

Kompensationsverfahren nach Poggendorff

314. Hat man ein Normalelement, ein empfindliches Galvanometer oder ein Kapillarelektrometer nach OSTWALD-LUTHER u. eine Chinhydronbezugselektrode (s. auch Nr. 333) zur Verfügung, so erlaubt das abgebildete Schema (Abb. 37) folgende Schaltungen:

a—d: Normalelement allein eingeschaltet,
a—c: Konzentrationskette in Reihe mit Normalelement,
b—c: Konzentrationskette allein eingeschaltet,
b—d: Alle Verbindungen unterbrochen.

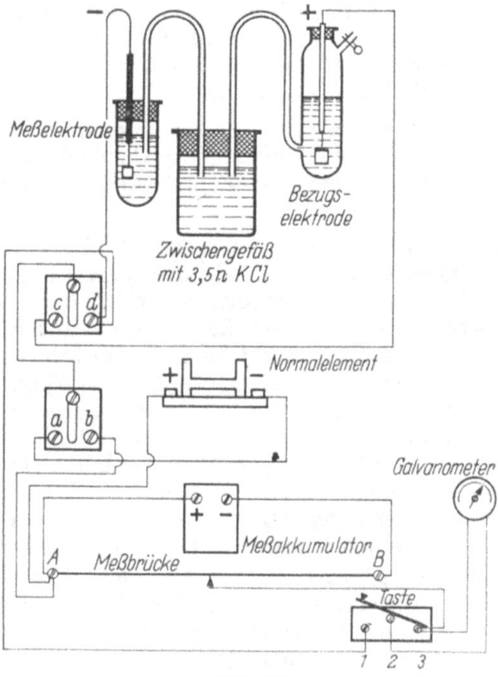

Abb. 37.

Kurzschlußtaste 1—2: Messung; 2—3: Ruhe. Das Kapillarelektrometer (Galvanometer) dient als Nullinstrument u. wird nur zur Messung ganz kurze Zeit eingeschaltet.

Die Bezugselektrode wird mit einer Lsg. aus gleichen Teilen 0,02 n Salzsäure u. 0,18 n KCl-Lsg. durch Ansaugen gefüllt, wobei darauf zu achten ist, daß im Glasheber, der nach der Füllung in das Zwischengefäß mit 3,5 n KCl-Lsg. eintaucht, keine Luftblasen sind. Dann gebe man eine Messerspitze Chinhydron zu u. tauche die Platinelektrode ein. Gleiche Sorgfalt ist auf den KCl-Agar-Agar-Heber zu verwenden, dessen Füllung aus einem Gemisch aus 5 g Agar-Agar, 5 g Gelatine, 76 g KCl u. 180 ml dest. W. besteht. Die 5 g Agar sind vorher 24 Std. lang im laufenden W. zu wässern; die dabei auftretende Gewichtszunahme ist auf die 180 ml Wasser anzurechnen.

Die Meßelektrode enthält die zu prüfende Flüssigkeit, der man ebenfalls eine Messerspitze Chinhydron zusetzt, bevor man den Stopfen mit Platinelektrode u. Agarheber einsetzt.

Nachdem der Meßakkumulator etwa 10 Min. eingeschaltet war, schalte man den Kontakt a—d, drücke ganz kurz auf die Taste u. beobachte den Ausschlag des Galvanometers, bzw. den Faden des Kapillarelektrometers. Zeigt es einen Ausschlag, so verschiebe man den Schleifkontakt so lange, bis nach wiederholtem Schalten der Zeiger, bzw. Faden auf Null bleibt, u. lese auf der Meßbrücke die Stellung p des Schleifkontaktes ab. Genau so verfahre man mit der Konzentrationskette, die man durch b—c einschaltet, u. lese bei Nullstellung q auf der Brücke ab. Zwischen der unbekannten Spannung U_x und der konstanten Spannung U_0 des Normalelementes gilt die Beziehung $U_x : U_0 = q : p$ oder $U_x = U_0 \cdot q/p$. Die elektromotor. Kraft U_0 des Cadmiumnormalelementes beträgt bei Zimmertemperatur $U_0 = 1{,}0185$ V. Aus U_x erhält man den p_H-Wert $p_H = 2{,}03 + U_x/\vartheta$, wobei der Umrechnungsquotient ϑ aus folgender Tabelle in mV abgelesen werden kann:

Temp.	15° C	16° C	17° C	18° C	19° C	20° C	21° C	22° C
ϑ mV	57,1	57,3	57,5	57,7	57,9	58,1	58,3	58,5

Die Chinhydronelektrode hat einen beschränkten Meßbereich von $p_H = 2{,}03$ bis 7,75, bzw. nach Vertauschung der Pole der Konzentrationskette von $p_H = 0$ bis 2,03. Bei stärkerer Alkalität zersetzt sich das Chinhydron, so daß man dann besser mit einer Wasserstoffelektrode arbeitet, bzw. fertige Instrumente, wie z. B. den p_H-Messer von HARTMANN und BRAUN, benutzt.

R. Nelkenbrecher, P. **48** (35) 249—251; H. Weis, Pr. **5** (56) Ch. 57—61; vgl. H. Valentin, P. **54** (41) 11—12; F. Schulte, Pr. **9** (60) Ch. 15—19.

Beispiele:

Man stelle sich ein Standardacetatgemisch nach MICHAELIS aus 50 ml n Natronlauge, 10 ml n Essigsäure u. 450 ml dest. W. her. Es werden 149,4 mV = 0,1494 V gefunden, u. es ergibt sich bei 18° C der Wert $p_H = 4{,}62$.

Ein Phosphatgemisch aus gleichen Teilen $^1/_{15}$ mol. KH_2PO_4 u. $^1/_5$ mol. Na_2HPO_4 ergibt $p_H = 6{,}81$.

R. Nelkenbrecher, l. c., S. 251.

b) Indikatormethoden

315. Es gibt eine große Zahl von Farbstoffen, welche in Lsgg. verschied. p_H-Werte verschied. Färbungen annehmen u. dadurch den p_H-Wert der Lsg. anzeigen. Solche Farbumschläge zeigen z. B. folgende Indikatoren:

Indikator	Konz.	Lösungsmittel	Umschlagsintervall	p_H-Werte
Methylviolett	0,1%	Wasser	0,1—3,2	0 gelb, 1 grün, 2 blau, 3 violett
Methylorange	0,1%	Wasser	3,1—4,4	3 rot, 4 orange, 5 gelb
Bromphenolblau	0,1%	20% Alkohol	3,0—4,6	3 gelb, 4 schwachviolett, 5 blauviolett

Indiktator	Konz.	Lösungsmittel	Umschlagsintervall	p_H-Werte
Methylrot	0,2%	90% Alkohol	4,4–6,2	4 rot, 5 gelbrot, 6 gelb
Bromkresolpurpur	0,1%	20% Alkohol	5,2–6,8	5 gelb, 6 schwachviolett, 7 purpur
Bromthymolblau	0,1%	20% Alkohol	6,2–7,6	6 gelb, 7 grünblau. 8 blau
Neutralrot	0,1%	70% Alkohol	6,8–8,0	6 rot, 7 gelb. 8 gelb
Phenolphthalein	0,1%	70% Alkohol	8,0–10,0	8 farblos, 9 schwach rosa, 10 rot
Alizaringelb G	0,1%	Wasser	10–12	10 schwachgelb 11 rotgelb, 12 rosa
Indigo	1:40		12–14	12 blau, 13 grün, 14 gelb

P. Schneider, P. **42** (29) 29.

Die Indikatoren überdecken die gesamte p_H-Skala von 0 bis 14 u. nehmen innerhalb ihrer Umschlagsbereiche die genannten Farbänderungen in stufenlosem Übergang an. Da ihre Anwendung recht umständlich ist, ist man dazu übergegangen, sogenannte Universalindikatoren herzustellen, die den p_H-Wert unmittelbar anzeigen.

α) Herstellung eines Universalindikators

316. Man stelle folgende Lsgg. her:

Indikator	Menge g	0,05 n NaOH ml	Dest. Wasser ml	Alkohol ml
Bromphenolblau	0,4	12	1000	
Methylrot	0,2		400	600
Bromkresolpurpur	0,4	14,8	1000	
Bromthymolblau	0,4	12,8	1000	

und mische 4 Vol.-Teile Bromphenolblau-, 6 Vol.-Teile Methylrot-, 1 Vol.-Teil Bromkresolpurpur- u. 4 Vol.-Teile Bromthymolblau miteinander. Der Indikator zeigt dann innerhalb $p_H = 3{,}5 - 7{,}6$ folgende Farbskala:

p_H-Wert	3,5–4,9	5,0–5,4	5,5–5,7	5,8–6,0	6,0–6,5	6,6–6,8	6,9–7,6
Farbton	rot	rosa	bräunl	grau-grün	grün	grün-blau	blau

β) p_H-Werte von Säuren

317. Man stelle aus n Salzsäure durch entspr. Verdünnen 0,1 n, 0,01 n u. 0,001 n Lsgg. her u. setze zu je 10 ml 3 Tropfen Methylviolett. Die benutzten Geräte müssen aus Jenaer Glas bestehen, u. das verwendete dest. W. muß wegen seines etwaigen CO_2-Geh. vorher ausgekocht werden.

Vergleiche die p_H-Werte der entspr. Essigsäure-Konzz. mit denen der Salzsäure!

Verdünne ihre Lösungen noch weiter u. prüfe die p_H-Werte mit dem selbst hergestellten Universalindikator!

H. Barnstorf, P. **44** (31) 258; R. Nelkenbrecher, P. **48** (35) 248—249; T. Schulze, Ubl. **43** (37) 90—91.

Untersuchungsmethoden

Verschied. Firmen haben „*Universalindikatoren*" hergestellt, die die innerhalb des angezeigten Meßbereiches gefundenen p_H-Werte anzeigen. Zur Best. gebe man zu 10 ml der Probe 3—6 Tropfen der Indikatorflüssigkeit u. vergleiche die entstandene Färbung mit der beigefügten Farbskala, oder man benutze die Tüpfelplatte, in deren Vertiefung 1 Tropfen Indikator zur Probe gegeben wird. Neben den fl. Indikatoren werden auch *Indikatorpapiere* hergestellt, die, in die zu untersuchende Lsg. getaucht, den p_H-Wert durch Vgl. mit einer beigegebenen Farbskala anzeigen. Schließlich seien noch die *Spezialpapiere* genannt, die sogar das Ablesen von Dezimalen der p_H-Werte gestatten.

318. Untersuche n, 0,1 n, 0,01 n . . . Salzsäure mit einem der käuflichen Indikatoren u. stelle die p_H-Werte fest.

H. Daecke, MNU **6** (53/54) 227—228.

Untersuchung der p_H-Werte verschiedener Verdünnungsgrade der Essigsäure

Da schwache Säuren wenig dissoziiert sind, ist die Gleichgewichtskonstante wegen der geringen Zahl von H-Ionen u. Anionen (A^-) verhältnismäßig klein. Fün n Essigsäure gilt

$$K = \frac{[H^+]\cdot[A^-]}{[HA]} = 1{,}75 \cdot 10^{-5}$$

Man logarithmiere die Gl. $\lg[H^+] + \lg[A^-] = \lg K + \lg[HA]$ u. erhält, da in reinen Säuren $[A^-] = [H^+]$ ist:

$$2\lg[H^+] = \lg K + \lg[HA]$$
$$p_H = -\lg[H^+] = -\tfrac{1}{2}\lg K - \tfrac{1}{2}\lg[HA]\ .$$

Da [HA] für n Essigsäure 1, für 0,1 n Essigsäure 0,1 usw. ist, so erhält man

für n Essigsäure $p_H = -\tfrac{1}{2}\lg(1{,}75\cdot 10^{-5}) - \tfrac{1}{2}\lg 1 =$

$$= -\tfrac{1}{2}\lg(1{,}75\cdot 10^{-5}) = -\tfrac{1}{2}\lg 10^{x}\ .$$

Aus den beiden letzten Ausdrücken folgt

$$1{,}75\cdot 10^{-5} = 10^{x}$$
$$x = \lg 1{,}75 - 5\cdot\lg 10 = 0{,}2430 - 5 = -4{,}76$$
$$p_H = -\tfrac{1}{2}\lg 10^{-4{,}76} = 2{,}38\ .$$

Für 0,1 n Essigsäure ist $p_H = -\tfrac{1}{2}\lg(1{,}75\cdot 10^{-5}) - \tfrac{1}{2}\lg 0{,}1 =$
$= +2{,}38 + 0{,}5 = +2{,}88\ ,$

für 0,01 n Essigsäure $p_H = +3{,}38\ ,$

für 0,001 n Essigsäure $p_H = +3{,}88\ .$

Man hätte auch rechnen können:

$$[H^+] = \sqrt{K\cdot[HA]}\ .$$

319. Stelle n, 0,1 n, 0,01 n u. 0,001 n Essigsäure her u. prüfe deren p_H-Werte mit verschied. Indikatoren. Bei Lyphanpapier erhält man den p_H-Wert sofort, bei den Merckpapieren erst nach einer halben Minute.

Vergl. die erhaltenen Werte mit den berechneten! In stark verd. Lsgg. weichen die gefundenen Werte von den berechneten etwas ab.

H. Daecke, l. c., S. 228—229; vgl. auch H. Daecke, MNU **8** (55/56) 205—213; **9** (56/57) 273—281; H. Wagner, MNU **9** (56/57) 229; H. Weiss, MNU **11** (58/59) 72—73.

γ) Temperaturabhängigkeit des p_H-Wertes

320. Man gieße ein Reagenzglas mit einer Lsg. von Zelluloid in Aceton aus, um das Glas vor der ätzenden Wrkg. der Flußsäure zu schützen. Nach dem Austrocknen fülle man n Flußsäure u. einige Tropfen Methylviolett in das Glas. Setzt man die untere Hälfte in Eis, so ist die Färbung dort violett ($p_H = 3$) u. oben blau ($p_H = 2$).

Die Dissoziation geht bei Abkühlung zurück.

W. A. Roth, P. **50** (37) 152.

c) Hydrolyse

321. Stelle 0,2 *n* Lsgg. von NaCl, NH_4Cl, Na_2HPO_4, KNO_2, Na_2CO_3 u. Na_2S her u. prüfe ihre p_H-Werte. Dabei zeigt sich, daß nur die NaCl-Lsg. neutral ($p_H = 7$) reagiert, daß die NH_4Cl-Lsg. sauer ($p_H = 5$) ist u. die Na- u. K-Salze schwacher Säuren um so stärker bas. reagieren, je schwächer die Säure ist.

Betrachtet man als Beispiel die wss. Lsg. eines Salzes BA aus einer starken Base BOH u. einer schwachen Säure HA, so müssen bei der Dissoziation die schwachdissoziierenden Anionen aus dem W. H-Ionen aufnehmen, so daß die entspr. Anzahl OH-Ionen übrigbleibt: $B^+ + A^- + H_2O \rightarrow HA + B^+ + OH^-$. Die Lsg. muß daher alkal. reagieren. Umgekehrt ist es bei Salzen aus schwachen Basen u. starken Säuren. Eine wss. Lsg. von NH_4Cl reagiert schwach sauer, weil die NH_4-Ionen Protonen an W. abgeben u. Hydronium-Ionen bilden: $NH_4^+ + H_2O \rightleftharpoons NH_3 + H_3O^+$.

Auch Metallionen geben mit starken Säuren Salze, die in wss. Lsg. sauer reagieren, weil die Hydrathülle der Metallionen Protonen an das W. abgibt; so reagiert eine Alaunlsg. z. B. sauer, weil nach der Gl. $[Al(H_2O)_6]^{3+} + H_2O = [Al(OH)(H_2O)_5]^{2+} + H_3O^+$ wieder Hydronium-Ionen entstehen.

α) Hydrolysengrad einer 2 n Ammoniumchloridlösung bei 18°

322. Die Lsg. zeigt den p_H-Wert 5, besitzt also die gleiche Azidität wie eine 0,00005 n Salzsäure. Zur Best. des Hydrolysengrades verdünne man 3 Tropfen n Salzsäure nach Zusatz eines Universalindikators bis zum p_H-Wert 5 u. titriere 50 ml dieser verd. Lsg. mit 10^{-3} n Natronlauge bis zum p_H-Wert 7. Ein Verbrauch von a ml der 10^{-3} n Natronlauge entspricht $a \cdot 10^{-3}$ Mol HCl in 50 ml, also $2 \cdot a \cdot 10^{-5}$ Mol HCl/ml. Da es sich um eine 2 n NH_4Cl-Lsg. handelt, wäre der hydrolyt. Zerfall h bei einer Bldg. von 2 Mol HCl/l vollständig. In diesem Falle beträgt der Zerfall bei 18° C $h_{18} = (2\,a \cdot 10^{-5}/2) \cdot 100 = a \cdot 10^{-3}$ %.

Beispiel: 50 ml der 2 n NH_4Cl-Lsg. entsprechen den 50 ml Salzsäure, die 1,5 ml 10^{-3} n Natronlauge verbrauchen. Der Hydrolysengrad beträgt also $h_{18} = 1{,}5 \cdot 10^{-3}$ % = 0,0015 %.

β) Temperaturabhängigkeit der Hydrolyse

Hydrolyse der 2 n Ammoniumchloridlösung bei 100° C

323. Der Vers. wird in gleicher Weise wie der vorige ausgeführt. Man erhitze die Lsg. während des Vers. mehrfach zum Sieden, ohne sie lange kochen zu lassen.

Beispiel: Die Lsg. zeigt bei 100° C den p_H-Wert 4. 50 ml einer Salzsäure mit gleichem p_H-Wert verbrauchen 4,05 ml 0.001 n Natronlauge. Die 50 ml Salzsäure enthalten $4.05 \cdot 10^{-3}$ Mol HCl, 1 ml enthält $8{,}1 \cdot 10^{-5}$ Mole HCl. Der hydrolyt. Zerfall h der NH_4Cl-Lsg. beträgt $h_{100} = 4{,}05 \cdot 10^{-3}$ %, ist also 2,7 mal so groß wie bei Zimmertemperatur.

H. Barnstorf, P. **44** (31) 259—260.

d) Pufferlösungen

Hierbei handelt es sich um ein chem. Syst., das seinen p_H-Wert trotz Säuren oder Basenzusatz konstant zu halten sucht. Es soll also, den jeweiligen Erfordernissen entspr.,

H-Ionen binden oder in Freiheit setzen. Es besteht aus zwei Komponenten, welche abwechselnd in Funktion treten, je nachdem, ob dem Syst. von außen her H-Ionen zugeführt oder aus ihm entnommen werden. Am bekanntesten sind die Gemische aus Essigsäure u. Natriumacetat u. aus primärem u. sekundärem Na-phosphat: $H_2PO_4^- \rightleftarrows H^+ + HPO_4^{2-}$. Immer handelt es sich um eine schwache Säure mit ihrem stark bas. Salz oder umgekehrt. Puffer spielen in der Wissenschaft, in der Technik, in der Physiologie u. vielen anderen Gebieten eine große Rolle.

α) Acetatpulver

$$CH_3\,COOH \rightleftarrows H^+ + CH_3COO^-,$$
$$CH_3\,COO\,Na \rightleftarrows Na^+ + GH_3COO^-$$

1) *Bestimme den p_H-Wert einer Mischung aus a ml einer 0,2 n Essigsäure und (100 – a) ml einer 0,2 n Na-acetatlösung!*

Betrachtet man zunächst nur die Essigsäure, dann ist bei a ml in 100 ml ihre Konz. $0{,}2 \cdot a/100$. Ist der Dissoziationsgrad α, so sind $\alpha \cdot 0{,}2 \cdot a/100$ Moleküle in Ionen gespalten, so daß man für die Konz. der Essigsäure

$$[HAc] = 0{,}2 \cdot \frac{a}{100} - \alpha \cdot 0{,}2 \cdot \frac{a}{100} = (1-\alpha) \cdot 0{,}2 \cdot \frac{a}{100}$$

erhält.

Der Anteil der Anionen setzt sich zusammen aus $\alpha \cdot 0{,}2 \cdot a/100$ Essigsäureanionen u. $0{,}2 \cdot a/100$ Anionen des völlig dissoziierten Na-acetats:

$$[Ac^-] = \alpha \cdot 0{,}2 \cdot \frac{a}{100} + 0{,}2 \cdot \frac{100-a}{100}\,.$$

Setzt man die Werte in $[H^+[\cdot [Ac^-] = K \cdot [HAc]$ ein, so erhält man

$$[H^+] = K \cdot \frac{[HAc]}{[Ac^-]} = K \cdot \frac{0{,}2\,\frac{a}{100}\,(1-\alpha)}{\alpha \cdot 0{,}2\,\frac{a}{100} + 0{,}2\,\frac{100-a}{100}}\,.$$

$$\cdot\,(K = 1{,}75 \cdot 10^{-5},$$ s. S. 228)

Da α sehr klein ist, kann man es vernachlässigen u. erhält

$$[H^+] = K \cdot \frac{a}{100-a} \quad \text{oder} \quad p_H = p_K + \lg(100-a) - \lg a$$

u. nach Einsetzen von

$$p_K = -\lg 1{,}75 \cdot 10^{-5} = -\lg 10^{-4{,}76} = 4{,}76$$

für a ml	1	10	50	90	99
p_H	6,76	5,71	4,76	3,81	2,76

Nur die Pufferlösungen sind brauchbar, deren p_H-Wert im Intervall 1,7 von $p_K = 4{,}76$, also innerhalb der Grenzen $p_H = 6{,}5$ u. 3 bleibt.

2) *In welchem Verhältnis muß man 0,2 n Lösungen von Essigsäure und Na-acetat mischen, um einen bestimmten p_H-Wert zu erhalten?*

Aus

$$[H^+] = K \cdot \frac{a}{100-a}$$

ergibt sich

$$a = \frac{100 \cdot [H^+]}{K + [H^+]}$$

und nach Einsetzen von $p_H = 3$

$$a_3 = \frac{100 \cdot 10^{-3}}{1{,}75 \cdot 10^{-5} + 10^{-3}} = \frac{100}{1{,}0175} = 98{,}28\,,$$

nach Einsetzen von $p_H = 4$

$$a_4 = \frac{100 \cdot 10^{-4}}{1{,}75 \cdot 10^{-5} + 10^{-4}} = 85{,}1 \quad \text{usw.}$$

Erforderlich sind also für

p_H	3	4	5	6	7
a ml HAc	98,28	85,1	36,4	5,4	0,57
$(100-a)$ ml NaAc	1,75	14,9	63,6	94,6	99,43

Die Werte lassen sich noch verbessern, wenn man den wirklichen Dissoziationsgrad α' des Na-acetats berücksichtigt. Es ist nicht völlig dissoziiert.

Für die 0,2 n Lösung ist $\alpha' = 0{,}8$, so daß

$$[H^+] = K \cdot \frac{a}{\alpha' \cdot (100 - a)} \quad \text{u.} \quad a = \frac{100 \cdot [H^+] \cdot \alpha'}{K + [H^+] \cdot \alpha'}$$

werden.

Dann erhält man für $p_H = 3$

$$a_3 = \frac{100 \cdot 10^{-3} \cdot 0{,}8}{1{,}75 \cdot 10^{-5} + 10^{-3} \cdot 0{,}8} = \frac{80}{0{,}8175} = 97{,}9\,,$$

für $p_H = 4$

$$a_4 = \frac{80}{0{,}975} = 82{,}1 \quad \text{usw.}$$

Die korrigierten Werte zeigen jetzt folgende Mischungsverhältnisse für

p_H	3	4	5	6
a ml HAc	97,9	82,1	31,37	4,37
$(100-a)$ ml NaAc	2,1	17,9	68,63	95,63

H. Daecke, MNU 6 (53/54) 230—231.

3) Wie ändert sich der p_H-Wert eines 0,1 n Essigsäure-Acetatspuffers nach Zusatz steigender Salzsäuremengen?

324. Mischt man gleiche Teile 0,2 n Essigsäure u. 0,2 n Natriumacetatlsg., so hat das Gemisch den p_H-Wert 4,76. Fügt man 0,01 Mol Salzsäure hinzu, so reagiert die Salzsäure mit dem Acetat unter Bldg. von 0,01 Mol Essigsäure. Die Lösung enthält dann 0,11 Mol Essigsäure u. 0,09 Mol Acetat in 1 l u. ergibt

$$[H^+] = 1{,}75 \cdot 10^{-5} \cdot \frac{0{,}11}{0{,}09} = 2{,}139 \cdot 10^{-5}$$

$$p_H = -\lg 2{,}139 + 5 \cdot \lg 10 = -0{,}3302 + 5 = 4{,}67\,.$$

Fügt man 0,05 Mol Salzsäure hinzu, so hat man 0,15 Mol Essigsäure u. 0,05 Mol Acetat; folglich ist

$$[H^+] = 1{,}75 \cdot 10^{-5} \cdot \frac{0{,}15}{0{,}05} = 5{,}25 \cdot 10^{-5} = 10^{-4{,}28};\ p_H = 4{,}28$$

und nach Zusatz von 0,8 Mol Salzsäure

$$[H^+] = 1{,}75 \cdot 10^{-5} \cdot \frac{0{,}18}{0{,}02} = 15{,}75 \cdot 10^{-5} = 10^{-3{,}80};\ p_H = 3{,}80\,.$$

Vergleicht man die p_H-Werte der reinen Salzsäure mit denen des Salzsäure-Puffergemisches

HCl in Mol	p_H	p_H des HCl-Acetatpuffers
—	—	4,76
0,01	2,02	4,67
0,05	1,30	4,28
0,08	1,12	3,80
0,1	1,00	2,73

so erkennt man, daß die Pufferkapazität für 0,01 Mol Salzsäure ausreicht, für 0,05 Mol schon merklich beansprucht wird, für 0,08 Mol dagegen deutlich überschritten wird, da ihr p_H-Wert fast um eine volle Einheit abnimmt.

Prüfe die Ergebnisse mit verschied. Indikatoren nach! Füge zu 10 ml 0,1 n Essigsäure-Acetatpuffer 1—8 ml 0,1 n Salzsäure oder 0,1 n Natronlauge, stelle die p_H-Werte theoret. u. experimentell fest u. zeichne die gefundenen Werte auf mm-Papier!

H. Daecke, l. c., S. 232—233; H. Weiss, MNU **11** (58/59) 73; F. Schulte, Pr. **9** (60) Ch. 13—15; vgl. T. Schulte, Ubl. **43** (37) 92; P. Carstens, MNU **3** (50/51) 36—37; H. Wagner, MNU **9** (56/57) 229—236.

β) Phosphatpuffer: $H_2PO_4^- \rightleftharpoons H^+ + HPO_4^{2-}$

325. Untersuche den p_H-Wert einer Mischung aus 3,9 ml einer $^1/_{15}$ mol. KH_2PO_4-Lösung u. 6,1 ml einer $^1/_{15}$ mol. Na_2HPO_4-Lösung!

$(p_H = 7)$

326. Verdünne den Puffer auf das 10-fache Volumen u. zeige, daß der p_H-Wert sich nicht ändert!

327. Setze zum ursprünglichen Phosphatpuffer langsam ansteigende Mengen 0,1 n Salzsäure u. 0,1 n Natronlauge u. stelle die Kapazität des Puffers fest!

P. Carstens, l. c., S. 37; H. Daecke, l. c., S. 232; H. Weiss, l. c., S. 73 bis 74.

γ) Carbonatpuffer

Seine Wirksamkeit ist bedingt durch die Gleichgewichte

$$NaHCO_3 \rightleftarrows Na^+ + HCO_3^-$$

und

$$HCO_3^- + H^+ \rightleftarrows H_2CO_3 \rightleftarrows H_2O + CO_2$$

P. Carstens, l. c., S. 37.

9. Löslichkeitsprodukt

Für einen Elektrolyten AB, dessen wss. Lsg. gesättigt ist u. mit dem ungelösten Bestandteil im Gleichgewicht steht, gilt das Ionen- oder Löslichkeitsprodukt $[A^+] \cdot [B^-] = L$ und für einen Elektrolyten von der Zus. AB_2 gilt $[A^{2+}] \cdot [B^-]^2 = L$

Wird zur gesätt. Lsg. eines Elektrolyten die Lsg. eines anderen Elektrolyten gegeben, dessen Kationen oder Anionen mit denen des ersten Elektrolyten übereinstimmen, so wird dessen Löslichkeitsprod. überschritten, so daß Niederschlagsbldg. eintritt. Bilden jedoch beide Elektrolyte lösl. Komplex- oder Doppelsalze miteinander, so kann die Fällung ausbleiben.

a) $KClO_3$-Fällung

328. Werden folgende konz. Lsgg. zusammengegeben: $KClO_3$ u. $NaClO_3$ oder $KClO_3$ u. KCl, so fallen stets $KClO_3$-Kristalle aus, während $KClO_3$- u. NaCl-Lösungen keinen Nd. bilden.

A. Weis, P. **42** (29) 159.

b) Bestimmung der Ionen in reiner Bleichchloridlösung

329. Eine gesätt. $PbCl_2$-Lsg. erhält man durch Auflösen von $PbCl_2$ in 50—80° warmem W. u. Abkühlenlassen auf Zimmertemp. Aus 20 ml der gesätt. u. mit 10 ml dest. W. verd. Lsg. wird durch Einleiten von Schwefelwasserstoff alles Blei als Sulfid gefällt: $Pb^{2+} + H_2S \rightarrow PbS\downarrow + 2\,H^+$. Man filtriere den Nd., wasche ihn zweimal mit je 10 ml dest. W. u. erhitze das vereinigte Filtrat so lange zum schwachen Sieden, bis es nicht mehr nach Schwefelwasserstoff riecht. Dann versetze man es mit 3 Tropfen Methylrot u. titriere mit 0,1 n Natronlauge bis zum Farbumschlag. Aus der verbrauchten Menge Natronlauge erhält man den Geh. der Lsg. an Salzsäure. an $PbCl_2$ u. an Pb-Ionen. Den Geh. an Cl-Ionen bestimme man, indem man die abgekühlte Lsg. mit 1 ml einer 5%ig. K_2CrO_4-Lsg. versetzt u. mit 0,1 n $AgNO_3$-Lsg. bis zum Auftreten des roten Silberchromats titriert. Da 1 Mol $PbCl_2$ (278,2 g) 2 g-Ionen Wasserstoff freimacht, so entsprechen 0,0139 g $PbCl_2$ 1 ml 0,1 n Natronlauge. Hat man also beim Titrieren a ml 0,1 n Natronlauge verbraucht, so sind $a \cdot 0{,}0139$ g $PbCl_2$ in den 20 ml u. $50 \cdot a \cdot 0{,}0139$ g $PbCl_2$ in 1 l, folglich $50 \cdot a \cdot 0{,}01036$ g Pb-Ionen in 1 l.

Einem Verbrauch von b ml 0,1 n Ag-nitratlösung entsprechen $50 \cdot b \cdot 0{,}00355$ g Cl-Ionen pro l.

Dividiert man die Mengen der Pb- u. Cl-Ionen durch die Atomgewichte von Pb (207) u. Cl (35,5), so erhält man die Pb- u. Cl-Konz. u. daraus das Löslichkeitsprodukt

$$L = [Pb^{++}] \cdot [Cl^-]^2 = 1{,}8 \cdot 10^{-4}.$$

c) Bestimmung der Ionen einer an Bleichchlorid gesättigten Lösung in Kaliumchloridlösungen verschiedener Konzentration

330. Die verschied. KCl-Konzz. bereite man durch Vormischen eines best. Vol. einer 1 n oder 2 n KCl-Lsg. mit einer abgemessenen Menge der gesätt. $PbCl_2$-Lösung. So erhält man z. B. eine an $PbCl_2$ gesätt. 0,02 n KCl-Lsg. durch Einfüllen von 2 ml einer n KCl-Lsg. in einen 100 ml-Meßkolben u. Auffüllen des Kolbens mit gesätt. Pb Cl_2-Lösung. Die Lsgg. sind zunächst übersättigt; man kann sie erst nach 2 Tagen benutzen.

Untersuchen lassen sich am besten 0,02—0,04—0,06 . . . 0,1 n KCl-Lsgg., weil die Löslichkeitsunterschiede des

$PbCl_2$ für diese Konzz. recht groß sind. Für höhere Konzz. verwende man wegen der geringen $PbCl_2$-Menge 50 ml zur Best. des gelösten $PbCl_2$, während man zur Best. der Cl-Ionen von 20 ml ausgeht u. die 0,1 n $AgNO_3$-Lsg. ev. entspr. verdünnen muß.

Die Best. der Pb- u. Cl-Ionen ist in Vers. Nr. 329 beschrieben.

Nach Durchführung einer Versuchsreihe empfiehlt es sich, die erhaltenen $PbCl_2$-Mengen als Funktionen der KCl-Lsgg. graph. darzustellen. Man erhält eine hyperbelartige Kurve.

Beispiel: Löslichkeit von $PbCl_2$ in dest. W. u. in KCl-Lsgg. versch. Konz. bei 20—25° C:

Konz. d. KCl-Lsg.	g $PbCl_2$ in 100 ml	g Pb-Ion. in 1 l	g Cl-Ion. in 1 l	$[Pb^{2+}]$ (1 l)	$[Cl^-]$ (1 l)	$L = [Pb^{2+}][Cl^-]^2$
dest. W.	0,932	6,945	2,488	0,034	0,070	$1,7 \cdot 10^{-4}$
0,02 n	0,768	5,723	2,826	0,028	0,080	$1,8 \cdot 10^{-4}$
0,04 n	0,650	4,842	3,229	0,023	0.091	$1,9 \cdot 10^{-4}$
0,06 n	0,535	3,991	3,530	0,019	0,099	$1,9 \cdot 10^{-4}$
0,08 n	0,432	3,217	3,836	0,016	0,108	$1,8 \cdot 10^{-4}$
0,10 n	0,336	2,502	4,459	0,012	0,126	$1,9 \cdot 10^{-4}$
0,25 n	0,206					
0,50 n	0,151					
0.75 n	0,122					
1,00 n	0,102					

K. Holthusen, Pr. **9** (60) Ch. 22—24.

d) System Bleijodid-Kaliumjodid

331. Wird eine kaltgesätt. PbJ_2-Lsg. mit einem KJ-Kristall versetzt, so scheidet sich PbJ_2 in gelben Flittern ab. Ein Überschuß von KJ zur PbJ_2-Lsg. bringt aber den PbJ_2-Nd. wieder in Lsg., da sich das lösl. $KPbJ_2 \cdot 2\,H_2O$ bildet. Seine gelben Kristalle werden bei Ggw. von Feuchtigkeit dunkelgelb; es wird deshalb auch zum Nachw. von W. verwendet.

Wird $Pb(NO_3)_2$ zur PbJ_2-Lsg. gesetzt, so tritt ebenfalls kein PbJ_2-Nd. auf, weil beide Salze eine wasserlösl. Additionsverb. bilden.

W. Seeger, MNU 7 (54/55) 186; E. Ströker, MNU 9 (56/57) 188.

10. Potentiometrische Titrationen

a) Silberbestimmung mittels Silberdrahtelektroden

2 Bechergläser. Galvanometer oder Milliamperemeter. 2 T-Röhren. 2 kurze Gummischläuche. 1 Schraubenquetschhahn. Bürette mit Stativ. Filtrierpapier. Glasstab. — Silberdraht. $AgNO_3$. AgCl. 0,01 n Schwefelsäure. K_2SO_4. NaCl.

332. Taucht man zwei Silberdrähte in Lsgg. verschied. Ag-Ionenkonz., so besteht ein Potentialgefälle. Nach NERNST ist die elektromot. Kraft $E = 0{,}058 \cdot \lg (c_1/c_2)\, V$ bei 18° C. E ändert sich um 0,058 V, wenn das Konzentrationsverhältnis um eine Zehnerpotenz geändert wird. E wird Null, wenn $c_1 = c_2$ ist.

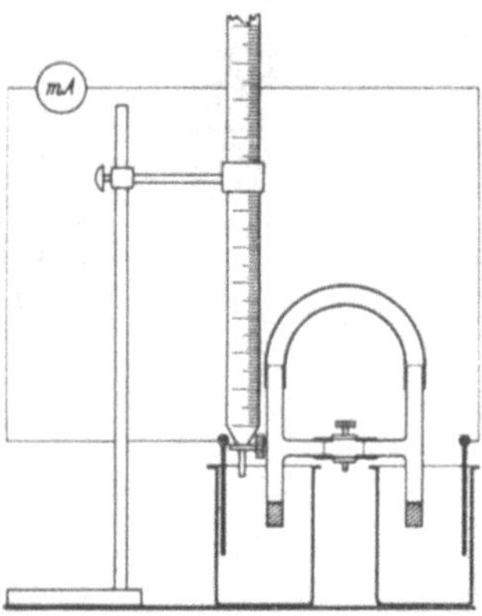

Abb. 38.

Man gebe in ein Becherglas eine Suspension von AgCl in 0,01 n Schwefelsäure, in ein zweites Becherglas die zu untersuchende $AgNO_3$-Lsg., tauche in jedes Becherglas einen Silberdraht u. verbinde beide Drähte über ein empfindliches Galvanometer oder Milliamperemeter u. die beiden Lsgg. selbst mit einem Stromschlüssel (Abb. 38). Er besteht aus zwei T-Röhren, deren Querschenkel durch ein kurzes Schlauchstück mit Schraubenquetschhahn zur Regulierung des Widerstandes verbunden sind. Dies ist notwendig, wenn der Ausschlag bei Beginn der Messung zu stark ist. Die langen Schenkel des Schlüssels sind mit Filtrierpapierpfropfen, die mit gesätt. K_2SO_4-Lsg. durchtränkt sind, ca. 0,5 cm hoch so gut verschlossen, daß kein Heraussträufeln erfolgt, wenn sie mit konz. K_2SO_4-Lsg. gefüllt werden. Oben sind beide Röhren durch einen kurzen Schlauch verbunden.

Läßt man aus einer Bürette eine eingestellte NaCl-Lsg. in die zu bestimmende $AgNO_3$-Lsg. fließen u. rührt gleichzeitig um, so wird das Galvanometer keinen Strom mehr anzeigen, wenn die Konz. in beiden Lsgg. gleich ist, wenn also alle Ag-Ionen als AgCl gefällt sind. Aus dem verbrauchten NaCl kann man den Ag-Geh. der Lsg. bestimmen.

Der Stromschlüssel darf nur während der Titration eintauchen.

H. Valentin, P. **54** (41) 9—11.

b) Silberbestimmung mittels einer Chinhydron-Vergleichselektrode

Die Chinhydronelektrode besteht aus einem Platindraht, der in eine mit Chinhydron versetzte H-Ionenlsg. taucht. Das Chinhydron ist eine Molekülverb. aus Chinon $C_6H_4O_2$ u. Hydrochinon $C_6H_4(OH)_2$ u. bildet mit diesen in saurer Lösung das Redoxpotential $E = 0{,}420 - 0{,}058 \cdot p_H$, aus dem sich $p_H = (0{,}420 - E)/0{,}058$ ergibt. Es läßt sich also leicht ausrechnen, welchen p_H-Wert man wählen muß, um ein bestimmtes Potential zu erhalten.

Das Potential einer Silberelektrode gegen die Normalkalomelektrode ist für die Ag-Ionenkonz. $c = 1$ gleich $+ 0{,}516$ Volt. Nach der Nernstschen Gl. sinkt es um 0,058 V bei Verminderung der Ionenkonz. um eine Zehnerpotenz. Da das Ionenprod. des AgCl $[Ag^+] \cdot [Cl^-] \approx 10^{-10}$ ist, erhält man für die Ag-Ionenkonz. allein den Wert $[Ag^+] = 10^{-5}$ u. daraus das Potential $E = 0{,}516 - 0{,}058 \cdot 5 = 0{,}226$ Volt. Daraus ergibt sich für die Ag-Titration der Wert $p_H = (0{,}420 - 0{,}226)/0{,}058 = 3{,}35$.

333. Taucht man einen Platindraht in eine Lsg. von $p_H \approx 3$, etwa in eine 0,001 n Sazsäure oder besser noch in eine Pufferlsg. mit diesem p_H-Wert u. gibt dazu etwas

Chinhydron, so kann man diese Elektrode an Stelle des Silberdrahtes in der AgCl-Suspension des Vers. Nr. 332 als Vergleichselektrode bei einer Ag-Ionentitration benutzen.

H. Valentin, l. c., S. 12.

c) Titration anderer Ionen mittels der Chinhydronelektrode

334. Die Chinhydronelektrode läßt sich auch für die Titration vieler anderer Substanzen benutzen, wie folgende Beispiele zeigen:

Zu bestimmendes Ion	Titerlsg.	Potential V	Herstellung der Elektrode
Br^-	$AgNO_3$	0,18	Platindraht in Lsg. $p_H = 4$ u. Chinhydron
$(SCN)^-$	$AgNO_3$	0.18	
Pb^{2+}	$K_4[Fe(CN)_6]$ bei 75° C	0,18	
Cl^-	$AgNO_3$	0,24	Platindraht in Lsg. $p_H = 3$ u. Chinhydron
Pb^{2+}	$K_4[Fe(CN)_6]$ bei 18° C	0,26	
Zn^{2+}	$K_4[Fe(CN)_6]$ bei 18° C	0,30	Platindraht in Lsg. $p_H = 2$ (0,01 nHCl) u. Chinhydron
Zn^{2+}	$KMnO_4$	0,80	Platindraht in gesätt. NaBr-Lsg, u. 3 Tropfen Bromwasser
As^{3+}	$KBrO_3$	0,80	
$C_2O_4^{2-}$ (Oxalat)	$KMnO_4$	0,80	

H. Valentin, l. c., S. 13.

d) Bestimmung von Säuren mittels der Antimonelektrode

Als Elektroden eignen sich Antimonstäbe, die stets etwas Sb_2O_3 enthalten, das sich im W. zu geringen Mengen Antimonhydroxid löst, so daß das Antimon Sb(III)-Ionen vorfindet, auf die es konzentrationsrichtig anspricht wie das Silber auf Ag-Ionen. Da aber wegen $[H^+] [OH^-] = K_w$. die H-Ionen zu den OH-Ionen in einem konstanten Verhältnis stehen, kann man auch die H-Ionen mit der Antimonelektrode messen.

Bestimmung einer Essigsäure

335. Man nehme zwei Antimonelektroden, die man sich leicht durch Ausgießen des geschmolzenen Antimons in einer Sandrinne herstellen kann, u. ordne sie genau so wie in Vers. Nr. 332 an. Will man eine Säure, z. B. Essigsäure, titrieren, so gebe man sie in den einen Becher u. stelle den Antimonstab hinein, während man den zweiten Becher mit einer Vergleichslsg. bekannter Konz. beschickt u. den zweiten Antimonstab als Elektrode eintaucht. Titriert man die Essigsäure mit 0,1 n Natronlauge, so würde als Vergleichslsg. eine 0,05 n Na-acetatlsg. in Betracht kommen, da 0,1 n Essigsäure mit 0,1 n Natronlauge eine 0,05 n Natriumacetatlsg. bildet. Bei Zugabe der 0,1 n Natronlauge rühre man die Lsg. gut mit dem Antimonstab und leite nach Möglichkeit auch Luft durch die Lösung. Als Indikator wird Phenolphthalein verwendet.

Statt der Natriumacetatlsg. kann man als Vergleichslsg. auch andere Lsgg. benutzen, wenn sie den gleichen p_H-Wert wie eine 0,05 n Natriumacetatlösung besitzen. Aus $NaAc + H_2O \rightleftharpoons Na^+ + OH^- + HAc$ ergibt sich

$$\frac{[Na^+]\cdot[OH^-]\cdot[HAc]}{[NaAc]\cdot[H_2O]} = K$$

u., da die Konzz. der Na- u. OH-Ionen gleich sind, also $[Na^+] = [OH^-]$ ist u. für $K\,[H_2O] = K_w = [H_2O] = K_w = 10^{-14}$ gesetzt werden kann,

$$\frac{[OH^-]^2\cdot[HAc]}{[NaAc]} = K_w \quad \text{oder} \quad [OH^-] = \sqrt{\frac{K_w\cdot[NaAc]}{[HAc]}}\,.$$

Für 0,1 n Essigsäure-Acetatmischung ist $[HAc[= 10^{-4,76}$ (vgl. S. 232), für 0,05 n Na-acetatlösung ist $[NaAc] = {}^1/_{20}$, so daß man erhält:

$$[OH^-] = \sqrt{\frac{10^{-14}}{10^{-4,76}\cdot 20}} \doteq 10^{-5,3}\,, \quad \text{u. da}$$

$[H^+]\cdot[OH^-] = 10^{-14}$ ist, $[H^+] = 10^{-8,7}$ oder $p_H = 8,7$.

An Stelle der Natriumacetatlsg. können auch andere Lsgg. mit dem gleichen $p_H = 8{,}7$ verwendet werden, z. B. auch $NaHCO_3$-Lsgg. beliebiger Konz., deren p_H-Wert unabhängig von der Konz. $p_H = 8{,}7$ ist.

H. Valentin, l. c., S. 11—12.

11. Korrosion und Korrosionsschutz

Metall. Werkstoffe können durch chem. Einw. von außen einer allmählichen Zerstörung anheimfallen, z. B. dann, wenn die leitende Oberfläche in ihrer Zus. oder in ihrem Energiegehalt nicht einheitlich ist. Es entstehen dann bei Zutritt von Fl. sogenante Lokalströme, die das Gefüge zerstören.

a) Korrosion von Eisen

336. Mit Zink überzogenes Eisenblech (Weißblech) rostet bei Beschädigung schneller als unverzinktes Blech. Legt man ein mit Schrammen versetztes Eisenblech in eine wss. 3,4%ig. Gelatinelsg., die man mit einer 2%ig. alkoh. Phenanthrolin-hydrochlorid-Lsg. versetzt hat. so dringen schon nach kurzer Zeit Fe(II)-Ionen unter Zinnoberrotfärbung in die Gelatine ein.

G. Simon, Pr. 4 (55) Ch. 85.

b) Korrosion von Aluminium

337. Man löse 3,4 g Gelatine in 100 ml W. von 100° C u. gebe nach dem Abkühlen 13 ml einer wss. 1%ig. Lsg. von Aluminon (NH_4-Salz der Aurintricarbonsäure), 15 ml einer alkoh. 0,04%ig. Thymolblaulsg. u. wenige Tropfen 0,1 *n* Natronlauge bis zur Schmutziggrünfärbung ($p_H = 8$) hinzu. In die Lsg. lege man einen mit Kupferdraht umschlungenen Aluminiumdraht. Schon nach 1 Std. tritt Farbwechsel ein; am nächsten Tag sieht man an den Enden rote Flecken durch Al-Ionen ($Al \rightarrow Al^{3+} + 3\,e^-$) u. längs des Drahtes Blaufärbung durch OH-Ionen. Ohne Kupferdraht beginnen die Korrosionserscheinungen sich erst nach einer Woche zu zeigen.

G. Simon, l. c., S. 84—85.

c) *Elektrische Oxydation des Aluminiums (Eloxal-Verfahren)*

338. Ein Blech aus Aluminium oder einer Aluminiumlegierung, das man am besten noch vorher durch kurzes Eintauchen in heiße Natronlauge (30 Sek.) u. nach Abspülen mit W. in Salpetersäure (15 Sek.) u. nach nochmaligem Abspülen mit W. gebeizt hat, dient als Anode, eine Bleiplatte als Kathode, Oxalsäure, verd. Schwefelsäure oder Chromsäure als Elektrolyt. Bei einem Elektrodenabstand von 2—3 cm, 1—3 A/dm^2 u. 12—60 V überzieht sich das Aluminiumblech mit einer so festhaftenden Oxidschicht, daß sie das Aluminium gegen chem. Einw. schützt u. so stark isolierend wirkt, daß eine Glimmlampe in der Netzspannung nicht aufleuchtet.

R. Winderlich, P. **52** (39) 63; K. A. Becker, Pr. **1** (52) 314—315; G. Häberle, Pr. **1** (52) 315.

XVII. Kolloidchemie

Die Kolloidchemie, ursprünglich die Lehre von den Lsgg. leimartiger Stoffe (κόλλα = Leim) umfaßt heute das Gebiet fein verteilter Subst. in geeigneten Verteilungs-(Dispersions-)mitteln. Beschränkt man sich auf W. als Dispersionsmittel, dann bilden koll. Lsgg. den Übergang zwischen echten Lsgg., wie sie bisher fast ausschließlich behandelt worden sind, u. Suspensionen, das sind Aufschlämmungen fester Subst. in Wasser. Die Größenordnung koll. Teilchen liegt zwischen 0,001 u. 0,1 μ.

Einige Substanzen bilden spontan koll. Lsgg., andere können erst nach Zerkleinern (Dispersion) oder durch Zusammenschluß ihrer Moleküle zu größeren Aggregaten (Kondensation) in den koll. Zustand übergeführt werden. Bei koll. Lsgg. hat man Sole u. Gele zu unterscheiden: In Solen sind die Kolloidteilchen u. die Mol. des Dispersionsmittel gegeneinander frei beweglich; Gele sind mehr oder weniger formbeständige Lösungen.

1. Herstellung kolloider Lösungen

a) Dispersionsmethoden

α) Herstellung eines Silbersols durch elektrische Zerstäubung

2 Schalen verschied. Größe. Silberdraht (ca. 1 mm stark). Gummi- oder Glasisolierung. Amperemeter. Widerstand. Eis.

339. Zwei Silberdrähte werden zwecks Isolierung durch enge Gummischläuche oder Glasröhren geführt u. an eine 110 V-Gleichstromleitung unter Vorschaltung eines Widerstandes angeschlossen, so daß 4—12 A entstehen. In eine Schale mit dest. W., die in einer zweiten mit Eis steht, werden die beiden Elektroden eingeführt, so daß ihre Spitzen 2—3 mm voneinander entfernt sind. Schaltet man den Strom ein, so entsteht bei richtigem Abstand ein grün leuchtender Lichtbogen, von dem aus braune bis olivgrüne Wolken sich im W. verteilen.

β) Solbildung durch Berliner Blau

340. Zu 10 ml einer gesätt. Lsg. von $K_4[Fe(CN)_6] \cdot 3\,H_2O$ gebe man tropfenweise unter Umrühren ca. 0,5 ml gesätt. $FeCl_3$-Lsg. u. verteile von der entstandenen Paste eine kleine Menge mit dem Glasstab in ca. 200 ml dest. Wasser. Es entsteht ein klares blaues Sol.

b) Kondensationsmethoden

α) Silbersol, hergestellt mit Tannin

341. Man verdünne 2 ml 0,1 n $AgNO_3$-Lsg. auf 100 ml u. gebe dazu einige Tropfen frisch hergestellter, 1%ig. Tannin- sowie einen Tropfen einer 1%ig. Sodalösung. Beim Erwärmen entsteht ein gelb- bis rotbraunes Sol.

β) Silbersol, hergestellt mit Hydrazinhydrat

342. Man verdünne 1 ml 0,1 n $AgNO_3$-Lsg. mit 1 l W. u. tropfe zu 100 ml der erhitzten Lsg. verd. Hydrazinhydratlsg. (1 ml der käufl. 50%ig. Lsg. auf 1 l W.), wobei ein bei Durchsicht gelbes, bei Aufsicht grünliches Sol entsteht.

γ) Eisen(III)-hydroxidsol

343. Setzt man zu kochendem W. tropfenweise $FeCl_3$-Lsg., so wird durch Hydrolyse ein tiefbraunes $Fe(OH)_3$-Sol gebildet.

c) Schutzkolloide

Kolloide flocken oft bei längerem Stehen oder nach Erhitzen aus. Durch Zusatz eines zweiten Kolloids, z. B. durch Gelatine, Eiweiß, Dextrin, Gummi arabicum usw., das die Kolloidteilchen mit einer Schutzhülle umgibt, werden die ursprünglichen Sole sehr beständig.

Stabilisierung eines Silbersols

344. Erhitzt man 20 ml des in Vers. Nr. 342 mit Hydrazinhydrat hergestellten Silbersols, so erhält man bald einen Silberniederschlag. Setzt man aber vorher dem Sol 1 ml 0,1%ig. Gelatinelsg. zu, so bleibt die Fällung aus.

2. Eigenschaften kolloider Lösungen

a) Diffusion in Gallerten

345. Man stelle sich eine 3%ig. Gelatinelsg. her u. fülle 6 Reagenzgläser mit der heißen Lösung. Nach dem Erstarren schichte man folgende Lsgg. auf die Gallerte:

1) 1%ig. $Co(NO_3)_2$-Lsg.,
2) 0,1%ig. Eosinkaliumlsg. (rote Tinte),
3) 0,1%ig. Kongorotlsg.,
4) koll. Berlinerblau-Lsg.,
5) koll. $Fe(OH)_3$-Lsg.,
6) koll. Silberlösung.

Nach einigen Tagen waren die Lsgg. 1 u. 2 tief in die Gelatine diffundiert, die Lsgg. 3 wenig u. die Lsgg. 4—6 überhaupt nicht.

b) Dialyse

Um 1860 stellte Th. Graham fest, daß koll. Lsgg. nicht wie echte Lsgg. oder Ionen durch eine Pergamentmembran diffundieren. Um koll. Lsgg. zu reinigen, füllt man sie in Schläuche aus Pergamentpapier oder Zellophanfolie oder in Dialysierhülsen u. hängt diese in dest. W., das man wiederholt erneuert.

346. Falte aus Zellophanhaut einen Beutel, fülle ihn mit gesüßtem Tee u. hänge ihn mittels Glasstab in ein Becherglas mit dest. Wasser. Nach kurzer Zeit läßt sich im W. der Zucker nachweisen. Eine Farbänderung des W. durch den Tee findet aber nicht statt.

c) Faraday-Tyndall-Effekt

1857 hat M. FARADAY beobachtet, daß ein Lichtstrahl, der eine koll. Lsg. durchdringt, seitlich betrachtet, als mattleuchtendes Band erscheint. Der Engländer J. TYNDALL (1860) hat die Erscheinung näher untersucht u. gefunden, daß die Lichtwellen an den Kolloidteilchen abgebeugt werden. Das abgebeugte Licht ist linear polarisiert. Der Tyndalleffekt ist nicht zu verwechseln mit der Fluorescenz. Mit Hilfe eines Nicolschen Prismas u. einer UV-Quarzlampe lassen sich beide Erscheinungen leicht unterscheiden.

347. Mit einer Bogenlampe oder einer Quecksilber-Dampflampe u. einem Kondensor stelle man ein scharf begrenztes Lichtbündel her, das ein Blau-, Gelb- oder Rotfilter, einen Polarisator u. eine Küvette durchsetzt. In die Küvette fülle man gleiche Volumina einer 0,05 n $Na_2S_2O_3$-Lsg. u. einer stark verd. Salzsäure. Nach Mischung entsteht Trübung durch fein verteilten Schwefel, der Streuung des durchgehenden Lichtes erzeugt. Es hat die gleiche Farbe wie das einfallende Licht u. ist polarisiert; denn beim Drehen des Filters verschwindet es für den Beobachter vollständig, weil dann der elektr. Vektor in der Beobachtungsrichtung schwingt.

348. Führt man denselben Vers. mit einer verd. wss. Natriumfluoresceinlsg. aus, so entsteht nur bei blauer Einstrahlung grünes, nicht polarisiertes Fluorescenzlicht.

A. Schmillen, Pr. **3** (45) 193.

d) Elektrophorese

Die Beständigkeit koll. Lsgg. liegt zum großen Teil an der elektr. Ladung der Kolloidteilchen, die im elektr. Felde genau so wie Ionen an die Pole wandern.

α) Wanderung einer Jodstärkelösung

349. Legt man an eine Jodstärkelsg. eine Gleichspannung, so wandert die blaue Jodstärke in wenigen Min. zur Anode u. ballt sich dort zusammen. Die koll. Stärketeilchen sind

Träger negativer Ladungen. Chem. Veränderungen finden dabei nicht statt.

H. Zeitler, Ubl. **47** (41) 102.

β) Wanderung einer Kongorotlösung

350. Bringt man auf einen mit W. angefeuchteten Filtrierpapierstreifen, der zwischen zwei Metallklammern ausgespannt ist, einen Tropfen Kongorotlösung in W. u. legt an die Klammern eine Gleichspannung, so wandert der Farbstoff an die Anode.

W. Engelhardt, Ubl. **39** (33) 95.

γ) Wanderung eines Eosin-Methylenblau-Gemisches

351. Wird ein Streifen Filtrierpapier (Schleicher u. Schüll Nr. 2043 b) in der Mitte mit einem Querstrich eines Eosin-Methylenblaugemisches versehen u. nach dem Trocknen in eine Pufferlsg. von $p_H = 7$ (6 Tl. $^1/_{15}$ m KH_2PO_4 — u. 4 Tl. $^1/_{15}$ m Na_2HPO_4-Lsg.) getaucht, so wandert nach Anlegen einer Gleichspannung von 5 V/cm innerhalb weniger Std. das saure Eosin zur Anode u. das bas. Methylenblau zur Kathode.

F. Bukatsch, Pr. **7** (58) Ch. 94.

e) Kapillarwirkung

Taucht man Filtrierpapier in koll. Lsgg., so steigen diese im Papier auf, wenn sie negativ geladen sind, während positive Kolloide an der Eintauchgrenze ausgefällt werden, weil die Wandungen der Papierkapillaren negative Ladungen besitzen, die die positiven Kolloidteilchen entladen u. ausflocken. Man kann dies bes. gut an Farbstofflsgg. erkennen.

4 Erlenmeyerkolben (ca. 300 ml) mit Korkstopfen. 2 cm breite Filtrierpapierstreifen. Eosin. Kongorot. Kristallviolett. Methylenblau.

352. Man bereite aus den 4 Farbstoffen verd. wss. Lsgg., fülle damit die Erlenmeyerkolben ca. 3 cm hoch u. hänge die Filtrierpapierstreifen so ein, daß sie in die Lsg. eintauchen u. im Kolben frei herunterhängen, indem man sie mit dem Korken festklemmt. Schon nach wenigen Min. erkennt man deutlich den Unterschied der positiven u. negativen Farbstoffe.

Beispiel: Eosin u. Kongorot steigen hoch: negativ; Kristallviolett u. Methylenblau bleiben zurück: positiv.

E. Sauer, Kolloidchem. Prakt. **1953**, S. 64—65.

f) Brownsche Bewegung

1827 entdeckte der Engländer R. Brown bei der mkr. Betrachtung von Pflanzenpollen eine ständige, unregelmäßige Zitterbewegung der Pollenkörner in ihrem Dispersionsmittel, die offenbar durch schnell wachsende Impulse zustande kommt. Sie ist nichts anderes als eine ins Sichtbare vergröberte. therm. Molekularbewegung, deren kinet. Energie $E = m \cdot v^2/2$ gleich der aller anderen Moleküle ist. Da die Teilchenmasse aber einen 1000-mal größeren Durchmesser u. darum ein 10^9 mal größeres Gew. hat, so beträgt die Geschwindigkeit nur noch den $\sqrt{10^9}$ten Teil u. läßt sich deshalb bes. in grobdispersen Systemen, z. B. im Tabaksrauch, in Suspensionen oder Emulsionen, leicht zeigen.

α_1) Bewegungen von Rauchteilchen bei Zimmertemperatur

Verwendung eines Hohlprismas als Rauchkammer

353. Ein leeres Schwefelkohlenstoffprisma lege man mit seiner brechenden Kante waagerecht unter ein Mikroskop mit 300—500-facher Vergrößerung u. lasse das Licht einer Projektionslampe durch eine dicht vor die eine Schrägfläche gestellte, kurzbrennweitige Linse (Kopf einer kleinen Taschenlampe) in das Innere des Prismas, in das vorher Tabakrauch eingeblasen wurde, eintreten. Man beobachte dann hellblitzende, hin- und herschwirrende Beugungsbilder der Rauchteilchen.

A. Hoischen, MNU **6** (53/54) 280—281.

Rauchkammer aus einem Tablettenröhrchen

354. Ein Tablettenröhrchen wird 7—10 mm vom Boden, parallel zu diesem, abgesprengt, der Rand des Näpfchens auf einer feuchten Sandsteinplatte abgeschliffen u. mit einem Deckgläschen oder Objektträgerstückchen bedeckt. Man blase Tabakrauch in die Kammer, decke sie sofort ab u. stelle sie auf den Objekttisch eines lichtstarken Mikroskopes. Beleuchtet wird die Kammer seitlich mittels Punktlichtlampe, so daß der Brennpunkt der Lichtstrahlen sich dicht unterhalb des Deckels befindet. Man beobachtet auf mehr oder minder dunklem Untergrund viele Lichtpünktchen, die sich in zitternder Bewegung befinden, neben translatorischen Bewegungen infolge Gasströmungen. Da die Rauchteilchen infolge der Schwerkraft langsam zu Boden sinken, muß das Mikroskop nach u. nach auf tiefere Schichten scharf eingestellt werden.

Th. Theimann, Pr. 7 (58) Ch. 77—78.

α_2) Einfluß der Temperatur

355. Benutzt man als Rauchkammer ein Arzneimittelkästchen aus durchsichtigem Kunststoff (ca. $3 \times 3 \times 0{,}7$ cm³), durch dessen durchbohrte Seitenwände man eine selbstgewickelte Heizspirale von 15 Windungen u. 3 mm Durchmesser aus 0,1 mm dickem, lackiertem Kupferdraht legt, u. wird nach Einblasen von Rauch die Molekularbewegung mit dem Mikroskop, wie oben beschrieben, beobachtet, so stellt man nach kurzem Aufheizen des Drahtes (ca. 1 Sek.) Turbulenz in der Nähe der Spirale u. verstärkte unregelmäßige Bewegungen der Rauchteilchen fest. Nach Abschaltung der Heizung beobachtet man bald wieder allmählichen Rückgang zur normalen Bewegung.

R. Hartmann, Pr. 8 (59) Ph. 236—237.

α_3) Einfluß elektrischer Ladung

356. Erhält ein aufrecht stehendes Brettchen von ca. 1 cm Stärke mit einem kreisförmigen Loch von 15—20 mm Durchmesser, das beiderseits durch aufgeklebte dünne Glasplättchen verschlossen ist, von der schmalen Seite her zwei Löcher von ca. 3 mm Durchmesser, durch die Glas- oder Messingröhren (G) luftdicht hindurchgehen u. an den Enden durch Gummischläuche und Quetschhähne verschließbar sind, u. außerdem zwei Drähte, die zu Elektroden (P) innerhalb der Kammer (R) führen (Abb. 39a), so kann es als Rauchkammer dienen. Man lasse ein starkes Lichtbündel, das dicht an der Innenseite der vorderen Verschlußplatte kondensiert (Abb. 39b), schräg einfallen u. stelle das horizontal gerichtete Mikroskop so auf es ein, daß kein direktes Licht ins Objektiv gelangt. Beim Einblasen von Rauch tritt Aufhellung des Gesichsfeldes ein. Man sauge nun soviel Rauch ab, daß man nur wenige helle Punkte sieht, die sich in zitternder Bewegung befinden u. infolge ihrer Schwere langsam nach unten sinken. Legt man an die Elektroden eine geringe Spannung, so beobachtet man je nach Ladung der Teilchen Beschleunigung oder Verzögerung. S. auch LOSCHMIDT-AVOGADROsche Zahl in Verss. Nr. 63—64!

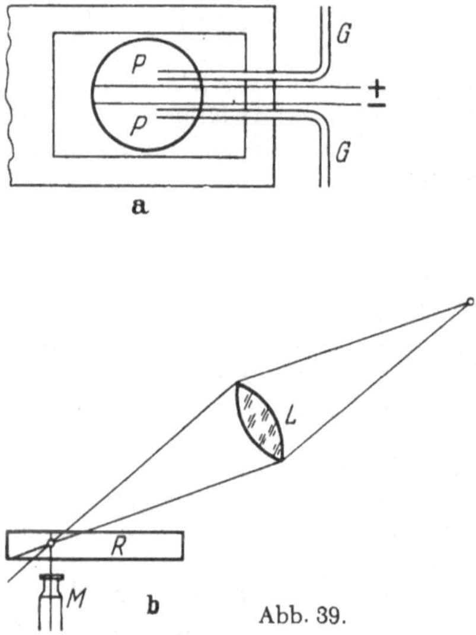

Abb. 39.

H. Schimank, P. **26** (13) 159—161.

β) Bewegungen in Flüssigkeiten

β₁) Suspensionen

357. Es gibt zahlreiche Suspensionen in W, die bei 300- bis 600facher Vergrößerung die BROWNsche Molekularbewegung deutlich erkennen lassen:

Lampenruß, den man oft mit W. ausgekocht hat: Man filtriere, verreibe den Rückstand mit Äther u. koche nochmals mit Wasser. — Chinesische Tusche. — Kupfer(I)-oxid Cu_2O nach Auskochen des Nd. aus FEHLINGscher Lsg. mit Wasser. — Ultramarin nach Auslaugen seiner Salze. — Rutilpulver. — Zinnoberrot als Wasserfarbe. — Eisenhydroxid, das man erhält, wenn man Eisen(III)-acetat in W. bis zum Verschwinden des Essiggeruches kocht u. einen Tropfen Alaunlsg. zusetzt. — Kaolin, nach wiederholtem Dekantieren vom Bodensatz. — Weizenstärke. — Kolophoniumpulver.

358. Eine geeignete AgBr-Suspension erhält man, wenn man zu 10 ml einer 1%ig. Gelatinelsg. 2 ml einer 0,1 n KBr-Lsg. u. erst danach 2 ml einer 0,1 n $AgNO_3$-Lsg. gibt u. das ganze 2—3 Std. im sd. Wasserbad stehen läßt. Um die Verdunstung des W. zu verhindern, empfiehlt es sich, einen Stopfen mit fein ausgezogenem Glasrohr auf das Gefäß zu setzen.

Die suspendierten AgBr-Teilchen haben dann einen Durchmesser von ca. $14 \cdot 10^{-4}$ mm.

F. Flade, P. **27** (14) 294.

Zur *Projektion* eignen sich besonders die Suspensionen von AgBr (F. Flade, l. c.), Kolophoniumpulver (F. Voit, Pr. **4** (55) Ph. 242), Rutilpulver (H. Keefer. MNU **1943,** 18—19). Dabei empfiehlt es sich, den Rand des Deckglases mit Wachs oder ä. abzudichten. Nach Beseitigen der Kühlküvette wird die Bewegung lebhafter.

β_2) Emulsionen

359. Man löse etwas Mastix, Xylol oder Ricinusöl in Alkohol u. gebe einen Tropfen in Wasser. Die dann entstehende Emulsion zeigt bei starker Vergrößerung ebenfalls Molekularbewegungen.

XVIII. Radioaktivität

1. Ionisierung der Luft

360. Bringt man Glühstrumpfasche (ThO_2) in etwa 5 cm Abstand an ein Elektroskop, so geht der Ausschlag in 45 Sek. um 10 Skalenteile zurück. Bedeckt man die Asche mit Stanniolpapier von 0,01 mm Dicke, so dauert der gleiche Rückgang 275 Sekunden. Demnach werden $45/275 = 1/6$ oder ca. 16 % der Strahlung durch das Stanniol hindurchgelassen. Da auf das Elektroskop vorwiegend α-Strahlen wirken, werden diese zu 84 % vom Stanniol aufgehalten.

Führt man den Vers. mit anderen Metallfolien durch, so lassen sich diese in Bezug auf ihr Absorptionsvermögen miteinander vergleichen.

P. Hanck, P. **34** (21) 260.

361. Besser noch als Glühstrumpfasche eignet sich Thoriumhydroxid $Th(OH)_4$, das man aus $Th(NO_3)_4$- oder $Th(SO_4)_2$-Lsg. durch Fällen mit Ammoniak herstellen kann. Hat man die Thoriumsalze nicht zur Verfügung, so kann man das Hydroxid auch aus dem im Glühstrumpf vorhandenen ThO_2 (99 % ThO_2 u. 1 % CeO_2) herstellen, indem man 5 g Abfall oder Asche mit der 6fachen Menge $NaHSO_4$ in einer Eisenschale schmilzt, die beim Abkühlen entstehende glasige Masse zerkleinert, mit heißem W. auslaugt u. im heißen Filtrat das Hydroxid mit Ammoniak fällt. Es wird filtriert, gewaschen, getrocknet u. pulverisiert. Läßt man Luft über das Hydroxid in den Innenraum eines einfachen geladenen Elektroskops streichen, so fallen die Blättchen innerhalb kurzer Zeit (54 Sek.) zusammen.

B. Batscha, P. **37** (24) 117.

362. Hebt man den Deckel einer Uhr ab u. bringt das nachts leuchtende Zifferblatt in die Nähe der Kugel eines geladenen Elektroskops, dann fallen die Blätter langsam zusammen. Die Unterschiede in der Zeitdauer des Entladens sind an verschied. Uhren recht bedeutend.

H. Rebenstorff, P. **32** (19) 24.

363. Auf das Wulfsche Elektroskop wird ein Metallteller leitend aufgesetzt: ihm gegenüber befindet sich eine gerade Metallplatte gleicher Größe. Der Ausschlag des Instrumentes bleibt konstant oder geht nur langsam zurück. Legt man aber auf den unteren Teller eine kleine Menge eines radioaktiven Minerals, Uranpechblende, Uranglimmer oder a., so erfolgt schnelle Entladung (Stoppuhr), weil das Uranerz die Luft zwischen den Platten ionisiert. Ein über das Erz gelegtes Stück Papier hebt die ionisierende Wrkg. wieder auf, weil die vom Erz ausgehende Strahlung durch das Papier aufgehalten wird.

Ein stärker wirkendes Präparat würde zeigen, daß durch das Papier eine zweite Strahlung, die β-Strahlung, hindurchgeht. Sie ist etwa 100mal geringer, durchdringt aber noch dünne Aluminiumfolie u. wird erst durch eine 1 mm starke Messingplatte völlig aufgehalten.

Eine dritte Strahlung, die γ-Strahlung, deren ionisierende Wrkg. wiederum nur $^1/_{100}$ der β-Strahlung ausmacht u. durch eine mehrere Millimeter dicke Bleiplatte kaum geschwächt wird, läßt sich durch ein noch stärker wirkendes radioaktives Präparat nachweisen. (Strahlenschutzbestimmungen beachten!)

W. Wiebe, MNU **6** (53/54) 69.

2. Wirkung auf eine Photoplatte (Autoradiographie)

a) Thoriumoxid

364. Man schneide aus Stanniolpapier von 0,01 mm Stärke ein H, lege es auf die Schichtseite einer Photoplatte u. darüber ein Stück eines noch ungebrauchten Glühstrumpfes u. packe das Ganze lichtdicht ein. Je nach der Empfindlichkeit der Platte entwickle man sie nach 3 bis 5 Wochen u. wird erkennen, daß sich der Glühstrumpf mit seinem Maschenwerk deutlich abgebildet hat, die vom Stanniol bedeckten Stellen aber schwächer gefärbt sind.

Kopiert man nach dem Fixieren u. Trocknen zuerst mittels Schablone das H u. dann das ganze Bild, bis überall gleiche Intensität erreicht ist, u. nennt die Belichtungszeiten T_1 u. T_2, so gibt

$$u = \frac{T_2}{T_1 + T_2}$$

an, wieviel der Gesamtstrahlung durch das Stanniol gedrungen ist.

Beispiel: $T_1 = 10$ Sek., $T_2 = 7{,}5$ Sekunden. Durch das Stanniol sind also $u = 7{,}5/(10 + 7{,}5) = 3/7 = 43\,\%$ der Gesamtstrahlung gegangen.

P. Hanck, l. c.; H. Melcher und W. Gläser, Pr. **8** (59) Ph. 220.

b) Uranhaltige Substanzen

365. Man kann auch Uranmineralien, Uranglas oder Uranverbb. (giftig!) direkt oder auf eine in Stanniol oder schwarzes Papier gewickelte Platte einwirken lassen. Von den Uranverbb. eignen sich am besten die Chloride oder Oxalate; bei Benutzung des hygroskop. Uranylnitrates empfiehlt es sich, im Exsikkator zu arbeiten. Auch die Leuchtmasse aus Uhren ist geeignet.

Bei direkter Einw. des Präparates auf die Platte erkennt man man auf dem Bild auch die Bahnspuren von α-Teilchen. Die Schwärzung wird besonders durch β-Strahlen hervorgerufen.

F. Jensen, Pr. 5 (56) Ch. 10—11; H. Melcher und W. Gläser, l. c., S. 220 bis 222.

c) Kaliumchlorid

366. Ein Radiogramm des KCl erhält man, wenn man einen Isopan-Porträt-Film mit schwarzem Papier bedeckt u. darüber eine Schablone mit einer ausgeschnittenen Zeichnung legt, die in der Reibschale fein gepulverte Subst. in die Zeichnung der Schablone streut u. nach 11 Wochen 3—4 Min. in Methylhydrochinon entwickelt.

Die Radioaktivität des KCl stammt von dem im natürlich vorkommenden Kalium zu 0,011 % enthaltenen Isotop ^{40}K. Bei anderen Kaliumverbb. ist die spezif. Aktivität kleiner, so daß sich noch längere Belichtungszeiten ergeben.

H. Melcher und W. Gläser, l. c., S. 222—223.

3. Szintillationen

a) Direkte Beobachtungen

367. Beim Betrachten des Leuchtzifferblattes einer geöffneten Uhr mit einer stark vergrößernden Lupe oder mit einem Mikroskop bei schwacher Vergrößerung sieht man nach Adaption des Auges zahlreiche Lichtblitze, die von α-Teilchen herrühren.

H. Rebenstorff, P. 32 (19) 24; W. Wiebe, MNU 6 (53/54) 69; F. Jensen, l. c., S. 11.

b) Beobachtungen am Zinksulfidschirm

368. Bringt man in die Nähe von Uranylnitrat einen Zinksulfidschirm, so beobachtet man im Dunkeln Szintillationen infolge α-Strahlung.

A. Friedrich, Pr. 5 (56) Ph. 284.

c) Szintillierende Leuchtplättchen

369. Sidotblende aus gefälltem ZnS, das beim Glühen im H_2S-Strom bei Ggw. geringer Spuren von Alkalichlorid u. $MgCl_2$ in hexagonales Zinksulfid übergeht, wird mit Uranylnitrat im Verhältnis 5 : 1 gemischt u. mit Gummiarabikum oder Zaponlack auf ein Aluminiumblech oder auf einen Objektträger aufgetragen. Statt Uranylnitrat kann man auch andere radioaktive Substanzen, z. B. Uranpechblende, Glühstrumpfasche, Uhrenleuchtmasse, verwenden. Die Beobachtung geschieht mittels Lupe (6 x) oder unter dem Mikroskop (20 x) im gut verdunkelten Raum, evtl. bei abgeblendeter roter Dunkelkammerbeleuchtung. Wenn die Sidotblende nicht mehr grünlich nachleuchtet, treten die durch α-Strahlen erzeugten Lichtblitze immer stärker hervor. Bei 350facher Vergrößerung verkleinert sich die Beobachtungsfläche auf den 300. Teil, so daß sich die Szintillationen pro Min. gut zählen lassen.

H. Zeitler, Ubl. **46** (40) 42—43; A. Jöhnk, Pr. **2** (53) 95; A. Friedrich, l. c.; W. Seeger, Pr. **6** (57) Ph. 162—63.

d) Selbstbau eines Spinthariskops

370. Von der Leuchtmasse in einer Uhr oder in einem Leuchtkompaß spalte man mit scharfem Messer ein Splitterchen von der Größe eines i-Punktes ab, zerdrücke es auf einem Stück starken Papiers u. befestige es darauf mit Zapon- oder Kollodiumlack. Dann schneide man eine Patronenhülse in der Mitte durch u. drücke das passend zugeschnittene Papier fest an den Boden der Hülse. Ferner wird ein starker Korken so durchbohrt, daß man die Hülse gerade hineinschieben kann. In die andere Seite der Durchbohrung wird eine gute Lupenlinse eingekittet, deren Scharfeinstellung man vorher bei Tageslicht bestimmt u. an der Hülse markiert hat, so daß man durch leichtes Drehen des Korkens bald eine Stelle findet, an der man die durch Zerfallen der radioaktiven Subst. entstehenden Lichtblitze gut sieht, sobald das Auge sich an die Dunkelheit gewöhnt hat.

F. Keutel, P. **34** (21) 270.

Fertige Spinthariskope werden von der FIRMA NEVA G.M.B.H. in Geislingen/Steige geliefert.

4. Selbstbau einer Nebelkammer (Abb. 40)

371. Eine Rezipientenglocke *B* wird umgekehrt eingespannt u. über eine Saugflasche *V* mit der Wasserstrahlpumpe verbunden. Die Taucherglocke *G* — ein Becherglas entspr. Größe ohne Ausguß — ist gegen den Auftrieb

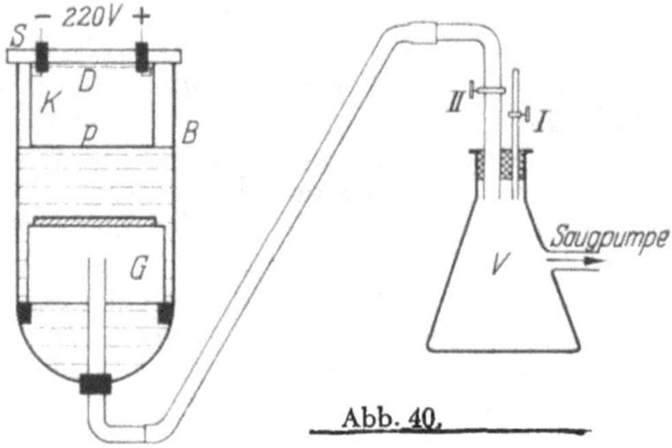

Abb. 40.

mit einer Bleiplatte beschwert. Drei Korken sorgen dafür, daß der Rand den nötigen Abstand von *B* hat. Für eine gute u. schnelle Luftverdünnung sorgt der Hahn II (3 bis 5 mm Bohrung). Die Deckplatte *S* aus Spiegelglas muß mindestens 8 mm stark sein, damit sie nicht eingedrückt wird. Unter ihr befindet sich die Nebelkammer *K*, die nach oben durch ein feinmaschiges Drahtnetz *D* u. unten durch eine geschwärzte Kupferplatte *P* abgeteilt wird, die mit Drähten an *D* aufgehängt ist. Zwei Zuleitungen für eine Spannungsquelle (220 Volt Gleichspannung) dienen dazu, die immer schon zahlreichen Ionen abzusaugen, damit nur die im Moment der adiabat. Ausdehnung entstehenden Ionen für die Sichtbarmachung der Bahnspuren vorhanden sind. Als Füllung von *B* dient ein 50%ig. Alkohol-Wasser- bzw. Brennspiritus-Wasser-Gemisch.

Bringt man ein radioaktives Präparat in die Kammer *K*, so kann man die α-Strahlen an Nebelspuren erkennen, die während der Ausdehnung durch Stoßionisation längs der Bahn der geladenen Teilchen immer wieder gebildet werden. Bei genügend starker seitlicher Beleuchtung kann die Beobachtung im Spiegelbild auch einem größeren Kreis ermöglicht werden.

Für photograph. Aufnahmen empfiehlt es sich, das Drahtnetz durch einen Metallring zu ersetzen.

E. Feldt, MNU **5** (52/53) 46—47.

Stichwortverzeichnis

SAMMLUNG GÖSCHEN

GESAMTVERZEICHNIS

Jeder Band DM 3,60 · Doppelband DM 5,80

Februar 1963

WALTER DE GRUYTER & CO., BERLIN 30

Inhaltsübersicht

Geisteswissenschaften

Philosophie

Einführung in die Philosophie von *H. Leisegang †*. 5. Auflage. 145 Seiten. 1963. In Vorbereitung (281)

Hauptprobleme der Philosophie von *G. Simmel †*. 7., unveränderte Auflage. 177 Seiten. 1950. (500)

Geschichte der Philosophie

I: Die griechische Philosophie von *W. Capelle*. 1. Teil. Von Thales bis Leukippos. 2., erweiterte Auflage. 135 Seiten. 1953. (857)

II: Die griechische Philosophie von *W. Capelle*. 2. Teil. Von der Sophistik bis zum Tode Platons. 2., stark erweiterte Auflage. 144 Seiten. 1953. (858)

III: Die griechische Philosophie von *W. Capelle*. 3. Teil. Vom Tode Platons bis zur Alten Stoa. 2., stark erweiterte Auflage. 132 Seiten. 1954. (859)

IV: Die griechische Philosophie von *W. Capelle*. 4. Teil. Von der Alten Stoa bis zum Eklektizismus im 1. Jh. v. Chr. 2., stark erweiterte Auflage. 132 Seiten. 1954. (863)

V: Die Philosophie des Mittelalters von *J. Koch*. In Vorbereitung. (826)

VI: Von der Renaissance bis Kant von *K. Schilling*. 234 Seiten. 1954. (394/394a)

VII: Immanuel Kant von *G. Lehmann*. In Vorbereitung. (536)

VIII: Die Philosophie des 19. Jahrhunderts von *G. Lehmann*. 1. Teil. 151 Seiten. 1953. (571)

IX: Die Philosophie des 19. Jahrhunderts von *G. Lehmann*. 2. Teil. 168 Seiten. 1953. (709)

X: Die Philosophie im ersten Drittel des 20. Jahrhunderts 1. Teil von *G. Lehmann*. 128 Seiten. 1957. (845)

XI: Die Philosophie im ersten Drittel des 20. Jahrhunderts 2. Teil von *G. Lehmann*. 114 Seiten. 1960. (850)

Die geistige Situation der Zeit (1931) von *K. Jaspers*. 5., unveränderter Abdruck der im Sommer 1932 bearbeiteten 5. Auflage. 211 Seiten. 1960. (1000)

Erkenntnistheorie von *G. Kropp*.
1. Teil: Allgemeine Grundlegung. 143 Seiten. 1950. (807)

Formale Logik von *P. Lorenzen*. 2., verbesserte Auflage. 165 Seiten. 1962. (1176/1176a)

Philosophisches Wörterbuch von *M. Apel †*. 5., völlig neubearbeitete Auflage von *P. Ludz*. 315 Seiten. 1958. (1031/1031a)

Philosophische Anthropologie. Menschliche Selbstdeutung in Geschichte und Gegenwart von *M. Landmann*. 266 Seiten. 1955. (156/156a)

Pädagogik, Psychologie, Soziologie

Geschichte der Pädagogik von *Herm. Weimer.* 15., neubearbeitete und vermehrte Auflage von *Heinz Weimer.* 184 Seiten. 1962. (145)
Therapeutische Psychologie. Ihr Weg durch die Psychoanalyse von *W. M. Kranefeldt.* Mit einer Einführung von *C. G. Jung.* 3. Auflage. 152 Seiten. 1956. (1034)
Allgemeine Psychologie von *Th. Erismann †.* 4 Bände. 2., neubearbeitete Auflage.
I: Grundprobleme. 146 Seiten. 1958. (831)
II: Grundarten des psychischen Geschehens. 248 Seiten. 1959. (832/832a)
III: Experimentelle Psychologie und ihre Grundlagen. 1. Teil. 112 Seiten, 7 Abbildungen. 1962. (833)
IV: Experimentelle Psychologie und ihre Grundlagen. 2. Teil. 199 Seiten, 20 Abbildungen. 1962. (834/834a)
Soziologie. Geschichte und Hauptprobleme von *L. von Wiese.* 6. Auflage. 175 Seiten. 1960. (101)
Ideengeschichte der sozialen Bewegung des 19. und 20. Jh. von *W. Hofmann.* 243 Seiten. 1962. (1205/1205a)
Sozialpsychologie von *P. R. Hofstätter.* 181 Seiten, 15 Abbildungen, 22 Tabellen. 1956. (104/104a)
Psychologie des Berufs- und Wirtschaftslebens von *W. Moede †.* 190 Seiten, 48 Abbildungen. 1958. (851/851a)
Industrie- und Betriebssoziologie von *R. Dahrendorf.* 2., umgearbeitete und erweiterte Auflage. 142 Seiten, 3 Figuren. 1962. (103)
Einführung in die Sozialethik von *H.-D. Wendland.* 144 Seiten. 1963. (1203)

Religion

Jesus von *M. Dibelius †.* 3. Auflage, mit einem Nachtrag von *W. G. Kümmel.* 140 Seiten. 1960. (1130)
Paulus von *M. Dibelius †.* Nach dem Tode des Verfassers herausgegeben und zu Ende geführt von *W. G. Kümmel.* 2., durchgesehene Auflage. 155 Seiten. 1956. (1160)
Luther von *F. Lau.* 151 Seiten. 1959. (1187)
Melanchthon von *R. Stupperich.* 139 Seiten. 1960. (1190)
Einführung in die Konfessionskunde der orthodoxen Kirchen von *K. Onasch.* 291 Seiten. 1962. (1197/1197a)
Geschichte des christlichen Gottesdienstes von *W. Nagel.* 215 Seiten. 1962. (1202/1202a)
Geschichte Israels. Von den Anfängen bis zur Zerstörung des Tempels (70 n. Chr.) von *E. L. Ehrlich.* 158 Seiten, 1 Tafel. 1958. (231/231a)
Römische Religionsgeschichte von *F. Altheim.* 2 Bände. 2., umgearbeitete Auflage.
I: Grundlagen und Grundbegriffe. 116 Seiten. 1956. (1035)
II: Der geschichtliche Ablauf. 164 Seiten. 1956. (1052)
Die Religion des Buddhismus von *D. Schlingloff.* 2 Bände.
I: Der Heilsweg des Mönchtums. 122 Seiten, 11 Abbildungen, 1 Karte. 1962. (174)
II: Der Heilsweg für die Welt. In Vorbereitung. (770)

Musik

Musikästhetik von *H. J. Moser*. 180 Seiten. Mit zahlreichen Notenbeispielen. 1953. (344)
Systematische Modulation von *R. Hernried*. 2. Auflage. 136 Seiten. Mit zahlreichen Notenbeispielen. 1950. (1094)
Der polyphone Satz von *E. Pepping*. 2 Bände.
I: Der cantus-firmus-Satz. 2. Auflage. 223 Seiten. Mit zahlreichen Notenbeispielen. 1950. (1148)
II: Übungen im doppelten Kontrapunkt und im Kanon. 137 Seiten. Mit zahlreichen Notenbeispielen. 1957. (1164/1164a)
Allgemeine Musiklehre von *H. J. Moser*. 2., durchgesehene Auflage. 155 Seiten. Mit zahlreichen Notenbeispielen. 1955. (220/220a)
Harmonielehre von *H. J. Moser*. 2 Bände.
I: 109 Seiten. Mit 120 Notenbeispielen. 1954. (809)
Die Musik des 19. Jahrhunderts von *W. Oehlmann*. 180 Seiten. 1953. (170)
Die Musik des 20. Jahrhunderts von *W. Oehlmann*. 312 Seiten. 1961. (171/171a)
Technik der deutschen Gesangskunst von *H. J. Moser*. 3., durchgesehene und verbesserte Auflage. 144 Seiten, 5 Figuren sowie Tabellen und Notenbeispiele. 1954. (576/576a)
Die Kunst des Dirigierens von *H. W. von Waltershausen †*. 2., vermehrte Auflage. 138 Seiten. Mit 19 Notenbeispielen. 1954. (1147)
Die Technik des Klavierspiels aus dem Geiste des musikalischen Kunstwerkes von *K. Schubert †*. 3. Auflage. 110 Seiten. Mit Notenbeispielen. 1954. (1045)

Kunst

Stilkunde von *H. Weigert*. 2 Bände. 3., durchgesehene und ergänzte Auflage.
I: Vorzeit, Antike, Mittelalter. 136 Seiten, 94 Abbildungen. 1958. (80)
II: Spätmittelalter und Neuzeit. 150 Seiten, 88 Abbildungen. 1958. (781)
Archäologie von *A. Rumpf*. 2 Bände.
I: Einleitung, historischer Überblick. 143 Seiten, 6 Abbildungen, 12 Tafeln. 1953. (538)
II: Die Archäologensprache. Die antiken Reproduktionen. 136 Seiten, 7 Abbildungen, 12 Tafeln. 1956. (539)

Geschichte

Einführung in die Geschichtswissenschaft von *P. Kirn*. 4., durchgesehene Auflage. 127 Seiten. 1963. (270)
Einführung in die Zeitgeschichte von *B. Scheurig*. 101 Seiten. 1962. (1204)
Zeitrechnung der römischen Kaiserzeit, des Mittelalters und der Neuzeit für die Jahre 1—2000 n. Chr. von *H. Lietzmann †*. 3. Auflage, durchgesehen von *K. Aland*. 130 Seiten. 1956. (1085)

GEISTESWISSENSCHAFTEN

Kultur der Urzeit von *F. Behn*. 3 Bände. 4. Auflage der Kultur der Urzeit Bd. 1—3 von *M. Hoernes*.

I: Die vormetallischen Kulturen. (Die Steinzeiten Europas. Gleichartige Kulturen in anderen Erdteilen.) 172 Seiten, 48 Abbildungen. 1950. (564)

II: Die älteren Metallkulturen. (Der Beginn der Metallbenutzung, Kupfer- und Bronzezeit in Europa, im Orient und in Amerika.) 160 Seiten, 67 Abbildungen. 1950. (565)

III: Die jüngeren Metallkulturen. (Das Eisen als Kulturmetall, Hallstatt-Latène-Kultur in Europa. Das erste Auftreten des Eisens in den anderen Weltteilen.) 149 Seiten, 60 Abbildungen. 1950. (566)

Vorgeschichte Europas von *F. Behn*. Völlig neue Bearbeitung der 7. Auflage der „Urgeschichte der Menschheit" von *M. Hoernes*. 125 Seiten, 47 Abbildungen. 1949. (42)

Der Eintritt der Germanen in die Geschichte von *J. Haller †*. 3. Auflage, durchgesehen von *H. Dannenbauer*. 120 Seiten, 6 Kartenskizzen. 1957. (1117)

Von den Karolingern zu den Staufern. Die altdeutsche Kaiserzeit (900—1250) von *J. Haller †*. 4., durchgesehene Auflage von *H. Dannenbauer*. 142 Seiten, 4 Karten. 1958. (1065)

Von den Staufern zu den Habsburgern. Auflösung des Reichs und Emporkommen der Landesstaaten (1250—1519) von *J. Haller †*. 2., durchgesehene Auflage von *H. Dannenbauer*. 118 Seiten, 6 Kartenskizzen. 1960. (1077)

Deutsche Geschichte im Zeitalter der Reformation, der Gegenreformation und des dreißigjährigen Krieges von *F. Hartung*. 2., durchgesehene Auflage. 128 Seiten. 1963. (1105)

Deutsche Geschichte von 1648—1740. Politischer und geistiger Wiederaufbau von *W. Treue*. 120 Seiten. 1956. (35)

Deutsche Geschichte von 1713—1806. Von der Schaffung des europäischen Gleichgewichts bis zu Napoleons Herrschaft von *W. Treue*. 168 Seiten. 1957. (39)

Deutsche Geschichte von 1806—1890. Vom Ende des alten bis zur Höhe des neuen Reiches von *W. Treue*. 128 Seiten. 1961. (893)

Deutsche Geschichte von 1890 bis zur Gegenwart von *W. Treue*. In Vorbereitung. (894)

Quellenkunde der Deutschen Geschichte im Mittelalter (bis zur Mitte des 15. Jahrhunderts) von *K. Jacob †*. 3 Bände.

I: Einleitung. Allgemeiner Teil. Die Zeit der Karolinger. 6. Auflage, bearbeitet von *H. Hohenleutner*. 127 Seiten. 1959. (279)

II: Die Kaiserzeit (911—1250). 5. Auflage, neubearbeitet von *H. Hohenleutner*. 141 Seiten. 1961. (280)

III: Das Spätmittelalter (vom Interregnum bis 1500). Herausgegeben von *F. Weden*. 152 Seiten. 1952. (284)

Geschichte Englands von *H. Preller*. 2 Bände.

I: bis 1815. 3., stark umgearbeitete Auflage. 135 Seiten, 7 Stammtafeln, 2 Karten. 1952. (375)

II: Von 1815 bis 1910. 2., völlig umgearbeitete Auflage. 118 Seiten, 1 Stammtafel, 7 Karten. 1954. (1088)

Römische Geschichte von *F. Altheim*. 4 Bände. 2., verbesserte Auflage.
I: Bis zur Schlacht bei Pydna (168 v.Chr.). 124 Seiten. 1956. (19)
II: Bis zur Schlacht bei Actium (31 v.Chr.). 129 Seiten. 1956. (677)
III: Bis zur Schlacht an der Milvischen Brücke (312 n.Chr.). 148 Seiten. 1958. (679)
IV: Bis zur Schlacht am Yarmuk (636 n.Chr.). In Vorbereitung. (684)

Geschichte der Vereinigten Staaten von Amerika von *O. Graf zu Stolberg-Wernigerode*. 192 Seiten, 10 Karten. 1956. (1051/1051 a)

Deutsche Sprache und Literatur

Geschichte der Deutschen Sprache von *H. Sperber*. 4. Auflage, besorgt von *W. Fleischhauer*. 128 Seiten. 1963. In Vorbereitung. (915)

Deutsches Rechtschreibungswörterbuch von *M. Gottschald †*. 2., verbesserte Auflage. 219 Seiten. 1953. (200/200a)

Deutsche Wortkunde. Kulturgeschichte des deutschen Wortschatzes von *A. Schirmer*. 4. Auflage von *W. Mitzka*. 123 Seiten. 1960. (929)

Deutsche Sprachlehre von *W. Hofstaetter*. 10. Auflage. Völlige Umarbeitung der 8. Auflage. 150 Seiten. 1960. (20)

Stimmkunde für Beruf, Kunst und Heilzwecke von *H. Biehle*. 111 Seiten. 1955. (60)

Redetechnik. Einführung in die Rhetorik von *H. Biehle*. 2., erweiterte Auflage. 151 Seiten. 1961. (61)

Sprechen und Sprachpflege (Die Kunst des Sprechens) von *H. Feist*. 2., verbesserte Auflage. 99 Seiten, 25 Abbildungen. 1952. (1122)

Deutsches Dichten und Denken von der germanischen bis zur staufischen Zeit von *H. Naumann †*. (Deutsche Literaturgeschichte vom 5.—13. Jahrhundert.) 2., verbesserte Auflage. 166 Seiten. 1952. (1121)

Deutsches Dichten und Denken vom Mittelalter zur Neuzeit von *G. Müller* (1270 bis 1700). 3., durchgesehene Auflage. 159 Seiten. 1963. In Vorbereitung. (1086)

Deutsches Dichten und Denken von der Aufklärung bis zum Realismus (Deutsche Literaturgeschichte von 1700—1890) von *K. Viëtor †*. 3., durchgesehene Auflage. 159 Seiten. 1958. (1096)

Der Nibelunge Nôt in Auswahl mit kurzem Wörterbuch von *K. Langosch*. 10., durchgesehene Auflage. 164 Seiten. 1956. (1)

Kudrun und Dietrich-Epen in Auswahl mit Wörterbuch von *O. L. Jiriczek*. 6. Auflage, bearbeitet von *R. Wisniewski*. 173 Seiten. 1957. (10)

Wolfram von Eschenbach. Parzival. Eine Auswahl mit Anmerkungen und Wörterbuch von *H. Jantzen*. 2. Auflage, bearbeitet von *H. Kolb*. 128 Seiten. 1957. (921)

Hartmann von Aue. Der arme Heinrich nebst einer Auswahl aus der „Klage", dem „Gregorius" und den Liedern (mit einem Wörterverzeichnis) herausgegeben von *F. Maurer*. 96 Seiten. 1958. (18)

Gottfried von Strassburg in Auswahl herausgegeben von *F. Maurer*. 142 Seiten. 1959. (22)

Die deutschen Personennamen von *M. Gottschald †*. 2., verbesserte Auflage. 151 Seiten. 1955. (422)
Althochdeutsches Elementarbuch. Grammatik und Texte von *H. Naumann †* und *W. Betz*. 3., verbesserte und vermehrte Auflage. 183 Seiten. 1962. (1111/1111a)
Mittelhochdeutsche Grammatik von *H. de Boor* und *R. Wisniewski*. 3., verbesserte und ergänzte Auflage. 150 Seiten. 1963. (1108)

Indogermanisch, Germanisch

Indogermanische Sprachwissenschaft von *H. Krahe*. 2 Bände. 4., überarbeitete Auflage.
I: Einleitung und Lautlehre. 110 Seiten. 1962. (59)
II: Formenlehre. 124 Seiten. 1963. (64)
Gotisches Elementarbuch. Grammatik, Texte mit Übersetzung und Erläuterungen von *H. Hempel*. 3., umgearbeitete Auflage. 166 Seiten. 1962. (79/79a)
Germanische Sprachwissenschaft von *H. Krahe*. 2 Bände.
I: Einleitung und Lautlehre. 5., überarbeitete Auflage. 149 Seiten. 1963. (238)
II: Formenlehre. 4., überarbeitete Auflage. 149 Seiten. 1961. (780)
Altnordisches Elementarbuch. Schrift, Sprache, Texte mit Übersetzung und Wörterbuch von *F. Ranke*. 2., durchgesehene Auflage. 146 Seiten. 1949. (1115)

Englisch, Romanisch

Altenglisches Elementarbuch. Einführung, Grammatik, Texte mit Übersetzung und Wörterbuch von *M. Lehnert*. 5., verbesserte Auflage. 178 Seiten. 1962. (1125)
Historische neuenglische Laut- und Formenlehre von *E. Ekwall*. 3., durchgesehene Auflage. 150 Seiten. 1956. (735)
Englische Phonetik von *H. Mutschmann †*. 2. Auflage. Etwa 117 Seiten. 1963. In Vorbereitung. (601)
Englische Literaturgeschichte von *F. Schubel*. 4 Bände.
I: Die alt- und mittelenglische Periode. 163 Seiten. 1954. (1114)
II: Von der Renaissance bis zur Aufklärung. 160 Seiten. 1956. (1116)
III: Romantik und Viktorianismus. 160 Seiten. 1960. (1124)
Beowulf von *M. Lehnert*. Eine Auswahl mit Einführung, teilweiser Übersetzung, Anmerkungen und etymologischem Wörterbuch. 3., verbesserte Auflage. 135 Seiten. 1959. (1135)
Shakespeare von *P. Meißner †*. 2. Auflage, neubearbeitet von *M. Lehnert*. 136 Seiten. 1954. (1142)
Italienische Literaturgeschichte von *K. Voßler †*. 5. Auflage, neubearbeitet von *A. Noyer-Weidner*. In Vorbereitung. (125)

Romanische Sprachwissenschaft von *H. Lausberg*. 4 Bände.
I: Einleitung und Vokalismus. 2. Auflage. 160 Seiten. 1963. In Vorbereitung. (128/128a)
II: Konsonantismus. 95 Seiten. 1956. (250)
III: Formenlehre. 1. Teil. 99 Seiten. 1962. (1199)
III: Formenlehre. 2. Teil. S. 99—260. 1962. (1200/1200a)
IV: Wortlehre. In Vorbereitung. (1208)

Griechisch, Lateinisch

Griechische Sprachwissenschaft von *W. Brandenstein*. 2 Bände.
I: Einleitung, Lautsystem, Etymologie. 160 Seiten. 1954. (117)
II: Wortbildung und Formenlehre. 192 Seiten. 1959. (118/118a)

Geschichte der griechischen Sprache. 2 Bände.
I: Bis zum Ausgang der klassischen Zeit von *O. Hoffmann †*. 3. Auflage, bearbeitet von *A. Debrunner †*. 156 Seiten. 1953. (111)
II: Grundfragen und Grundzüge des nachklassischen Griechisch von *A. Debrunner †*. 144 Seiten. 1954. (114)

Geschichte der griechischen Literatur von *W. Nestle*. 2. Bände. 3. Auflage, bearbeitet von *W. Liebich*.
I: 144 Seiten. 1961. (70)
II: In Vorbereitung. (557)

Grammatik der neugriechischen Volkssprache von *J. Kalitsunakis*. 3., völlig neubearbeitete und erweiterte Auflage. 197 Seiten. 1963. (756/756a)

Neugriechisch-deutsches Gesprächsbuch von *J. Kalitsunakis*. 2. Auflage, bearbeitet von *A. Steinmetz*. 99 Seiten. 1960. (587)

Geschichte der lateinischen Sprache von *F. Stolz*. 4. Auflage von *A. Debrunner †*. In Vorbereitung. (492)

Geschichte der römischen Literatur von *L. Bieler*. 2 Bände.
I: Die Literatur der Republik. 160 Seiten. 1961. (52)
II: Die Literatur der Kaiserzeit. 133 Seiten. 1961. (866)

Hebräisch, Sanskrit, Russisch

Hebräische Grammatik von *G. Beer †*. 2 Bände. Völlig neubearbeitet von *R. Meyer*.
I: Schrift-, Laut- und Formenlehre I. 3. Auflage. 157 Seiten. In Vorbereitung. (763/763a)
II: Formenlehre II. Syntax und Flexionstabellen. 2. Auflage. 195 Seiten. 1955. (764/764a)

Hebräisches Textbuch zu *G. Beer-R. Meyer*, Hebräische Grammatik von *R. Meyer*. 170 Seiten. 1960. (769/769a)

Sanskrit-Grammatik von *M. Mayrhofer*. 89 Seiten. 1953. (1158)

Russische Grammatik von *E. Berneker †*. 6., verbesserte Auflage von *M. Vasmer †*. 155 Seiten. 1961. (66)

Slavische Sprachwissenschaft von *H. Bräuer*. 2 Bände.
I: Einleitung, Lautlehre. 221 Seiten. 1961. (1191/1191a)

Erd- und Länderkunde, Kartographie

Afrika von *F. Jaeger*. Ein geographischer Überblick. 2 Bände. 3. Auflage.
I: Der Lebensraum. 179 Seiten, 18 Abbildungen. 1963. In Vorbereitung. (910)
II: Mensch und Kultur. 155 Seiten, 6 Abbildungen. 1963. In Vorbereitung. (911)

Australien und Ozeanien von *H. J. Krug*. 176 Seiten, 46 Skizzen. 1953. (319)

Kartographie von *V. Heissler*. 213 Seiten, 125 Abb., 8 Anlagen. 1962. (30/30a)

Volkswirtschaft, Statistik, Publizistik

Allgemeine Betriebswirtschaftslehre von *K. Mellerowicz*. 4 Bände. 11., durchgesehene Auflage.
I: 224 Seiten. 1961. (1008/1008a)
II: 188 Seiten. 1962. (1153/1153a)
III: 260 Seiten. 1963. (1154/1154a)
IV: 209 Seiten. 1963. (1186/1186a)

Geschichte der Volkswirtschaftslehre von *S. Wendt*. 182 Seiten. 1961. (1194)

Allgemeine Volkswirtschaftslehre von *A. Paulsen*. 4 Bände.
I: Grundlegung, Wirtschaftskreislauf. 4., neubearbeitete Auflage. 154 Seiten. 1962. (1169)
II: Haushalte, Unternehmungen, Marktformen. 4., neubearbeitete Auflage. 168 Seiten, 32 Abbildungen. 1963. (1170)
III: Produktionsfaktoren. 3. Auflage. 200 Seiten. 1963. (1171)
IV: Gesamtbeschäftigung, Konjunkturen, Wachstum. 2. Auflage. 174 Seiten. 1962. (1172)

Allgemeine Volkswirtschaftspolitik von *H. Ohm*. 2 Bände.
I: Systematisch-Theoretische Grundlegung. 137 Seiten, 6 Abbildungen. 1962. (1195)
II: Der volkswirtschaftliche Gesamtorganismus als Objekt der Wirtschaftspolitik. In Vorbereitung. (1196)

Finanzwissenschaft von *H. Kolms*. 4 Bände.
I: Grundlegung, Öffentliche Ausgaben. 2. Auflage. 160 Seiten. 1963. In Vorbereitung. (148)
II: Erwerbseinkünfte, Gebühren und Beiträge; Allgemeine Steuerlehre. 148 Seiten. 1960. (391)
III: Besondere Steuerlehre. 178 Seiten. 1962. (776)
IV: Öffentlicher Kredit. Haushaltswesen. Finanzausgleich. In Vorbereitung. (782)

Finanzmathematik von *M. Nicolas.* 192 Seiten, 11 Tafeln, 8 Tabellen und 72 Beispiele. 1959. (1183/1183a)

Industrie- und Betriebssoziologie von *R. Dahrendorf.* 2., umgearbeitete und erweiterte Auflage. 142 Seiten, 3 Figuren. 1962. (103)

Wirtschaftssoziologie von *F. Fürstenberg.* 122 Seiten. 1961. (1193)

Psychologie des Berufs- und Wirtschaftslebens von *W. Moede †.* 190 Seiten, 48 Abbildungen. 1958. (851/851a)

Allgemeine Methodenlehre der Statistik von *J. Pfanzagl.* 2 Bände.
- I: Elementare Methoden unter besonderer Berücksichtigung der Anwendungen in den Wirtschafts- und Sozialwissenschaften. 2. Auflage. Etwa 205 Seiten, 35 Abbildungen. 1963. (746/746a)
- II: Höhere Methoden unter besonderer Berücksichtigung der Anwendungen in Naturwissenschaft, Medizin und Technik. 295 Seiten, 39 Abbildungen. 1962. (747/747a)

Zeitungslehre von *E. Dovifat.* 2 Bände. 4., neubearbeitete Auflage.
- I: Theoretische und rechtliche Grundlagen — Nachricht und Meinung — Sprache und Form. 149 Seiten. 1962. (1039)
- II: Redaktion — Die Sparten: Verlag und Vertrieb, Wirtschaft und Technik — Sicherung der öffentlichen Aufgabe. 168 Seiten. 1962. (1040)

Naturwissenschaften

Mathematik

Geschichte der Mathematik von *J. E. Hofmann*. 4 Bände.
I: Von den Anfängen bis zum Auftreten von Fermat und Descartes. 2., verbesserte und vermehrte Auflage. 200 Seiten. 1963. (226/226a)
II: Von Fermat und Descartes bis zur Erfindung des Calculus und bis zum Ausbau der neuen Methoden. 109 Seiten. 1957. (875)
III: Von den Auseinandersetzungen um den Calculus bis zur französischen Revolution. 107 Seiten. 1957. (882)
IV: Geschichte der Mathematik der neuesten Zeit von *N. Stuloff*. In Vorbereitung. (883)

Mathematische Formelsammlung von *F. O. Ringleb*. 7., erweiterte Auflage. 320 Seiten, 40 Figuren. 1960. (51/51a)

Vierstellige Tafeln und Gegentafeln für logarithmisches und trigonometrisches Rechnen in zwei Farben zusammengestellt von *H. Schubert* und *R. Haussner*. 3., neubearbeitete Auflage von *J. Erlebach*. 158 Seiten. 1960. (81)

Fünfstellige Logarithmen mit mehreren graphischen Rechentafeln und häufig vorkommenden Zahlenwerten von *A. Adler*. 4. Auflage, überarbeitet von *J. Erlebach*. 127 Seiten, 1 Tafel. 1962. (423)

Arithmetik von *P. B. Fischer †*. 3. Auflage von *H. Rohrbach*. 152 Seiten, 19 Abbildungen. 1958. (47)

Höhere Algebra von *H. Hasse*. 2 Bände.
I: Lineare Gleichungen. 5., neubearbeitete Auflage. 150 Seiten. 1963. (931)
II: Gleichungen höheren Grades. 4., durchgesehene Auflage. 158 Seiten, 5 Figuren. 1958. (932)

Aufgabensammlung zur höheren Algebra von *H. Hasse* und *W. Klobe*. 3., verbesserte Auflage. 183 Seiten. 1961. (1082)

Elementare und klassische Algebra vom modernen Standpunkt von *W. Krull*. 2 Bände.
I: 3., erweiterte Auflage. 136 Seiten. 1963. In Vorbereitung. (930)
II: 132 Seiten. 1959. (933)

Algebraische Kurven und Flächen von *W. Burau*. 2 Bände.
I: Algebraische Kurven der Ebene. 153 Seiten. 28 Abbildungen. 1962. (435)
II: Algebraische Flächen 3. Grades und Raumkurven 3. und 4. Grades. 162 Seiten, 17 Abbildungen. 1962. (436/436a)

Einführung in die Zahlentheorie von *A. Scholz †*. Überarbeitet und herausgegeben von *B. Schoeneberg*. 3. Auflage. 128 Seiten. 1961. (1131)

Formale Logik von *P. Lorenzen*. 2., verbesserte Auflage. 165 Seiten. 1962. (1176/1176a)

Topologie von *W. Franz*. 2 Bände.
I: Allgemeine Topologie. 144 Seiten, 9 Figuren. 1960. (1181)
II: Algebraische Topologie. In Vorbereitung. (1182)

Elemente der Funktionentheorie von *K. Knopp †*. 6. Auflage. 144 Seiten, 23 Figuren. 1963. In Vorbereitung. (1109)

Funktionentheorie von *K. Knopp †*. 2 Bände. 10. Auflage.
I: Grundlagen der allgemeinen Theorie der analytischen Funktionen. 144 Seiten, 8 Figuren. 1961. (668)
II: Anwendungen und Weiterführung der allgemeinen Theorie. 130 Seiten, 7 Figuren. 1962. (703)

Aufgabensammlung zur Funktionentheorie von *K. Knopp †*. 2 Bände.
I: Aufgaben zur elementaren Funktionentheorie. 6. Auflage. 135 Seiten. 1962. (877)
II: Aufgaben zur höheren Funktionentheorie. 5. Auflage. 151 Seiten. 1959. (878)

Differential- und Integralrechnung von *M. Barner*. (Früher *Witting*). 4 Bände.
I: Grenzwertbegriff, Differentialrechnung. 2. Auflage. Etwa 176 Seiten. 1963. In Vorbereitung. (86/86a)

Gewöhnliche Differentialgleichungen von *G. Hoheisel*. 6., neubearbeitete und erweiterte Auflage. 128 Seiten. 1960. (920)

Partielle Differentialgleichungen von *G. Hoheisel*. 4., durchgesehene Auflage. 128 Seiten. 1960. (1003)

Aufgabensammlung zu den gewöhnlichen und partiellen Differentialgleichungen von *G. Hoheisel*. 4., durchgesehene und verbesserte Auflage. 124 Seiten. 1958. (1059)

Integralgleichungen von *G. Hoheisel*. 2., durchgesehene Auflage. Etwa 125 Seiten. 1963. (1099)

Mengenlehre von *E. Kamke*. 4., verbesserte Auflage. 194 Seiten, 6 Figuren. 1962. (999/999a)

Gruppentheorie von *L. Baumgartner*. 3., neubearbeitete Auflage. 110 Seiten, 3 Tafeln. 1958. (837)

Ebene und sphärische Trigonometrie von *G. Hessenberg †*. 5. Auflage, durchgesehen von *H. Kneser*. 172 Seiten, 60 Figuren. 1957. (99)

Darstellende Geometrie von *W. Haack*. 3 Bände.
I: Die wichtigsten Darstellungsmethoden. Grund- und Aufriß ebenflächiger Körper. 4., durchgesehene und ergänzte Auflage. 113 Seiten, 120 Abbildungen. 1963. (142)
II: Körper mit krummen Begrenzungsflächen. Kotierte Projektionen. 3., durchgesehene Auflage. 129 Seiten, 86 Abbildungen. 1962. (143)
III: Axonometrie und Perspektive. 2., durchgesehene und ergänzte Auflage. 129 Seiten, 100 Abbildungen. 1962. (144)

Analytische Geometrie von *K. P. Grotemeyer*. 2., erweiterte Auflage. 218 Seiten, 73 Abbildungen. 1962. (65/65a)

Nichteuklidische Geometrie. Hyperbolische Geometrie der Ebene von *R. Baldus †*. Durchgesehen und herausgegeben von *F. Löbell*. 3., verbesserte Auflage. 140 Seiten, 70 Figuren. 1953. (970)

Differentialgeometrie von *K. Strubecker* (früher *Rothe*). 3 Bände.
I: Kurventheorie der Ebene und des Raumes. 150 Seiten, 18 Figuren. 1955. (1113/1113a)
II: Theorie der Flächenmetrik. 195 Seiten, 14 Figuren. 1958. (1179/1179a)
III: Theorie der Flächenkrümmung. 254 Seiten, 38 Figuren. 1959. (1180/1180a)

Variationsrechnung von *L. Koschmieder*. 2 Bände. 2., neubearbeitete Auflage.
I: Das freie und gebundene Extrem einfacher Grundintegrale. 128 Seiten, 23 Figuren. 1962. (1074)
II: Anwendung klassischer Verfahren auf allgemeine Fragen des Extrems. — Neuere unmittelbare Verfahren. In Vorbereitung. (1075)

Einführung in die konforme Abbildung von *L. Bieberbach*. 5., erweiterte Auflage. 180 Seiten, 42 Figuren. 1956. (768/768a)

Vektoren und Matrizen von *S. Valentiner*. 2. Auflage. (9., erweiterte Auflage der „Vektoranalysis"). Mit Anhang: Aufgaben zur Vektorrechnung von *H. König*. 202 Seiten, 35 Figuren. 1960. (354/354a)

Versicherungsmathematik von *F. Böhm*. 2 Bände.
I: Elemente der Versicherungsrechnung. 3., vermehrte und verbesserte Auflage. Durchgesehener Neudruck. 151 Seiten. 1953. (180)
II: Lebensversicherungsmathematik. Einführung in die technischen Grundlagen der Sozialversicherung. 2., verbesserte und vermehrte Auflage. 205 Seiten. 1953. (917/917a)

Finanzmathematik von *M. Nicolas*. 192 Seiten, 11 Tafeln, 8 Tabellen und 72 Beispiele. 1959. (1183/1183a)

Physik

Einführung in die theoretische Physik von *W. Döring*. 5 Bände.
I: Mechanik. 2., verbesserte Auflage. 123 Seiten, 25 Abbildungen. 1960. (76)
II: Das elektromagnetische Feld. 2., verbesserte Auflage. 132 Seiten, 15 Abbildungen. 1962. (77)
III: Optik. 2., verbesserte Auflage. 117 Seiten, 32 Abbildungen. 1963. (78)
IV: Thermodynamik. 107 Seiten, 9 Abbildungen. 1956. (374)
V: Statistische Mechanik. 114 Seiten, 12 Abbildungen. 1957. (1017)

Mechanik deformierbarer Körper von *M. Päsler*. 199 Seiten, 48 Abbildungen. 1960. (1189/1189a)

Atomphysik von *K. Bechert*, *Ch. Gerthsen †* und *A. Flammersfeld*. 7 Bände.
I: Allgemeine Grundlagen. 1. Teil. 4., durchgesehene Auflage von *A. Flammersfeld*. 124 Seiten, 35 Abbildungen. 1959. (1009)
II: Allgemeine Grundlagen. 2. Teil. 4., umgearbeitete Auflage von *A. Flammersfeld*. Etwa 112 Seiten. 1963. (1033)
III: Theorie des Atombaus. 1. Teil von *K. Bechert*. 4., umgearbeitete Auflage. 148 Seiten, 16 Abbildungen. 1963. (1123/1123a)
IV: Theorie des Atombaus. 2. Teil von *K. Bechert*. 4., umgearbeitete Auflage. 170 Seiten, 14 Abbildungen. 1963. In Vorbereitung. (1165/1165a)

Differentialgleichungen der Physik von *F. Sauter.* 3., durchgesehene und ergänzte Auflage. 148 Seiten, 16 Figuren. 1958. (1070)

Physikalische Formelsammlung von *G. Mahler †.* Neubearbeitet von *H. Graewe.* 11. Auflage. 153 Seiten, 69 Figuren. 1963. (136)

Physikalische Aufgabensammlung von *G. Mahler †.* Neubearbeitet von *K. Mahler.* Mit den Ergebnissen. 11. Auflage. 127 Seiten. 1961. (243)

Chemie

Geschichte der Chemie in kurzgefaßter Darstellung von *G. Lockemann.* 2 Bände.
I: Vom Altertum bis zur Entdeckung des Sauerstoffs. 142 Seiten, 8 Bildnisse. 1950. (264)
II: Von der Entdeckung des Sauerstoffs bis zur Gegenwart. 151 Seiten, 16 Bildnisse. 1955. (265/265a)

Anorganische Chemie von *W. Klemm.* 12., neubearbeitete und erweiterte Auflage. 255 Seiten, 34 Abbildungen. 1962. (37/37a)

Organische Chemie von *W. Schlenk.* 9., erweiterte Auflage. 273 Seiten, 16 Abbildungen. 1963. (38/38a)

Physikalische Methoden in der Organischen Chemie von *G. Kresze.* 2 Bände.
I: 119 Seiten, 65 Abbildungen. 1962. (44)
II: 164 Seiten. 1962. (45/45a)

Allgemeine und physikalische Chemie von *W. Schulze.* 2 Bände.
I: 5., durchgesehene Auflage. 139 Seiten, 10 Figuren. 1960. (71)
II: 5., verbesserte Auflage. 178 Seiten, 37 Figuren. 1961. (698/698a)

Einfache Versuche zur allgemeinen und physikalischen Chemie von *E. Dehn.* 371 Versuche mit 40 Abbildungen. 272 Seiten. 1962. (1201/1201a)

Molekülbau. Theoretische Grundlagen und Methoden der Strukturermittlung von *W. Schulze.* 123 Seiten, 43 Figuren. 1958. (786)

Physikalisch-chemische Rechenaufgaben von *E. Asmus.* 3., verbesserte Auflage. 96 Seiten. 1958. (445)

Maßanalyse. Theorie und Praxis der klassischen und der elektrochemischen Titrierverfahren von *G. Jander* und *K. F. Jahr.* 9., durchgesehene Auflage. 313 Seiten, 49 Figuren. 1961. (221/221a)

Qualitative Analyse von *H. Hofmann* u. *G. Jander.* 308 Seiten, 5 Abbildungen. 1960. (247/247a)

Thermochemie von *W. A. Roth †.* 2., verbesserte Auflage. 109 Seiten, 16 Figuren. 1952. (1057)

Stöchiometrische Aufgabensammlung von *W. Bahrdt †* und *R. Scheer.* Mit den Ergebnissen. 7., durchgesehene Auflage. 119 Seiten. 1960. (452)

Elektrochemie von *K. Vetter.* 2 Bände.
I: 1963. In Vorbereitung. (252)
II: 1963. In Vorbereitung. (253)

Technologie

Die Chemie der Kunststoffe von *K. Hamann*, unter Mitarbeit von *W. Funke* und *H. D. Hermann*. 143 Seiten. 1960. (1173)
Warenkunde von *K. Hassak* und *E. Beutel †*. 2 Bände.
I: Anorganische Waren sowie Kohle und Erdöl. 8. Auflage. Neubearbeitet von *A. Kutzelnigg*. 119 Seiten, 18 Figuren. 1958. (222)
II: Organische Waren. 8. Auflage. Vollständig neubearbeitet von *A. Kutzelnigg*. 157 Seiten, 32 Figuren. 1959. (223)
Die Fette und Öle von *Th. Klug*. 6., verbesserte Auflage. 143 Seiten. 1961. (335)
Die Seifenfabrikation von *K. Braun †*. 3., neubearbeitete und verbesserte Auflage von *Th. Klug*. 116 Seiten, 18 Abbildungen. 1953. (336)
Thermische Verfahrenstechnik von *H. Bock*. 3 Bände.
I: Eigenschaften und Verhalten der realen Stoffe. 1963. Im Druck. (1209/1209a)
Textilindustrie von *A. Blümcke*.
I: Spinnerei und Zwirnerei. 111 Seiten, 43 Abbildungen. 1954. (184)

Biologie

Einführung in die allgemeine Biologie und ihre philosophischen Grund- und Grenzfragen von *M. Hartmann*. 132 Seiten, 2 Abbildungen. 1956. (96)
Hormone von *G. Koller*. 2., neubearbeitete und erweiterte Auflage. 187 Seiten, 60 Abbildungen, 19 Tabellen. 1949. (1141)
Fortpflanzung im Tier- und Pflanzenreich von *J. Hämmerling*. 2., ergänzte Auflage. 135 Seiten, 101 Abbildungen. 1951. (1138)
Geschlecht und Geschlechtsbestimmung im Tier- und Pflanzenreich von *M. Hartmann*. 2., verbesserte Auflage. 116 Seiten, 61 Abbildungen, 7 Tabellen. 1951. (1127)
Symbiose der Tiere mit pflanzlichen Mikroorganismen von *P. Buchner*. 2., verbesserte und vermehrte Auflage. 130 Seiten, 121 Abbildungen. 1949. (1128)
Grundriß der Allgemeinen Mikrobiologie von *W.* u. *A. Schwartz*. 2 Bände. 2., verbesserte und ergänzte Auflage.
I: 147 Seiten, 25 Abbildungen. 1960. (1155)
II: 142 Seiten, 29 Abbildungen. 1961. (1157)

Botanik

Entwicklungsgeschichte des Pflanzenreiches von *H. Heil*. 2. Auflage. 138 Seiten, 94 Abbildungen, 1 Tabelle. 1950. (1137)
Morphologie der Pflanzen von *L. Geitler*., 3., umgearbeitete Auflage. 126 Seiten, 114 Abbildungen. 1953. (141)
Pflanzengeographie von *L. Diels †*. 5., völlig neubearbeitete Auflage von *F. Mattick*. 195 Seiten, 2 Karten. 1958. (389/389a)

Die Laubhölzer. Kurzgefaßte Beschreibung der in Mitteleuropa gedeihenden Laubbäume und Sträucher von *F. W. Neger †* und *E. Münch †*. 3., durchgesehene Auflage, herausgegeben von *B. Huber*. 143 Seiten, 63 Figuren, 7 Tabellen. 1950. (718)

Die Nadelhölzer (Koniferen) und übrigen Gymnospermen von *F. W. Neger †* und *E. Münch †*. 4. Auflage, durchgesehen und ergänzt von *B. Huber*. 140 Seiten, 75 Figuren, 4 Tabellen, 3 Karten. 1952. (355)

Pflanzenzüchtung von *H. Kuckuck*. 2 Bände.

I: Grundzüge der Pflanzenzüchtung. 3., völlig umgearbeitete und erweiterte Auflage. 132 Seiten, 22 Abbildungen. 1952. (1134)

II: Spezielle gartenbauliche Pflanzenzüchtung (Züchtung von Gemüse, Obst und Blumen). 178 Seiten, 27 Abbildungen. 1957. (1178/1178 a)

Zoologie

Entwicklungsphysiologie der Tiere von *F. Seidel*. 2 Bände.

I: Ei und Furchung. 126 Seiten, 29 Abbildungen. 1953. (1162)

II: Körpergrundgestalt und Organbildung. 159 Seiten, 42 Abbildungen. 1953. (1163)

Das Tierreich

I: Einzeller, Protozoen von *E. Reichenow*. 115 Seiten. 59 Abbildungen. 1956. (444)

II: Schwämme und Hohltiere von *H. J. Hannemann*. 95 Seiten, 80 Abbildungen. 1956. (442)

III: Würmer. Platt-, Hohl-, Schnurwürmer, Kamptozoen, Ringelwürmer, Protracheaten, Bärtierchen, Zungenwürmer von *S. Jaeckel*. 114 Seiten, 36 Abbildungen. 1955. (439)

IV, 1: Krebse von *H. E. Gruner* und *K. Deckert*. 114 Seiten, 43 Abbildungen. 1956. (443)

IV, 2: Spinnentiere (Trilobitomorphen, Fühlerlose) und Tausendfüßler von *A. Kaestner*. 96 Seiten, 55 Abbildungen. 1955. (1161)

IV, 3: Insekten von *H. von Lengerken*. 128 Seiten, 58 Abbildungen. 1953. (594)

V: Weichtiere. Urmollusken, Schnecken, Muscheln und Kopffüßer von *S. Jaeckel*. 92 Seiten. 34 Figuren. 1954. (440)

VI: Stachelhäuter. Tentakulaten, Binnenatmer und Pfeilwürmer von *S. Jaeckel*. 100 Seiten, 46 Abbildungen. 1955. (441)

VII, 1: Manteltiere, Schädellose, Rundmäuler von *Th. Haltenorth*. In Vorbereitung. (448)

VII, 2: Fische von *D. Lüdemann*. 130 Seiten, 65 Abbildungen. 1955. (356)

VII, 3: Lurche (Chordatiere) von *K. Herter*. 143 Seiten, 129 Abbildungen. 1955. (847)

VII, 4: Kriechtiere (Chordatiere) von *K. Herter*. 200 Seiten, 42 Abbildungen. 1960. (447/447 a)

VII, 5: Vögel (Chordatiere) von *H.-A. Freye*. 156 Seiten, 69 Figuren. 1960. (869)

VII, 6: Säugetiere (Chordatiere) von *Th. Haltenorth*. In Vorbereitung. (282)

Land- und Forstwirtschaft

Landwirtschaftliche Tierzucht. Die Züchtung und Haltung der landwirtschaftlichen Nutztiere von *H. Vogel.* 139 Seiten, 11 Abbildungen. 1952. (228)

Kulturtechnische Bodenverbesserungen von *O. Fauser.* 2 Bände. 5., verbesserte und vermehrte Auflage.

I: Allgemeines, Entwässerung. 127 Seiten, 49 Abbildungen. 1959. (691)

II: Bewässerung, Ödlandkultur, Flurbereinigung. 159 Seiten, 71 Abbildungen. 1961. (692)

Agrikulturchemie von *K. Scharrer.* 2 Bände.

I: Pflanzenernährung. 143 Seiten. 1953. (329)

II: Futtermittelkunde. 192 Seiten. 1956. (330/330a)

Geologie, Mineralogie, Kristallographie

Geologie von *F. Lotze.* 2., verbesserte Auflage. 178 Seiten, 80 Abbildungen. 1961. (13)

Erzkunde von *H. von Philipsborn.* In Vorbereitung. (1207)

Mineral- und Erzlagerstättenkunde von *H. Huttenlocher †.* 2 Bände.

I: 2. Auflage. 128 Seiten, 34 Abbildungen. In Vorbereitung. (1014)

II: 156 Seiten, 48 Abbildungen. 1954. (1015/1015a)

Allgemeine Mineralogie. 11., erweiterte Auflage der „Mineralogie" von *R. Brauns †*, bearbeitet von *K. F. Chudoba.* 152 Seiten, 143 Textfiguren, 1 Tafel, 3 Tabellen. 1963. (29/29a)

Spezielle Mineralogie. 10., erweiterte Auflage der „Mineralogie„ von *R. Brauns †*, bearbeitet von *K. F. Chudoba.* 170 Seiten, 125 Textfiguren, 4 Tabellen. 1959. (31/31a)

Petrographie (Gesteinskunde) von *W. Bruhns †.* Neubearbeitet von *P. Ramdohr.* 5., erweiterte Auflage. 141 Seiten, 10 Figuren. 1960. (173)

Kristallographie von *W. Bruhns †.* 5. Auflage, neubearbeitet von *P. Ramdohr.* 109 Seiten, 164 Abbildungen. 1958. (210)

Einführung in die Kristalloptik von *E. Buchwald.* 5., verbesserte Auflage. Etwa 138 Seiten, 117 Figuren. 1963. In Vorbereitung. (619)

Lötrohrprobierkunde. Mineraldiagnose mit Lötrohr und Tüpfelreaktion von *M. Henglein.* 4., durchgesehene und erweiterte Auflage. 108 Seiten, 12 Figuren. 1962. (483)

Technik

Graphische Darstellung in Wissenschaft und Technik von *M. Pirani*. 3., erweiterte Auflage bearbeitet von *J. Fischer* unter Benutzung der von *I. Runge* besorgten 2. Auflage. 216 Seiten, 104 Abbildungen. 1957. (728/728a)

Technische Tabellen und Formeln von *W. Müller*. 5., verbesserte und erweiterte Auflage von *E. Schulze*. 165 Seiten, 114 Abbildungen, 99 Tafeln. 1962. (579)

Grundlagen der Straßenverkehrstechnik. Theorie der Leistungsfähigkeit von *E. Engel*. 101 Seiten, 55 Abbildungen. 1962. (1198)

Elektrotechnik

Grundlagen der allgemeinen Elektrotechnik von *O. Mohr*. 2., durchgesehene Auflage. 260 Seiten, 136 Bilder, 14 Tafeln. 1961. (196/196a)

Die Gleichstrommaschine von *K. Humburg*. 2 Bände. 2., durchgesehene Auflage.
I: 102 Seiten, 59 Abbildungen. 1956. (257)
II: 101 Seiten, 38 Abbildungen. 1956. (881)

Die Synchronmaschine von *W. Putz*. 92 Seiten, 64 Bilder. 1962. (1146)

Induktionsmaschinen von *F. Unger*. 2., erweiterte Auflage. 142 Seiten, 49 Abbildungen. 1954. (1140)

Die komplexe Berechnung von Wechselstromschaltungen von *H. H. Meinke*. 3. Auflage. 180 Seiten, 120 Abbildungen. 1963. In Vorbereitung. (1156/1156a)

Theoretische Grundlagen zur Berechnung der Schaltgeräte von *F. Kesselring*. 3. Auflage. 144 Seiten, 92 Abbildungen. 1950. (711)

Einführung in die Technik selbsttätiger Regelungen von *W. zur Megede*. 2., durchgesehene Auflage. 180 Seiten, 86 Abbildungen. 1961. (714/714a)

Elektromotorische Antriebe (Grundlagen für die Berechnung) von *A. Schwaiger*. 3., neubearbeitete Auflage. 96 Seiten, 34 Abbildungen. 1952. (827)

Überspannungen und Überspannungsschutz von *G. Frühauf*. Durchgesehener Neudruck. 122 Seiten, 98 Abbildungen. 1950. (1132)

Elektrische Höchstspannungs-Schaltanlagen von *G. Meiners* und *K. H. Wiesenewsky*. 1963. In Vorbereitung. (796)

Transformatoren von *W. Schäfer*. 4., überarbeitete und ergänzte Auflage. 130 Seiten, 73 Abbildungen. 1962. (952)

Maschinenbau

Metallkunde von *H. Borchers.* 3 Bände. 5. Auflage.
I: Aufbau der Metalle und Legierungen. 120 Seiten, 90 Abbildungen, 2 Tabellen. 1962. (432)
II: Eigenschaften, Grundzüge der Form- und Zustandsgebung. Etwa 180 Seiten, 107 Abbildungen, 10 Tabellen. 1963. (433/433a)
III: Die metallkundlichen Untersuchungsmethoden von *E. Hanke.* In Vorbereitung. (434)

Die Werkstoffe des Maschinenbaues von *A. Thum †* und *C. M. v. Meysenbug.* 2 Bände.
I: Einführung in die Werkstoffprüfung. 2., neubearbeitete Auflage. 100 Seiten, 7 Tabellen, 56 Abbildungen. 1956. (476)
II: Die Konstruktionswerkstoffe. 132 Seiten, 40 Abbildungen. 1959. (936)

Dynamik von *W. Müller.* 2 Bände. 2., verbesserte Auflage.
I: Dynamik des Einzelkörpers. 128 Seiten, 48 Figuren. 1952. (902)
II: Systeme von starren Körpern. 102 Seiten, 41 Figuren. 1952. (903)

Technische Schwingungslehre von *L. Zipperer.* 2 Bände. 2., neubearbeitete Auflage.
I: Allgemeine Schwingungsgleichungen, einfache Schwinger. 120 Seiten, 101 Abbildungen. 1953. (953)
II: Torsionsschwingungen in Maschinenanlagen. 102 Seiten, 59 Abbildungen. 1955. (961/961a)

Werkzeugmaschinen für Metallbearbeitung von *K. P. Matthes.* 2 Bände.
I: 100 Seiten 27 Abbildungen, 11 Zahlentafeln, 1 Tafelanhang. 1954. (561)
II: Fertigungstechnische Grundlagen der neuzeitlichen Metallbearbeitung. 101 Seiten, 30 Abbildungen, 5 Tafeln. 1955. (562)

Das Maschinenzeichnen mit Einführung in das Konstruieren von *W. Tochtermann.* 2 Bände. 4. Auflage.
I: Das Maschinenzeichnen. 156 Seiten, 75 Tafeln. 1950. (589)
II: Ausgeführte Konstruktionsbeispiele. 130 Seiten, 58 Tafeln. 1950. (590)

Die Maschinenelemente von *E. A. vom Ende †.* 4., überarbeitete Auflage. 184 Seiten, 179 Figuren, 11 Tafeln. 1963. (3/3a)

Die Maschinen der Eisenhüttenwerke von *L. Engel.* 156 Seiten, 95 Abbildungen. 1957. (583/583a)

Walzwerke von *H. Sedlaczek †* unter Mitarbeit von *F. Fischer* und *M. Buch.* 232 Seiten, 157 Abbildungen. 1958. (580/580a)

Getriebelehre von *P. Grodzinski †.* 2 Bände. 3., neubearbeitete Auflage von *G. Lechner.*
I: Geometrische Grundlagen. 164 Seiten, 131 Figuren. 1960. (1061)
II: Angewandte Getriebelehre. In Vorbereitung. (1062)

Kinematik von *H. R. Müller.* 171 Seiten, 75 Figuren. 1963. (584/584a)

Gießereitechnik von *H. Jungbluth.* 2 Bände.
I: Eisengießerei. 126 Seiten, 44 Abbildungen. 1951. (1159)

Die Dampfturbinen. Ihre Wirkungsweise, Berechnung und Konstruktion von *C. Zietemann.* 3 Bände.
I: Theorie der Dampfturbinen. 4. Auflage. 139 Seiten, 48 Abbildungen. 1963. In Vorbereitung. (274)
II: Die Berechnung der Dampfturbinen und die Konstruktion der Einzelteile. 3., verbesserte Auflage. 132 Seiten, 111 Abbildungen. 1956. (715)
III: Die Regelung der Dampfturbinen, die Bauarten, Turbinen für Sonderzwecke, Kondensationsanlagen. 3., verbesserte Auflage. 126 Seiten, 90 Abbildungen. 1956. (716)

Verbrennungsmotoren von *W. Endres.* 3 Bände.
I: Überblick. Motor-Brennstoffe. Verbrennung im Motor allgemein, im Otto- und Diesel-Motor. 153 Seiten, 57 Abbildungen. 1958. (1076/1076a)
II: Die heutigen Typen der Verbrennungskraftmaschine. In Vorbereitung. (1184)
III: Die Einzelteile des Verbrennungsmotors. In Vorbereitung. (1185)

Autogenes Schweißen und Schneiden von *H. Niese.* 5. Auflage, neubearbeitet von *A. Küchler.* 136 Seiten, 71 Figuren. 1953. (499)

Die elektrischen Schweißverfahren von *H. Niese.* 2. Auflage, neubearbeitet von *H. Dienst.* 136 Seiten, 58 Abbildungen. 1955. (1020)

Die Hebezeuge. Entwurf von Winden und Kranen von *G. Tafel.* 2., verbesserte Auflage. 176 Seiten, 230 Figuren. 1954. (414/414a)

Wasserbau

Wasserkraftanlagen von *A. Ludin* unter Mitarbeit von *W. Borkenstein.* 2 Bände.
I: Planung, Grundlagen und Grundzüge. 124 Seiten, 60 Abbildungen. 1955. (665)
II: Anordnung und Ausbildung der Hauptbauwerke. 184 Seiten, 91 Abbildungen. 1958. (666/666a)

Verkehrswasserbau von *H. Dehnert.* 3 Bände.
I: Entwurfsgrundlagen, Flußregelungen. 103 Seiten, 53 Abbildungen. 1950. (585)
II: Flußkanalisierung und Schiffahrtskanäle. 94 Seiten, 60 Abbildungen. 1950. (597)
III: Schleusen und Hebewerke. 98 Seiten, 70 Abbildungen. 1950. (1152)

Wehr- und Stauanlagen von *H. Dehnert.* 134 Seiten, 90 Abbildungen. 1952. (965)

Talsperren von *F. Tölke.* 122 Seiten, 70 Abbildungen. 1953. (1044)

Vermessungswesen

Vermessungskunde von *W. Grossmann*. 3 Bände.

I: Stückvermessung und Nivellieren. 11., verbesserte Auflage. 144 Seiten, 117 Figuren. 1962. (468)

II: Horizontalaufnahmen und ebene Rechnungen. 9. Auflage. Etwa 133 Seiten, 97 Figuren. 1963. In Vorbereitung. (469)

III: Trigonometrische und barometrische Höhenmessung. Tachymetrie und Absteckungen. 7., völlig neubearbeitete Auflage. 136 Seiten, 97 Figuren. 1960. (862)

Kartographie von *V. Heissler*. 213 Seiten, 125 Abbildungen, 8 Anlagen. 1962. (30/30a)

Photogrammetrie von *G. Lehmann*. 189 Seiten, 132 Abbildungen. 1959. (1188/1188a)

Hoch- und Tiefbau

Die wichtigsten Baustoffe des Hoch- und Tiefbaus von *O. Graf †*. 4., verbesserte Auflage. 131 Seiten, 63 Abbildungen. 1953. (984)

Baustoffverarbeitung und Baustellenprüfung des Betons von *A. Kleinlogel*. 2., neubearbeitete und erweiterte Auflage. 126 Seiten, 35 Abbildungen. 1951. (978)

Festigkeitslehre. 2 Bände.

I: Elastizität, Plastizität und Festigkeit der Baustoffe und Bauteile von *W. Gehler †* und *W. Herberg*. Durchgesehener und erweiterter Neudruck. 159 Seiten, 118 Abbildungen. 1952. (1144)

II: Formänderung, Platten, Stabilität und Bruchhypothesen von *W. Herberg* und *N. Dimitrov*. 187 Seiten, 94 Abbildungen. 1955. (1145/1145a)

Grundlagen des Stahlbetonbaus von *A. Troche*. 2., neubearbeitete und erweiterte Auflage. 208 Seiten, 75 Abbildungen, 17 Bemessungstafeln, 20 Rechenbeispiele. 1953. (1078)

Statik der Baukonstruktionen von *A. Teichmann*. 3 Bände.

I: Grundlagen. 101 Seiten, 51 Abbildungen, 8 Formeltafeln. 1956. (119)

II: Statisch bestimmte Stabwerke. 107 Seiten, 52 Abbildungen, 7 Tafeln. 1957. (120)

III: Statisch unbestimmte Systeme. 112 Seiten, 34 Abbildungen, 7 Formeltafeln. 1958. (122)

Fenster, Türen, Tore aus Holz und Metall. Eine Anleitung zu ihrer guten Gestaltung, wirtschaftlichen Bemessung und handwerksgerechten Konstruktion von *W. Wickop †*. 4., überarbeitete und ergänzte Auflage. 155 Seiten, 95 Abbildungen. 1955. (1092)

Heizung und Lüftung von *W. Körting*. 2 Bände. 9., neubearbeitete Auflage.
I: Das Wesen und die Berechnung der Heizungs- und Lüftungsanlagen. 171 Seiten, 29 Abbildungen, 36 Zahlentafeln. 1962. (342/342a)
II: Die Ausführung der Heizungs- und Lüftungsanlagen. 1963. In Vorbereitung. (343)

Industrielle Kraft- und Wärmewirtschaft von *F. A. F. Schmidt* und *A. Beckers*. 167 Seiten, 73 Abbildungen. 1957. (318/318a)

Weitere Sonderverzeichnisse aller Wissensgebiete und Einzelprospekte, sowie die Verlagskataloge aus dem Verlag WALTER DE GRUYTER & CO. erhalten Sie jederzeit bei Ihrem Buchhändler.

Sammlung Göschen / Bandnummernfolge

1 Langosch, Der Nibelunge Nôt
3/3a v. Ende, Maschinenelemente
10 Jiriczek-Wisniewski, Kudrun- und Dietrich-Epen
13 Lotze, Geologie
18 Maurer, Hartmann von Aue. Der arme Heinrich
19 Altheim, Römische Geschichte I
20 Hofstaetter, Dt. Sprachlehre
22 Maurer, Gottfried von Strassburg
29/29a Brauns-Chudoba, Allgemeine Mineralogie
30/30a Heissler, Kartographie
31/31a Brauns-Chudoba, Spezielle Mineralogie
35 Treue, Dt. Geschichte von 1648—1740
37/37a Klemm, Anorganische Chemie
38/38a Schlenk, Organische Chemie
39 Treue, Dt. Geschichte von 1713—1806
42 Behn-Hoernes, Vorgeschichte Europas
44 Kresze, Physikalische Methoden in der Organischen Chemie I
45/45a Kresze, Physikalische Methoden in der Organischen Chemie II
47 Fischer-Rohrbach, Arithmetik
51/51a Ringleb, Mathem. Formelsammlung
52 Bieler, Röm. Literaturgesch. I
59 Krahe, Indog. Sprachwiss. I
60 Biehle, Stimmkunde
61 Biele, Redetechnik
64 Krahe, Indog. Sprachwiss. II
65/65a Grotemeyer, Analyt. Geometrie
66 Berneker-Vasmer, Russische Grammatik
70 Nestle-Liebich, Gesch. d. griechischen Literatur I
71 Schulze, Allgemeine und physikalische Chemie I
76 Döring, Einf. i. d. th. Physik I
77 Döring, Einf. i. d. th. Physik II
78 Döring, Einf. i. d. th. Physik III
79/79a Hempel, Got. Elementarbuch
80 Weigert, Stilkunde I
81 Schubert-Haussner-Erlebach, Vierstell. Logarithmentafeln
86/86a Barner, Differential- u. Integralrechnung I
96 Hartmann, Einf. in die allgem. Biologie
99 Hessenberg-Kneser, Ebene und sphär. Trigonometrie
101 v. Wiese, Soziologie
103 Dahrendorf, Industrie- und Betriebssoziologie
104/104a Hofstätter, Sozialpsychologie
111 Hoffmann-Debrunner, Gesch. der griechischen Sprache I
114 Debrunner, Gesch. der griechischen Sprache II
117 Brandenstein, Griechische Sprachwissenschaft I
118/118a Brandenstein, Griechische Sprachwissenschaft II
119 Teichmann, Statik der Baukonstruktionen I
120 Teichmann, Statik der Baukonstruktionen II
122 Teichmann, Statik der Baukonstruktionen III
125 Vossler-Noyer-Weidner, Ital. Literaturgeschichte
128/128a Lausberg, Romanische Sprachwissenschaft I

136 Mahler-Graewe, Physikal. Formelsammlung
141 Geitler, Morphologie der Pflanzen
142 Haack, Darst. Geometrie I
143 Haack, Darst. Geometrie II
144 Haack, Darst. Geometrie III
145 Weimer, Gesch. der Pädagogik
148 Kolms, Finanzwissenschaft I
156/156a Landmann, Philosophische Anthropologie
170 Oehlmann, Musik des 19. Jhs.
171/171a Oehlmann, Musik des 20. Jhs.
173 Bruhns-Ramdohr, Petrographie
174 Schlingloff, Religion des Buddhismus I
180 Böhm, Versicherungsmathematik I
184 Blümcke, Textilindustrie I
196/196a Mohr, Grundlagen der allgem. Elektrotechnik
200/200a Gottschald, Dt. Rechtschreibungswörterbuch
210 Bruhns-Ramdohr, Kristallographie
220/220a Moser, Allg. Musiklehre
221/221a Jander-Jahr, Maßanalyse
222 Hassak-Beutel-Kutzelnigg, Warenkunde I
223 Hassak-Beutel-Kutzelnigg, Warenkunde II
226/226a Hofmann, Gesch. der Mathematik I
228 Vogel, Landw. Tierzucht
231/231a Ehrlich, Gesch. Israels
238 Krahe, Germ. Sprachwiss. I
243 Mahler, Physikal. Aufgabensammlung
247/247a Hofmann-Jander, Qualitative Analyse
250 Lausberg, Romanische Sprachwissenschaft II
252 Vetter, Elektrochemie I
253 Vetter, Elektrochemie II
257 Humburg, Gleichstrommaschine I
264 Lockemann, Gesch. der Chemie I
265/265a Lockemann, Geschichte der Chemie II
270 Kirn, Einführung in die Geschichtswissenschaft
274 Zietemann, Dampfturbinen I
279 Jacob-Hohenleutner, Quellenkunde der deutschen Geschichte I
280 Jacob-Hohenleutner, Quellenkunde der deutschen Geschichte II
281 Leisegang, Einführung in die Philosophie
282 Haltenorth, Säugetiere
284 Jacob-Weden, Quellenkunde der deutschen Geschichte III
318/318a Schmidt-Beckers, Industrielle Kraft- u. Wärmewirtschaft
319 Krug, Australien und Ozeanien
329 Scharrer, Agrikulturchemie I
330/330a Scharrer, Agrikulturchemie II
335 Klug, Fette und Öle
336 Braun-Klug, Seifenfabrikation
342/342a Körting, Heizung und Lüftung I
343 Körting, Heizung und Lüftung II
344 Moser, Musikästhetik
354/354a Valentiner-König, Vektoren und Matrizen
355 Neger-Münch-Huber, Nadelhölzer
356 Lüdemann, Fische
374 Döring, Einführung in die theoret. Physik IV
375 Preller, Geschichte Englands I
389/389a Diels-Mattick, Pflanzengeographie
391 Kolms, Finanzwissenschaft II
394/394a Schilling, Von der Renaissance bis Kant
414/414a Tafel, Hebezeuge
422 Gottschald, Dt. Personennamen
423 Adler-Erlebach, Fünfstellige Logarithmen
432 Borchers, Metallkunde I
433/433a Borchers, Metallkunde II
434 Borchers-Hanke, Metallkunde III

435 Burau, Algebr. Kurven u. Flächen I
436/436a Burau, Algebr. Kurven und Flächen II
439 Jaeckel, Würmer
440 Jaeckel, Weichtiere
441 Jaeckel, Stachelhäuter
442 Hannemann, Schwämme und Hohltiere
443 Gruner-Deckert, Krebse
444 Reichenow, Einzeller
445 Asmus, Physikal.-chem. Rechenaufgaben
447/447a Herter, Kriechtiere
448 Haltenorth, Manteltiere
452 Bahrdt-Scheer, Stöchiometrische Aufgabensammlung
468 Grossmann, Vermessungskunde I
469 Grossmann, Vermessungskunde II
476 Thum-Meysenbug, Die Werkstoffe des Maschinenbaues I
483 Henglein, Lötrohrprobierkunde
492 Stolz-Debrunner, Geschichte der lateinischen Sprache
499 Niese-Küchler, Autogenes Schweißen
500 Simmel, Hauptprobleme der Philosophie
536 Lehmann, Kant
538 Rumpf, Archäologie I
539 Rumpf, Archäologie II
557 Nestle-Liebich, Gesch. der griech. Literatur II
561 Matthes, Werkzeugmaschinen I
562 Matthes, Werkzeugmaschinen II
564 Behn-Hoernes, Kultur der Urzeit I
565 Behn-Hoernes, Kultur der Urzeit II
566 Behn-Hoernes, Kultur der Urzeit III
571 Lehmann, Philosophie des 19. Jahrhunderts I
576/576a Moser, Gesangskunst
579 Müller-Schulze, Techn. Tabellen
580/580a Sedlaczek-Fischer-Buch, Walzwerke
583/583a Engel, Maschinen der Eisenhüttenwerke
584/584a Müller, Kinematik
585 Dehnert, Verkehrswasserbau I
587 Kalitsunakis-Steinmetz, Neugriech.-dt. Gesprächsbuch
589 Tochtermann, Maschinenzeichnen I
590 Tochtermann, Maschinenzeichnen II
594 v. Lengerken, Insekten
597 Dehnert, Verkehrswasserbau II
601 Mutschmann, Engl. Phonetik
619 Buchwald, Kristalloptik
665 Ludin-Borkenstein, Wasserkraftanlagen I
666/666a Ludin-Borkenstein, Wasserkraftanlagen II
668 Knopp, Funktionentheorie I
677 Altheim, Röm. Geschichte II
679 Altheim, Röm. Geschichte III
684 Altheim, Röm. Geschichte IV
691 Fauser, Kulturtechn. Bodenverbesserungen I
692 Fauser, Kulturtechn. Bodenverbesserungen II
698/698a Schulze, Allgemeine u. physikalische Chemie II
703 Knopp, Funktionentheorie II
709 Lehmann, Philosophie des 19. Jahrhunderts II
711 Kesselring, Berechnung der Schaltgeräte
714/714a zur Megede, Technik selbsttätiger Regelungen
715 Zietemann, Dampfturbinen II
716 Zietemann, Dampfturbinen III
718 Neger-Münch-Huber, Laubhölzer
728/728a Pirani-Fischer-Runge, Graph. Darstellung in Wissenschaft u. Technik
735 Ekwall, Historische neuengl. Laut- und Formenlehre
746/746a Pfanzagl, Allg. Methodenlehre der Statistik I
747/747a Pfanzagl, Allg. Methodenlehre der Statistik II
756/756a Kalitsunakis, Gramm. d. Neugriech. Volksspr.

763/763a Beer-Meyer, Hebräische Grammatik I
764/764a Beer-Meyer, Hebräische Grammatik II
768/768a Bieberbach, Einführung in die konforme Abbildung
769/769a Beer-Meyer, Hebräisches Textbuch
770 Schlingloff, Religion des Buddhismus II
776 Kolms, Finanzwissensch. III
780 Krahe, German. Sprachwiss. II
781 Weigert, Stilkunde II
782 Kolms, Finanzwissensch. IV
786 Schulze, Molekülbau
796 Meiners-Wiesenewsky, Elektr. Höchstspannungs-Schaltanlagen
807 Kropp, Erkenntnistheorie
809 Moser, Harmonielehre I
826 Koch, Philosophie d. Mittelalters
827 Schwaiger, Elektromotorische Antriebe
831 Erismann, Allg. Psychologie I
832/382a Erismann, Allg. Psychologie II
833 Erismann, Allg. Psychologie III
834/834a Erismann, Allg. Psychologie IV
837 Baumgartner, Gruppentheorie
845 Lehmann, Philosophie im ersten Drittel des 20. Jhs. I
847 Herter, Lurche
850 Lehmann, Philosophie im ersten Drittel des 20. Jhs. II
851/851a Moede, Psychologie des Berufs- und Wirtschaftslebens
857 Capelle, Griech. Philosophie I
858 Capelle, Griech. Philos. II
859 Capelle, Griech. Philos. III
862 Grossmann, Vermessungskunde III
863 Capelle, Griech. Philos. IV
866 Bieler, Röm. Literaturgeschichte II
869 Freye, Vögel
875 Hofmann, Geschichte der Mathematik II
877 Knopp, Aufgabensammlung zur Funktionentheorie I
878 Knopp, Aufgabensammlung zur Funktionentheorie II
881 Humburg, Gleichstrommaschine II
882 Hofmann, Geschichte der Mathematik III
883 Stuloff, Mathematik der neuesten Zeit
893 Treue, Dt. Geschichte von 1806—1890
894 Treue, Dt. Geschichte von 1890 bis zur Gegenwart
902 Müller, Dynamik I
903 Müller, Dynamik II
910 Jaeger, Afrika I
911 Jaeger, Afrika II
915 Sperber-Fleischhauer, Gesch. der Deutschen Sprache
917/917a Böhm, Versicherungsmathematik II
920 Hoheisel, Gewöhnliche Differentialgleichungen
921 Jantzen-Kolb, W. v. Eschenbach. Parzival
929 Schirmer-Mitzka, Dt. Wortkunde
930 Krull, Elementare und klassische Algebra I
931 Hasse, Höhere Algebra I
932 Hasse, Höhere Algebra II
933 Krull, Elementare und klassische Algebra II
936 Thum-Meysenbug, Werkstoffe d. Maschinenbaues II
952 Schäfer, Transformatoren
953 Zipperer, Techn. Schwingungslehre I
961/691a Zipperer, Techn. Schwingungslehre II
965 Dehnert, Wehr- und Stauanlagen
970 Baldus-Löbell, Nichteuklidische Geometrie
978 Kleinlogel, Baustoffverarbeitung und Baustellenprüfung d. Betons
984 Graf, Baustoffe des Hoch- und Tiefbaues
999/999a Kamke, Mengenlehre

1000 Jaspers, Geistige Situat. der Zeit
1003 Hoheisel, Partielle Differentialgleichung
1008/1008a Mellerowicz, Allgem. Betriebswirtschaftslehre I
1009 Bechert-Gerthsen-Flammersfeld, Atomphysik I
1014 Huttenlocher, Mineral- und Erzlagerstättenkunde I
1015/1015a Huttenlocher, Mineral- u. Erzlagerstättenkunde I
1017 Döring, Einführung in die theoret. Physik V
1020 Niese-Dienst, Elektrische Schweißverfahren
1031/1031a Apel-Ludz, Philosophisches Wörterbuch
1033 Bechert-Gerthsen-Flammersfeld, Atomphysik II
1034 Kranefeldt-Jung, Therapeutische Psychologie
1035 Altheim, Röm. Religionsgeschichte I
1039 Dovifat, Zeitungslehre I
1040 Dovifat, Zeitungslehre II
1044 Tölke, Talsperren
1045 Schubert, Technik des Klavierspiels
1051/1051a Stolberg-Wernigerode, Gesch. d. Vereinigten Staaten
1052 Altheim, Röm. Religionsgeschichte II
1057 Roth, Thermochemie
1059 Hoheisel, Aufgabenslg z. d. gew. u. part. Differentialgl.
1061 Grodzinski-Lechner, Getriebelehre I
1062 Grodzinski-Lechner, Getriebelehre II
1065 Haller-Dannenbauer, Von d. Karolingern zu den Staufern
1070 Sauter, Differentialgleichungen der Physik
1074 Koschmieder, Variationsrechnung I
1075 –, Variationsrechnung II
1076/1076a Endres, Verbrennungsmotoren I
1077 Haller-Dannenbauer, Von den Staufern zu den Habsburgern
1078 Troche, Stahlbetonbau
1082 Hasse-Klobe, Aufgabensammlung zur höheren Algebra
1085 Lietzmann-Aland, Zeitrechnung
1086 Müller, Dt. Dichten und Denken
1088 Preller, Gesch. Englands II
1092 Wickop, Fenster, Türen, Tore
1094 Hernried, System. Modulation
1096 Viëtor, Dt. Dichten und Denken
1099 Hoheisel, Integralgleichungen
1105 Hartung, Dt. Geschichte im Zeitalter der Reformation
1108 de Boor-Wisniewski, Mittelhochdeutsche Grammatik
1109 Knopp, Elemente der Funktionentheorie
1111/1111a Naumann-Betz, Althochdt. Elementarbuch
1113/1113a Strubecker, Differentialgeometrie I
1114 Schubel, Engl. Literaturgeschichte I
1115 Ranke, Altnord. Elementarbuch
1116 Schubel, Engl. Literaturgeschichte II
1117 Haller-Dannenbauer, Eintritt der Germanen in die Geschichte
1121 Naumann, Dt. Dichten u. Denken
1122 Feist, Sprechen und Sprachpflege
1123/1123a Bechert-Gerthsen-Flammersfeld, Atomphysik III
1124 Schubel, Engl. Literaturgeschichte III
1125 Lehnert, Altengl. Elementarbuch
1127 Hartmann, Geschlecht u. Geschlechtsbestimmung im Tier- und Pflanzenreich
1128 Buchner, Symbiose der Tiere
1130 Dibelius-Kümmel, Jesus
1131 Scholz-Schoeneberg, Einführung in die Zahlentheorie
1132 Frühauf, Überspannungen

1134 Kuckuck, Pflanzenzüchtung I
1135 Lehnert, Beowulf
1137 Heil, Entwicklungsgesch. d. Pflanzenreiches
1138 Hämmerling, Fortpflanzung im Tier- und Pflanzenreich
1140 Unger, Induktionsmaschine
1141 Koller, Hormone
1142 Meissner-Lehnert, Shakespeare
1144 Oehler-Herberg, Festigkeitslehre I
1145/1145a Herberg-Dimitrov, Festigkeitslehre II
1146 Putz, Synchronmaschine
1147 v. Waltershausen, Kunst d. Dirigierens
1148 Pepping, Der polyphone Satz I
1152 Dehnert, Verkehrswasserbau III
1153/1153a Mellerowicz, Allgem. Betriebswirtschaftslehre II
1154/1154a Mellerowicz, Allgem. Betriebswirtschaftslehre III
1155 Schwartz, Mikrobiologie I
1156/1156a Meinke, Komplexe Berechnungen v. Wechselstromschaltungen
1157 Schwartz, Mikrobiologie II
1158 Mayrhofer, Sanskrit-Grammatik
1159 Jungbluth, Gießereitechnik I
1160 Dibelius-Kümmel, Paulus
1161 Kaestner, Spinnentiere
1162 Seidel, Entwicklungsphysiologie der Tiere I
1163 Seidel, Entwicklungsphysiologie der Tiere II
1164/1164a Pepping, Der polyphone Satz II
1165/1165a Bechert-Gerthsen-Flammersfeld, Atomphysik IV
1169 Paulsen, Allgemeine Volkswirtschaftslehre I
1170 Paulsen, II
1171 Paulsen, III
1172 Paulsen, IV
1173 Hamann-Funke-Hermann, Chemie der Kunststoffe
1176/1176a Lorenzen, Form. Logik
1178/1178a Kuckuck, Pflanzenzüchtung II
1179/1179a Strubecker, Differentialgeometrie II
1180/1180a Strubecker, Differentialgeometrie III
1181 Franz, Topologie I
1182 Franz, Topologie II
1183/1183a Nicolas, Finanzmathematik
1184 Endres, Verbrennungsmotoren II
1185 Endres, Verbrennungsmotoren III
1186/1186a Mellerowicz, Allgem. Betriebswirtschaftslehre IV
1187 Lau, Luther
1188/1188a Lehmann, Photogrammetrie
1189/1189a Päsler, Mechanik
1190 Stupperich, Melanchthon
1191/1191a Bräuer, Slav. Sprachwissenschaft I
1193 Fürstenberg, Wirtschaftssoziologie
1194 Wendt, Gesch. d. Volkswirtschaftslehre
1195 Ohm, Allgem. Volkswirtschaftspolitik I
1196 Ohm, — II
1197/1197a Onasch, Einf. in die Konfessionskunde der orthodoxen Kirchen
1198 Engel, Straßenverkehrstechnik
1199 Lausberg, Romanische Sprachwissenschaft III, 1. Teil
1200/1200a Lausberg, Romanische Sprachwissenschaft III, 2. Teil
1201/1201a Dehn, Versuche zur allgem. u. phys. Chemie
1202/1202a Nagel, Gesch. des christl. Gottesdienstes
1203 Wendland, Sozialethik
1204 Scheurig, Zeitgeschichte
1205/1205a Hofmann, Ideengeschichte d. soz. Bewegung
1207 Philipsborn, Erzkunde
1208 Lausberg, Romanische Sprachwissenschaft IV
1209/1209a Bock, Therm. Verfahrenstechnik I

Autorenregister

120, II, 63

GJG

FSC
www.fsc.org
MIX
Papier | Fördert
gute Waldnutzung
FSC® C083411

Zeitfracht Medien GmbH
Ferdinand-Jühlke-Straße 7
99095 Erfurt, Deutschland
produktsicherheit@kolibri360.de